Aurorafalter und Spiralnebel

Berliner Beiträge
zur Wissenschaftsgeschichte

Herausgegeben von Wolfgang Höppner

Band 11

PETER LANG
Frankfurt am Main · Berlin · Bern · Bruxelles · New York · Oxford · Wien

Andreas Möller

Aurorafalter und Spiralnebel

Naturwissenschaft und Publizistik bei Martin Raschke 1929–1932

PETER LANG
Europäischer Verlag der Wissenschaften

Bibliografische Information Der Deutschen Bibliothek
Die Deutsche Bibliothek verzeichnet diese Publikation in der Deutschen Nationalbibliografie; detaillierte bibliografische Daten sind im Internet über <http://dnb.ddb.de> abrufbar.

Zugl.: Berlin, Humboldt-Univ., Diss., 2005

Abbildungen auf dem Umschlag:
Spiralnebel M 51 in den Jagdhunden (links),
Bild eines diskusförmigen Nebels (rechts).
Beide Aufnahmen sind in Heft Nr. 2 der Zeitschrift
„Die Kolonne" (1931), Verlag Wolfgang Jess, Dresden,
dort ohne Seitenangabe (zwischen den Seiten 18 und 19)
erschienen.

Courtesy of the Observatories of the
Carnegie Institute of Washington.

11
ISSN 0949-7897
ISBN 3-631-54601-7

www.peterlang.de

Danksagung

Diese Arbeit wurde im November 2004 an der Philosophischen Fakultät II der Humboldt-Universität zu Berlin als Dissertationsschrift angenommen. Vielen gilt es dafür abschließend zu danken. Für ihren wissenschaftlichen Rat und die Erstellung des Erstgutachtens danke ich Ursula Heukenkamp. Bei der Stiftung Bildung und Wissenschaft im Stifterverband für die Deutsche Wissenschaft möchte ich mich für die Gewährung eines zweijährigen Promotionsstipendiums bedanken. Jenny Suckale, Dirk Eidemüller, Cornelis Menke und Giuseppe Castagnetti gebührt mein Dank für ihre Unterstützung in naturwissenschaftlichen und wissenschaftsgeschichtlichen Verständnisfragen. Jule Hass, Hania Siebenpfeiffer, Tobias Woitendorf, Marcus Roloff und Robert Gerwarth halfen mir auf unterschiedliche Weise beim Anfertigen des Manuskripts und der Druckfassung. Mein besonderer Dank gilt meinem Zweitgutachter Wolfgang Höppner sowie Lutz Danneberg, ohne dessen Zuspruch die Arbeit in ihrer entscheidenden Phase nicht zu einem guten Ende gefunden hätte. Schließlich danke ich meinen Eltern, insbesondere einem stillen Leser im Barnstorfer Weg, die mir den Rücken in den Jahren des Studiums und der Promotion gestärkt haben. Ihnen sei dieses Buch gewidmet.

Berlin, im August 2005

Andreas Möller

Inhaltsverzeichnis

Einleitung 9

TEIL 1:
Grundlagen der Forschung und Umfeld des Autors

I. Physik und Literatur in der Klassischen Moderne.
Diskussion der Forschung 23
1. Verwendung und Wirkung wissenschaftlicher Begriffe 24
2. Verständnisfragen 28
3. Das Beispiel Bertolt Brecht 30
4. ‚Krisen' der Repräsentation in Physik und Literatur 33

II. Entropie und Riemannsche Vermutung.
Das Beispiel Günter Eich 41
1. *Ohne Symmetrie* 42
2. *Geometrie und Algebra* 43
3. *Radium* 45
4. *Die Vermischung der Formen* 48
5. Raum und Zeit in *Prosafragment* 50

III. Wissenschaft und Weltanschauung.
Das publizistische Umfeld 55
1. Mediale Präsenz der Wissenschaften 56
2. Das Vorbild *Literarische Welt.* Beispiele des siebenten Jahrgangs 60
3. Fotografie in *Kolonne*, *Literarischer Welt* und *Kosmos* 64
4. Ergebnisse 67
5. Kompetenzansprüche 68
6. Überblick zu den Aufsätzen und Kurzmeldungen Raschkes 71
7. Der Wissenschaftler als öffentliche Person 76

IV. Das Wissen um das Ganze.
Vorstellungen von Ganzheitlichkeit um 1930 81
1. *Vom Sinn des Naturerkennens* 83
2. Die Universalität des Wissens 87
3. Wissen als Bedrohung 93
4. *Am Rande der Wissenschaft* 97
5. Eine das Gesamte umfassende Schau. Horst Langes *Landschaftliche Dichtung* 100

TEIL 2:
Einzeluntersuchungen zum publizistischen Werk Martin Raschkes

V. Verwachsen mit der Maschine.
Die Darstellung der Technik 109
1. *Das zwanzigste Jahrhundert* 110
2. *„Man trägt wieder Erde"* 115

VI. Beispiele für die Verwendung populärwissenschaftlicher
Quellen in der *Kolonne* 121
1. Ort oder Impuls. Unbestimmtheitsrelation 121
1.1 Johannes R. Bechers *Der grosse Plan* 122
1.2 Die Heisenberg-Meldung als Instrument der Weltanschauungskritik 124
1.3 Exkurs: Unbestimmtheitsrelation und Quantentheorie 128
1.4 Ergebnisse 132

2. Die unaufhörliche Schöpfung (1).
Eine Meldung über kosmische Strahlung 135
2.1 Hintergrund 136
2.2 Positionierung und Deutung der Meldung 137
2.3 Eugen Georgs *Verschollene Kulturen* 142

3. Fliehende Welten.
Metaphorisierungen astronomischer Begriffe 147
3.1 „Sternwolke" und „Weltrauminsel" 148
3.2 Das expandierende Universum 151
3.3 Arthur Koestlers *Flucht der Materie* 155
3.4 „Glutwirbel" und „Feuerlöcher" 157

4. Fotobeispiele 161
4.1 Gekrümmte Räume: Spiralnebelfotografien und allgemeine Relativitätstheorie ... 161
4.2 Das Optisch-Unbewusste 163
4.3 Andere Fotobeispiele: Ernst Fuhrmanns *Die Pflanze als Lebewesen* 166

5. Die unaufhörliche Schöpfung (2).
Meldungen über Zellatmung und Mutation 172
5.1 Zwei Beiträge über Otto Warburg 173
5.2 Bericht über die Entstehung einer Kaninchenrasse 178

Schlussbetrachtung 185

Literaturverzeichnis 191

Einleitung

Die modernen Naturwissenschaften sind keine geschlossene Veranstaltung. Obwohl viele Zeitgenossen insbesondere die Physik als abstrakt oder lebensfremd empfinden, üben ihre Ergebnisse einen bedeutenden Einfluss auf das öffentliche Gespräch der 1920er Jahre aus, die den zeitlichen Anfangspunkt dieser Untersuchung zur Publizistik Martin Raschkes bilden. Kaum anders als in den gegenwärtigen Debatten um Fragen der Biotechnologie unterliegt der Einzelne dabei der Wirkung von Bildern und begrifflichen Assoziationen. ‚Erfahrbar' sind die Resultate von Relativitäts- und Quantentheorie ebenso wenig wie individuell nachprüfbar. Sie betreffen Eigenschaften der atomaren Welt oder Größenordnungen von Raum und Zeit, die außerhalb der sinnlichen Wahrnehmung liegen. Die Quantentheorie unterstreicht die Rolle des Zufalls für die exakten Wissenschaften. Sie verabschiedet sich damit von der Vorstellung einer ausnahmslosen Reproduzierbarkeit bestimmter Ereignisse und setzt eines der wesentlichen Prinzipien der neuzeitlichen Naturerkenntnis außer Kraft. Das Wissen über die Natur ist plötzlich nicht mehr objektivierbar.

Was unter dem Schlagwort des physikalischen Weltbildwandels subsumiert wird, spiegelt nicht nur die Veränderungen der physikalischen Wissensgrundlagen und den Prozess ihrer fachinternen Anerkennung wider. Die Popularisierung der Physik beeinflusst ebenso das Verhältnis zwischen Fachwissenschaft und Öffentlichkeit, Experten und Laien. Dem Leser steht eine kaum überschaubare Anzahl von Buchtiteln und Beiträgen in Tageszeitungen und Zeitschriften zur Verfügung, in denen Theorien und Forschungselaborate gemeinverständlich aufbereitet werden. Begriffe wie Störung, Unschärfe oder Relativität treten aus dem wissenschaftlichen Sprachgebrauch heraus und werden zum Bestandteil der Alltagssprache. Die Physik ist im Wortsinn in aller Munde. Und ein bestimmtes Maß an Information über sie kann selbst dort vorausgesetzt werden, wo man dem Erkenntnisprozess der Naturwissenschaften ansonsten unbeteiligt gegenübersteht.

Die Frage, warum die Relativitätstheorie zum „Hauptgesprächsthema auf Gesellschaften und bei Cocktailparties" avanciert und Einstein der „berühmteste Einwohner der deutschen Hauptstadt" wird, lässt sich nicht auf die physikalischen Gegenstände begrenzen.[1] Die Aufnahme der Physik ist wie die Reaktion auf andere naturwissenschaftliche oder technische Herausforderungen der Geschichte von emotionalen Faktoren bestimmt, die den Fokus der Aufmerksamkeit lenken und einzelnen Aussagen besonderes Gewicht verleihen. Dazu gehören Neugier oder die Begeisterung für das Unbekannte und Fantastische, aber auch Misstrauen, Angst und die Desillusionierung über den Wert des Wissens und der Wissenschaft. Wer die öffentliche Anteilnahme an den Ergebnissen der Naturwissenschaften und ihren

---

[1] Walter Laqueur (1976): Weimar. Die Kultur der Republik, Frankfurt am Main/Berlin, 272.

Salonthemen daher mit einem breiten öffentlichen Zuspruch gleichsetzt, irrt. Begleitet wird die Entwicklung der Forschung von einem antiwissenschaftlichen Reflex, der, wie der Altphilologe Hermann Diels 1911 nicht ohne Ironie feststellt, die Anhänger der „orthodoxesten Kirchen" mit den „radikalsten Vertretern des Nihilismus und Anarchismus" in ihrer misologischen Grundhaltung verbinde und seine Ursachen im Aufstreben eines positiven Wissensideals im 19. Jahrhundert hat.[2] Neben der Mechanismuskritik Goethes stellt der Wissenschaftspessimismus Nietzsches hierbei die wirkungsreichste Abrechnung mit der Verabsolutierung eines lebensfeindlichen Intellekts dar, der wie keine andere Denkrichtung auf den Skeptizismus gegenüber der Wissenschaft auch in der Moderne ausgestrahlt hat.

Die Auffassung, dass eine sich verselbstständigende Kompilation von Wissen unproduktiv sei und dem Prinzip des Lebens feindlich gegenüberstehe, wie sie Nietzsches zweiten *Unzeitgemäßen Betrachtungen* eingeschrieben ist, lässt sich auf die Behandlung der Wissenschaften in ihrer Gesamtheit übertragen. Wo neue Erkenntnisse und Erkenntnismethoden arrivierte Anschauungen verdrängen, tritt im Gegenzug die Diffamierung eines wissensgesättigten Denkens zu Tage, das mit den Worten Nietzsches nicht zur Vollendung der Natur beitrage, sondern nur die Natur des Wissenden abtöte.[3] Nietzsche antwortet auf das Phänomen eines unaufhebbaren Gegensatzes zwischen Wissenschaft und Leben deshalb mit der Entthronung der Wissenschaft in ihrer „angemaßten Funktion als Richtschnur des Lebens, als Beherrscherin des Lebens im Zeichen wissenschaftlicher Objektivität und eines angeblich unaufhaltsamen Fortschritts".[4] Der moderne Mensch, konstatiert er, schleppe zuletzt

> eine ungeheure Menge von unverdaulichen Wissenssteinen mit sich herum, die dann bei Gelegenheit auch ordentlich im Leibe rumpeln, wie es im Märchen heisst. Durch dieses Rumpeln verräth sich die eigenste Eigenschaft dieses modernen Menschen: der merkwürdige Gegensatz eines Innern, dem kein Aeusseres, eines Aeusseren, dem kein Inneres entspricht, ein Gegensatz, den die alten Völker nicht kennen. [...] Unsere moderne Bildung ist deshalb nichts Lebendiges, weil sie ohne jenen Gegensatz sich gar nicht begreifen lässt, das heisst: sie ist gar keine wirkliche Bildung, sondern nur eine Art Wissen um die Bildung [...].[5]

Das Argument einer quantitativen Unbeschränktheit des Wissens, die mit Georg Simmel ein anderer Stichwortgeber seiner Zeit rund vierzig Jahre später beobachtet

---

[2] Hermann Diels (1911): Wissenschaft und Prophezeiung, in: Internationale Monatsschrift für Wissenschaft, Kunst und Technik 6 (1911), Nr. 1, 1-10, 3.

[3] Friedrich Nietzsche: Unzeitgemäße Betrachtungen. Zweites Stück: Vom Nutzen und Nachtheil der Historie für das Leben [1874], in: Ders. (1988): Sämtliche Werke. Kritische Studienausgabe in 15 Einzelbänden (KSA), hg. von Giorgio Colli und Mazzino Montinari, München und Berlin/New York, Bd.1, 243-334, 313.

[4] Otto Gerhard Oexle (1990): ‚Wissenschaft' und ‚Leben'. Historische Reflexionen über Tragweite und Grenzen der modernen Wissenschaft, in: Geschichte in Wissenschaft und Unterricht 41 (1990), H. 3, 145-161, 149. Siehe zu den Grundlagen und Ausprägungen der Wissenschaftskritik der 1920er Jahre auch die Darstellung Gerhard Lauers (1994): Die verspätete Revolution. Erich von Kahler. Wissenschaftsgeschichte zwischen konservativer Revolution und Exil, Berlin/New York, 218-262.

[5] Nietzsche (1988), Bd. 1, 273.

hat, mit der sich Buch an Buch, Erfindung an Erfindung, Kunstwerk an Kunstwerk reihe und mit dem Anspruch, aufgenommen zu werden, an den Einzelnen herantrete, stellt eine Vorbedingung für das Unbehagen an den Wissenschaften im ersten Drittel des 20. Jahrhunderts dar.[6] Ein qualitatives Element insbesondere der Physik-Kritik ist jedoch in der fachinternen Entwicklung selbst zu sehen.

Um die Reaktionen nachzuvollziehen, welche die Aufnahme ihrer Resultate im 20. Jahrhundert begleiten, ist es deshalb notwendig, sich den methodischen Vorbildcharakter der Physik am Ende des 19. Jahrhunderts zu vergegenwärtigen. Keine andere Naturwissenschaft gilt in ihren Grundlagen als unumstößlicher. Keine andere als objektiver. Und keine andere als universeller in ihrer Gültigkeit, das heißt, dass sie sowohl im Bereich der Himmelskörper als auch im Bereich der Atomstrukturen anwendbar ist. Die Newtonsche Mechanik gleicht einem Monolithen: Raum und Zeit werden als absolute, invariante Koordinaten behandelt, die ohne Beziehung auf die äußeren Gegenstände existieren und nicht miteinander verbunden sind. Die Eigenschaften der Körper gelten als kausal bestimmbar, und Anomalien, wie sie angesichts komplementärer Eigenschaften des Lichts auf einmal offenbar werden, als ausgeschlossen.

Mit diesem deterministischen Naturbild brechen Relativitäts- und Quantentheorie fundamental. Dabei ist es nicht zuletzt der Popularisierung geschuldet, dass die Aussagen der Physik in einen übergreifenden Sinnhorizont münden können. Denn die Krisis der Kultur, die von Simmel und anderen beschworen wird, findet durch die Theorien so etwas wie eine ‚wissenschaftliche Bestätigung'. Der Wandel des physikalischen Weltbildes, werden seine Grundlagen auch zur Jahrhundertwende geschaffen, überlagert sich zeitlich mit dem Zusammenbruch des Kaiserreiches und der Erosion der politischen Ordnung, der Instabilität des Parlamentarismus, dem Erlebnis von Massenarbeitslosigkeit und Inflation, mit Fragen der Bestimmung des Einzelnen in einer Lebenswelt, die nicht selten als befremdlich empfunden wird. Insofern können Kulturpessimismus und Endzeitstimmung als Phänomene der Moderne im Ganzen gelten, deren Wurzeln in das 19. Jahrhundert zurückreichen. Das Trauma des Weltkriegs und die Veränderung des gesellschaftlichen Klimas sind zugleich Stützen eines Epochenbewusstseins, das die Krisenhaftigkeit der Vorkriegszeit verstärkt und den Eindruck einer „verstörten Modernisierung" hinterlässt.[7]

Das Gefühl des Befremdens und der Unsicherheit, das sich an selektiven Äußerungen einflussreicher Intellektueller der Weimarer Kultur nachweisen lässt, kanalisiert sich im wesentlichen in drei Argumenten. Im Fadenkreuz der Kritik steht zunächst die Infragestellung elementarer Begriffe wie Raum, Zeit oder Naturgesetz als Ausdruck der Zerstörung einer sprachlichen Orientierungsfunktion der exakten Wissenschaften. Darauf aufbauend wird die Kritik an einer zunehmend abstrakter

---

[6] Georg Simmel: Die Krisis der Kultur [1916], in: Ders. (2000): Gesamtausgabe, hg. von Otthein Rammstedt, Frankfurt am Main, Bd. 13: Aufsätze und Abhandlungen 1909-1918. Bd. II, hg. von Klaus Latzel, 190-201, 191.

[7] Zu diesem Komplex ausführlich Detlev J. K. Peukert (1987): Die Weimarer Republik. Krisenjahre der Klassischen Moderne, Frankfurt am Main, vor allem 166-190. Zitat ebd., 15.

werdenden Wissenschaft als Synonym einer Vertiefung des Gegensatzes zwischen Laien und Fachwissenschaftlern gedeutet. Schließlich mündet dieses Verhältnis in einen Affront gegenüber der Beachtung, den die Öffentlichkeit vor allem der Relativitätstheorie angedeihen lässt und sie auf diese Weise zu einem essentiellen, wenngleich kaum verständlichen Bestandteil der Wissenskultur erhebt.

Die Infragestellung einer Leitfunktion fundamentaler Begriffe wie Raum und Zeit greift mit Oswald Spenglers Bestseller *Der Untergang des Abendlandes* (1918, 1922) eines der einflussreichsten geschichtsphilosophischen Werke der 1920er Jahre heraus. Wenngleich der Zugriff auf den so gedeuteten Indeterminismus der Naturwissenschaften lediglich eine Facette der Spenglerschen Argumentation bildet, erscheint die Dramatik der Einschätzung groß genug, um den Widerspruch zur Selbstcharakterisierung der Physik im 19. Jahrhundert zu erkennen. Dabei ist es nichts weniger als die Möglichkeit einer Naturwissenschaft „überhaupt", die Spengler angesichts der Aushöhlung des klassischen physikalischen Weltbildes bedroht sieht.

> Daher erheben sich plötzlich vernichtende Zweifel an Dingen, die noch gestern das unbestrittene Fundament der physikalischen Theorie bildeten, am Sinne des Energieprinzips, am Begriff der Masse, des Raumes, der absoluten Zeit, des kausalen Naturgesetzes überhaupt. [...] Das sind nicht mehr jene schöpferischen Zweifel des frühen Barock, die einem Erkenntnisziel entgegenführen; diese Zweifel gelten der Möglichkeit einer Naturwissenschaft überhaupt. Welche tiefe und von ihren Urhebern offenbar gar nicht gewürdigte Skepsis liegt allein in der rasch zunehmenden Benützung abzählender, statistischer Methoden, die nur eine Wahrscheinlichkeit der Ergebnisse erstreben und die absolute Exaktheit der Naturgesetze, wie man sie früher hoffnungsvoll verstand, ganz aus dem Spiele lassen![8]

Neben der Aufgabe der klassischen Kausalitätsauffassung und der Negation eines absoluten Raum- und Zeitbegriffs bedeutet der stärker als je zuvor monierte Anschaulichkeitsverzicht der Physik die zweite Nagelprobe hinsichtlich der Akzeptanz ihrer Ergebnisse. Nicht alle Kritiker wählen dabei eine vergleichsweise faktengestützte Form der Auseinandersetzung wie der Lebensphilosoph Ludwig Klages in seinem Monumentalwerk *Der Geist als Widersacher der Seele* (1929-1933), das die Feindschaft gegenüber einer lebensfeindlichen Wirkung des Intellekts bereits im Titel führt.[9] Auch für Klages stellen Ratio und der Begriff des Lebens antagonistische Kategorien dar. Eine Deanimisierung der Welt sieht er durch das logozentristische Natur- und Geschichtsbild des 19. Jahrhunderts verursacht, wobei Klages wie Spengler auf die Veränderung der physikalischen Grundbegriffe zu sprechen kommt:

> Seit vorstehende Anmerkung 1927 geschrieben wurde, hat sich der Lärm um den Relativismus gelegt, während die Auflösung der Grundbegriffe innerhalb der Physik rapide fortgeschritten ist; daher es für den Draußenstehenden keinen Zweifel erleidet, daß im Verhältnis zu den erstaunlichen Errungenschaften genialer Expe-

---

[8] Oswald Spengler (2000): Der Untergang des Abendlandes. Umrisse einer Morphologie der Weltgeschichte, 15. Auflage der Taschenbuchausgabe, München, 539.

[9] Hier und im Folgenden zitiert nach der Ausgabe München/Bonn 1960.

> rimentatoren die Theoretik überflüssig zu werden beginnt. Korpuskeln sind Wellen und vice versa, die Materie ist ein „Wellenpaket" oder – nach Abschaffung der Ursachenforschung mittelst vermeinter Statistik (als würde die nicht wiederum auf Gesetzlichkeit beruhen!) – ein „Wahrscheinlichkeitspaket".[10]

Klages greift den Gegensatz zwischen Wellen- und Korpuskelbild des Lichts in der Quantentheorie heraus und nimmt eine Trennung vor zwischen der Fachwissenschaft, die er mit „innerhalb der Physik" bezeichnet, und den „Draußenstehenden". Er benennt damit das Gefühl des Ausgeschlossenseins und der Isolation, das nicht wenige Menschen angesichts der physikalischen Abstrakta beschleicht. Auch Alfred Döblins Aufsatz *Die abscheuliche Relativitätslehre*, der 1923 im *Berliner Tageblatt* erscheint und zu den bemerkenswertesten Beispielen der Fundamentalkritik an der Physik von Seiten der Literatur zählt, stellt eine Verbindung zwischen den Verständnisschwierigkeiten der Laien und dem Formalismus der Physiker her. Unversöhnlich spricht Döblin darin von „Scheinweisheiten", „Papierfortschritt" und einer „beispiellosen Arroganz der Mathematiker". „Ich hatte im Krieg, 1917", heißt es,

> zuerst ein Buch in die Hand bekommen, daß die Relativitätslehre behandelt, von Einstein selbst geschrieben, eine „gemeinverständliche" Darstellung. Die Vorrede verhieß: das Büchlein wolle möglichst exakte Einsicht in die Sache denen vermitteln, die sich vom „allgemein wissenschaftlichen Standpunkt" dafür interessieren, ohne den mathematischen Apparat der theoretischen Physik zu beherrschen. Trübe stimmte mich gleich ein Satz: es gebe Schwierigkeiten, die in der Sache gelegen seien; sie würden mir nicht vorenthalten werden. Aber zum Schluß würde mir das Werk doch einige „frohe Stunden der Anregung" bringen. Darauf habe ich das Heft nicht einmal, sondern dutzendmal, absatzweise und im ganzen, gelesen. Um es zu kapieren, schleppte ich es in meinem Mantel mit mir herum. Oft habe ich mit anderen darüber gesprochen, die angaben, die Sache verstanden, durchdrungen zu haben und zu billigen. Ich blieb dumm wie zuvor. Dieses kleine Buch hat mir keine Anregung, aber viel Verwirrung und Aerger gebracht. Es begann scheinbar populär; nach einigen Seiten brachen die Formeln los, die infamen kabbalistischen Zeichen der Mathematik. Man glaubt, ich scherze? Ich scherze ganz und gar nicht. [...] Nach fünf bis zehn Seiten „populärer" Mitteilung, die mir recht trivial erscheint, kamen die Kubikwurzeln, Gleichungen, die sonderbaren geheimnisvollen Figuren.[11]

Im selben Tenor äußert sich Döblin 1923 in der *Neuen Rundschau*. Auch in diesem Beitrag geht es nicht um eine Beurteilung der Physik, sondern um eine Konfrontation und schonungslose Desavouierung. Es sei dahin gekommen, schreibt er, dass man ein Physikbuch aufschlage und „keine Physik, sondern Formeln" antreffe. „Ich protestiere gegen das Grassieren der Mathematik in der Naturwissenschaft", so das

---

[10] Klages (1960), 797. Zitate i. O.

[11] Alfred Döblin (1923b): Die abscheuliche Relativitätslehre, in: Berliner Tageblatt Nr. 543 (24.11.1923), Abendausgabe, 5.

Fazit. „Enorm viel [sic.] lassen sich davon bluffen."[12] Die Emphase kulminiert in der Anführung einer mathematischen Beziehungsgleichung, welche die wissenschaftliche Wahrnehmung der „Welt" und des „Lebens" auf einen Formelwert reduziert:

> Man fragt: was ist das Leben, die Welt, und bekommt die Antwort:
>
> $$\sum_{ik} \frac{\delta}{\delta \times k}\left(\sqrt{-D}\,\sigma e i \Theta_{ik}\right) - \frac{I}{2} \sum_{ik} \sqrt{-D}\,\frac{\delta \sigma i k}{\delta \times e} \Theta_{ik} = 0$$
>
> Der wirklich schauende Anblick eines vertrockneten Blattes ist mehr wert, als eine Bibliothek babylonischer oder moderner Formeln.[13]

Döblins Argumentation, die auf die visuelle Wirkung einer Formel setzt, stellt kein Einzelbeispiel dar, sondern wird auch in seinem Roman *Berlin Alexanderplatz* (1929) angewendet.[14] Der Bezug auf die Formelsprache ist als Hinweis auf den Abstraktionsgrad der Physik zu werten, wobei sich die Mathematik – „Mutter der exakten Naturwissenschaft, Großmutter der Technik, auch Erzmutter jenes Geistes [...], aus

---

[12] Döblin (1923a): Blick auf die Naturwissenschaft, in: Die neue Rundschau (1923), Bd. 2, 1132-1138, 1133f.

[13] Ebd., 1133.

[14] Dabei wird die Kraftwirkung eines Stoßes im zweiten Buch – *Ausmaße dieses Franz Biberkopf. Er kann es mit alten Helden aufnehmen* – mit Hilfe zweier Formelwerte illustriert. Hier zit. nach der Taschenbuchausgabe München 1997, 86: „Das erste Newtonsche [njutensche] Gesetz, welches lautet: Ein jeder Körper verharrt im Zustand der Ruhe, solange keine Kraftwirkung ihn veranlaßt, seinen Zustand zu ändern [bezieht sich auf Idas Rippen]. Das zweite Bewegungsgesetz Njutens: Die Bewegungsänderung ist proportional der wirkenden Kraft und hat mit ihr die gleich Richtung [die wirkende Kraft ist Franz, beziehungsweise sein Arm und seine Faust mit Inhalt]. Die Größe der Kraft wird mit folgender Formel ausgedrückt:

$$f = c \lim \frac{\overline{\Delta v}}{\Delta t} = cw.$$

Die durch die Kraft bewirkte Beschleunigung, also den Grad der erzeugten Ruhestörung, spricht die Formel aus:

$$\overline{\Delta v} = \frac{1}{c} f \Delta t.$$

Danach ist zu erwarten und tritt tatsächlich ein: Die Spirale des Schaumschlägers wird zusammengepreßt, das Holz selbst trifft auf. Auf der anderen Seite, Trägheits-, Widerstandsseite: Rippenbruch 7.-8. Rippe, linke hintere Achsellinie." Vgl. dazu auch Wolfgang Lukas (2002): Individuelles ‚Schicksal' und überindividuelles ‚Leben'. Zur Funktion von ‚Wissen' in Alfred Döblins *Berlin Alexanderplatz* und Rudolf Brunngrabers *Karl und das 20. Jahrhundert*, in: Christine Maillard/Michael Titzmann, Hg. (2002): Literatur und Wissen(schaften) 1890-1935, Stuttgart/Weimar, 247-277, 257f.

dem schließlich Giftgase und Kampfflieger aufgestiegen sind", wie es in Robert Musils Hauptwerk *Der Mann ohne Eigenschaften* (1930ff.) heißt – zur Grundlagenkritik an der modernen Naturwissenschaft eignet, indem sie deren hervorstechendstes Merkmal verkörpert.[15] Eine abstoßende oder verunsichernde Wirkung, von der bei den meisten Lesern ausgegangen werden kann, lässt sich durch die Anführung der Formelwerte affektgemäßer erzielen, als durch die Diskussion physikalischer Axiome. Zugleich ist die Verwendung von Formeln ein Beleg für die Attraktivität des Anzitierens naturwissenschaftlicher Darstellungsverfahren, welche der Manifestierung literarischer Sachlichkeitsbekundungen dienen.

Im Musil-Zitat ist ein weiterer Aspekt angeklungen, der im Zusammenhang mit der Reaktion auf die Naturwissenschaften bis in die Gegenwart hinein Gehör findet. Es handelt sich dabei um das zweischneidige Credo einer Verwertbarkeit und Anwendungsorientierung der naturwissenschaftlichen Forschung, die mitunter als Ausdruck eines Automatismus im naturwissenschaftlichen Denken interpretiert wird. Gegenüber der Assoziierung der Geisteswissenschaften mit Attributen wie ‚Einfühlung' oder ‚Verstehen' werden die Naturwissenschaften auf das Erkennen, Erklären und Anwenden der mechanischen Eigenschaften der Körper beschränkt. Auch Döblin glaubt deshalb zumindest in besagtem Aufsatz, dass sie „keinen geistigen Menschen von heute" etwas angingen, sondern nur wichtig seien für die „Erzeugung von Gelbkreuzgasen, Unterwasserbooten und sonstigem technischen Fortschritt. Und wie steril sie sind, zeigt sich eben darin, daß sie nur eine Technik, keine Geistigkeit und lebendige Seelenatmosphäre erzeugen konnten."[16]

Döblin spricht den Naturwissenschaftlern in diesem Zitat wesentliche intuitive Fähigkeiten ab und begrenzt die Bedeutung der naturwissenschaftlichen Erkenntnis auf ihre industrielle Nutzung. Damit steht er in einer langen Kette der Kritik, die den Aufstieg der Naturwissenschaften und ihrer Methode als Ursache für die Verbreitung eines Denkens in den Kategorien von Ursache und Wirkung begreift. Die Anführung von „Geistigkeit" und „Seelenatmosphäre" lehnt sich hierbei an die Trennung von Natur- und Geisteswissenschaften hinsichtlich ihrer Gegenstandsbereiche in materielle Gegenstände und eine nichtmaterielle Welt an, wie sie sich auch in den wissenschaftlichen Systematiken des 19. Jahrhunderts findet.[17]

---

[15] Robert Musil: Der Mann ohne Eigenschaften, in: Ders. (1978): Gesammelte Werke (GW) in neun Bänden, hg. von Adolf Frisé, Reinbek bei Hamburg, Bd. 1: Der Mann ohne Eigenschaften. Erstes Buch, Kapitel 1-80, 40.

[16] Döblin (1923a), 1134.

[17] Etwa in Wilhelm Diltheys *Einleitung in die Geisteswissenschaften. Versuch einer Grundlegung für das Studium der Gesellschaft und der Geschichte* aus dem Jahr 1883, deren Ausstrahlung bis in die wissenschaftsgeschichtliche Literatur der 1930er und 40er Jahre hinein als bedeutend einzustufen ist. Dilthey unternimmt hierin den Versuch einer Begründung der selbstständigen Stellung der Geisteswissenschaften gegenüber dem Universalitätsanspruch der faktengestützten naturwissenschaftlichen Forschung. Das zentrale Argument ist in diesem Zusammenhang die Unvergleichbarkeit materieller und geistiger Vorgänge und die Unmöglichkeit der Deduktion geistiger Tatsachen aus der mechanischen Naturordnung und Naturerkenntnis, die anders als bei Nietzsche nicht mehr mit dem Antagonismus von ‚Wissenschaft' und ‚Leben' gefasst wird, son-

Der Physiker und empiristische Philosoph Hans Reichenbach, der zu den bedeutendsten Verteidigern der Relativitätstheorie zählt, greift dieses Urteil in einem Beitrag für die *Frankfurter Zeitung* des Jahres 1931 anschaulich auf.[18] Er kommt zu dem Fazit, dass eine ablehnende Haltung gegenüber den Naturwissenschaften vor allem aus jenem Eindruck heraus erwachse, dass Naturwissenschaft und Technik den Menschen von der Auseinandersetzung mit „geistigen" und „menschlichen" Dingen entfernten. Man höre deshalb gelegentlich, heißt es im genannten Artikel,

> daß Menschen literarischer oder künstlerischer Interessenrichtung unser Zeitalter absprechend ein Zeitalter der Naturwissenschaft nennen; sie wollen damit sagen, daß die von der Naturwissenschaft geschaffenen sozialen Produkte, Zivilisation und Technik, einen rein äußerlichen Wert darstellen und den Menschen von der Beschäftigung mit geistigen und menschlichen Dingen nur weggetrieben haben. So unberechtigt eine derartige Auffassung ist, sie besteht und beweist die unfruchtbare und negative Haltung weiter Kreise gegenüber der Naturwissenschaft.[19]

Der letzte hier vorab herangezogene Autor ist Gottfried Benn, an dessen Essays und Reden sich diese unfruchtbare und negative Haltung gegenüber der modernen Naturwissenschaft über mehrere Schreibseiten demonstrieren ließe. Ähnlich wie Spengler, behandelt auch er den Weltbildwandel der Wissenschaften nicht isoliert, sondern als Ausdruck einer von Auflösung und Wirklichkeitsverlust gezeichneten Moderne. Mit der Demontage der physikalischen Grundbegriffe assoziiert er den Verlust der „alten Realitäten Raum und Zeit" und stellt ihn in eine Reihe mit dem „Realitätszerfall seit Goethe", der „so über alles Maß" ginge, „daß selbst die Stelzvögel, wenn sie ihn bemerkten, ins Wasser müßten: der Erdboden ist zerrüttet von purer Dynamik und reiner Relation".[20] Dass dieser Wirklichkeitssinn Ausdruck der rhetorischen Selbstbehauptung des Dichters ist, dessen Polemiken nicht zuletzt ins literarische Feld zielen, ist unverkennbar. Eine solche Selbstbehauptung kann im Hinblick auf die angesprochenen Verwertbarkeitsforderungen jedoch auch wörtlich verstanden werden. Denn aus der Sicht ihrer Kritiker lässt sich der gesellschaftliche Stellenwert der Naturwissenschaften nicht unwesentlich aus deren Unterstützung

---

dern im sprachlichen Gegensatz von ‚Erklären' und ‚Verstehen' ihren Ausdruck findet. Ders. (1923): Gesammelte Schriften, Leipzig/Berlin, erster Bd., insbesondere die Abschnitte I-III.

[18] Reichenbach (1891-1953), gemeinsam mit Rudolf Carnap Herausgeber der *Erkenntnis*, wirkt als Prüfer und Korrektor der Populärliteratur zur Relativitätstheorie und schlüpft so in die Rolle ihres Verteidigers. Siehe dazu Klaus Hentschel (1990): Interpretationen und Fehlinterpretationen der speziellen und allgemeinen Relativitätstheorie durch Zeitgenossen Albert Einsteins, Basel/Boston/Berlin, 178ff., bzw. Ders. (1994): Zur Rolle Hans Reichenbachs in den Debatten um die Relativitätstheorie (mit der vollständigen Korrespondenz Reichenbach – Friedrich Adler im Anhang), in: Lutz Danneberg/Andreas Kamlah/Lothar Schäfer, Hg. (1994): Hans Reichenbach und die Berliner Gruppe, Braunschweig/Wiesbaden, 295-324, 298ff.

[19] Reichenbach (1931b): Naturwissenschaft und Philosophie, in: Frankfurter Zeitung, Nr. 313-315 (29.4.1931), 12.

[20] Gottfried Benn: Akademie-Rede [1932], in: Ders.: Gesammelte Werke in der Fassung der Erstdrucke. Vier Bde. Textkritisch durchgesehen von Bruno Hillebrand, Frankfurt am Main. Essays und Reden in der Fassung der Erstdrucke (1997), 449-455, 450.

ablesen. Schonungslos geht Benn daher mit der wirtschaftlichen Förderung von Physik oder Biologie ins Gericht und sieht für „jeden Spaltpilz ein Forschungsinstitut, für jede Rattenkreuzung eine Domäne. Dahinein diese Forscher, die ewig die Epoche in Atem halten und dauernd Marksteine errichten und nach Quinquennium ist alles Kaff."[21] Vergleichbare Argumentationsmuster, die ein Weihen von „Landhäuser[n], Sternwarten und Indianertempel[n]"[22] an die Naturwissenschaften der Nichtverwertbarkeit der Kunst gegenüberstellen, finden sich nicht nur bei ihm. Sie bilden auf Grundlage der Forderung einer anwendungsorientierten Schul- und Universitätsausbildung seit dem ausgehenden 19. Jahrhundert den begleitenden Ton der Auseinandersetzung zwischen Geistes- und Naturwissenschaften beim vollends entbrannten Kampf um die finanziellen Ressourcen. Das Ideal einer Wissenschaft, die nicht mehr im Hinblick auf ihre Anwendung und einen technischen Nutzen hin gelehrt werde bzw. die Naturwissenschaften als Dienerinnen der Wirtschaft begreife, wird im Rahmen der Umgestaltung des Bildungssystems nach 1933 einen festen begrifflichen Ort haben. Der Voraussetzungslosigkeit der Forschung im 19. Jahrhundert wird dabei die Bindung an einen nichtmateriellen Funktionsbegriff entgegengesetzt werden, der mit jenem Bild einer antimechanistischen Ganzheitlichkeit arbeitet, das in der Populärphilosophie der ausgehenden 1920er Jahre Hochkonjunktur hat.

* * *

Diese Arbeit unternimmt den Versuch, den Einfluss der Naturwissenschaften auf einen jungen Hintergrundakteur im literarischen Leben der Weimarer Republik zu beleuchten und ein Verfahrensmuster bei der Behandlung der Naturwissenschaften hinsichtlich der Aufnahme und Verwendung wissenschaftlicher Informationen zu problematisieren. Am Falle Martin Raschkes, der eine individuelle Form der Auseinandersetzung mit den Wissenschaften wählt und zugleich ein Beispiel von vielen ist, soll der Zusammenhang von Literatur- und Wissenschaftsgeschichte hinsichtlich der Wahrnehmung neuartiger Forschungsresultate dargestellt und die Mehrdimensionalität des in Rede stehenden Problemfelds mit Hilfe von Kontextualisierungen aufgezeigt werden, die den exemplarischen Fall als Bestandteil übergreifender Zusammenhänge kennzeichnen. Raschkes Form der Auseinandersetzung mit dem Wissen seiner Zeit, so wird zu zeigen sein, ist hierbei nicht auf die geistige Aneignung und Verbreitung wissenschaftlicher Ergebnisse ausgerichtet, sondern folgt der

---

[21] Benn: Neben dem Schriftstellerberuf [Kunst und Staat, 1927], in: Ders. (1998a): Prosa und Autobiographie in der Fassung der Erstdrucke, 259-267, 263.

[22] Benn: Bekenntnis zum Expressionismus [1933], in: Ders. (1997), 261-274, 269. Mit der Anspielung auf das Landhaus ist das Caputher Grundstück gemeint, das Einstein von der Stadt Berlin erhielt. Der Hinweis auf die Sternwarte bezieht sich auf die Fertigstellung des Potsdamer Einstein-Turms im Jahr 1921. Die Bezeichnung Indianertempel ist als Hinweis auf Einsteins Amerika-Reise im Jahr 1931 zu verstehen. Siehe dazu Carsten Könneker (2001): „Auflösung der Natur Auflösung der Geschichte". Moderner Roman und NS-‚Weltanschauung' im Zeichen der theoretischen Physik, Stuttgart/Weimar, 322.

Logik einer instrumentellen Kritik, die Raschke an einem mechanistischen Erkenntnisdenken und der Behandlung von Wissenschaft und Technik als gesellschaftlichen Fortschrittsparametern übt. Dazu verdankt auch diese Untersuchung anderen Vorarbeiten wichtige Inspirationen. Der amerikanische Germanist Joseph Paul Dolan hat in der bislang einzigen zu Martin Raschke und der *Kolonne* erschienenen Monografie die Beobachtung gemacht, Raschke funktioniere die Naturwissenschaften um und nutze eine veränderte wissenschaftliche Selbstwahrnehmung zur Kritik an bestehenden Axiomen.[23] Konkret bedeutet dies, dass sich die Ergebnisse der physikalischen Forschung nicht nur zur Gültigkeitseinschränkung der klassischen Physik nutzen lassen, sondern auch als Beleg eines grundlegend erschütterten Erkenntnisvertrauens innerhalb der Wissenschaften interpretierbar sind. Dolans Beobachtung soll weitergeführt und im Detail demonstriert werden, wie dieser Prozess der Instrumentalisierung funktioniert. Vor diesem Hintergrund werden die in der *Kolonne* lancierten naturwissenschaftlichen Kurzmeldungen analysiert, die Raschke entweder selbst verfasst oder in die Zeitschrift integriert. Gegenstand der Untersuchung sind darum auch jene naturwissenschaftlichen Ergebnisse selbst, die den Texten durch explizite Thematisierung oder durch die Verwendung einer assoziativen Terminologie zu Grunde liegen.

Der bereits zitierte Georg Simmel hat hinsichtlich der Kapazität des modernen Wissens davon gesprochen, dass ein kulturelles Problembewusstsein durch das Gefühl hervorgerufen werde, von einer Unzahl von Kulturelementen wie erdrückt zu sein. Eine Vorannahme dieser Untersuchung lautet in Anlehnung an eine solche Unhintergehbarkeit kultureller Einflüsse, dass auch die Literatur im ersten Drittel des 20. Jahrhunderts gezwungen ist, auf die massive Präsenz der Naturwissenschaften im öffentlichen Bewusstsein zu reagieren. Das Auftauchen wissenschaftsbezogener Themen und Begriffe in literarischen oder publizistischen Texten wird deshalb nicht zwangsläufig als erkenntnisorientierter Annäherungsprozess an die Wissenschaften behandelt, sondern zunächst als ein Hinweis auf die Verbreitung bestimmter Erkenntnisse und die Institutionalisierung signifikanter Redeweisen. Der Presse und den populärwissenschaftlich ausgerichteten Buchveröffentlichungen kommt hierbei eine besondere Rolle zu, indem sie einerseits über die wissenschaftlichen Entwicklungen informieren, andererseits deren erkenntnistheoretische Konsequenzen gebrauchsfertig herauspräparieren. Bemerkenswerter als die argumentative Komponente der Beiträge erscheint deshalb der Umstand, dass Raschke die Wissenschaften überhaupt als ein Medium des weltanschaulichen oder literarischen Disputs erkennt, welches selbst in auflagenschwache Literaturzeitschriften wie *Die Kolonne* vordringt. Erst die Medialisierung der Naturwissenschaften bildet jedoch die Basis für die argumentative oder metaphorische Verwendung entsprechender Resultate, indem sie ein Resonanzfeld vorbereitet und den Gebrauch naturwissenschaftlichen Wissens als Distinktionsmittel innerhalb der Literatur ermöglicht. Daher erscheint es

---

[23] Joseph Paul Dolan (1976): Die Rolle der „Kolonne“ in der Entwicklung der modernen deutschen Naturdichtung, Pennsylvania, Diss., 112.

von nachgeordneter Bedeutung, wie häufig Raschke auf spezifische Ergebnisse der Naturwissenschaften anspielt und wie sachkundig er vorgeht. Virulenter ist, *dass* er zu diesem Mittel greift.

Mit *Aurorafalter und Spiralnebel* wurde ein Begriffspaar als Titel dieser Studie gewählt, das zwei in der *Kolonne* verwendete Fachtermini aufgreift. Aurorafalter stehen im Mittelpunkt eines Beitrags, in dem der fränkische Schriftsteller Friedrich Schnack seine Beobachtung der Schmetterlinge schildert. Die dichterische Versenkung in die Natur und die Auflösung einer Hierarchie von Mensch und Umwelt durch die vertikale Betrachterperspektive werden mit einer Reflexion der Eiablage und Nahrungsaufnahme der Insekten verbunden. In symptomatischer Weise liefert Schnack einen Hinweis auf Anliegen und Vorgehen auch Raschkes, einen fiktionalen Gedankenhorizont zu entwerfen, andererseits das Wissen über die jeweiligen Gegenstände einzubeziehen und mitzureflektieren.[24] Als Spiralnebel werden demgegenüber Sternsysteme bezeichnet, die jenseits der Milchstraße liegen und Millionen von Lichtjahren von der Erde entfernt sein können. Dabei handelt es sich nicht um Nebel, wie der Name vermuten lässt, sondern um Galaxien, deren Licht infolge der großen Entfernung zu einem Bild verschwimmt. In den 1920er Jahren gelingt es mit Hilfe großer Teleskope, diese Gebilde fotografisch festzuhalten. Die Aufnahmen finden Verbreitung auf dem Zeitschriften- und Buchmarkt, wobei das öffentliche Interesse weniger mit den Grundlagen der Himmelsforschung zusammenhängt als mit der ästhetischen Wirkung der Fotografien. Aurorafalter und Spiralnebel stehen deshalb nicht nur für Raschkes Faszination an zwei unterschiedlichen Gegenstandsbereichen, die zum einen anschaulich, im Falle der Himmelsbilder hingegen nur mit Hilfe der modernen Technik erfassbar sind. Beide symbolisieren auch die Vorstellung einer Verschränktheit von Mikro- und Makrokosmos, die Raschke als Ausdruck eines unteilbaren Ordnungs- und Harmonieprinzips in der Welt erkennt. Die Titelwahl symbolisiert daher auch die naturphilosophische Selbstverortung der *Kolonne*, die sich vom modernen wissenschaftlichen Naturbild abgrenzt, indem sie die Natur zum Ort von sinnstiftenden Schöpfungsprojektionen macht, ohne den Rekurs auf Quantentheorie oder Zellforschung unterdrücken zu wollen. Die Darstellung ist dazu in zwei Teile gegliedert, die den Grundlagen der Wissenschaftsrezeption des *Kolonne*-Herausgebers sowie seinen publizistischen Rekursen nachgehen.

Gegenstand des folgenden Kapitels ist zunächst jedoch die Diskussion einiger Aspekte der literaturgeschichtlichen Forschung zur Beziehung von Literatur und moderner Physik. Konkret geht es dabei um die Frage, in welchem Verhältnis die Bezugnahme auf die Naturwissenschaften zum Verständnis der wissenschaftlichen Grundlagen steht, oder anders formuliert: ob die Berufung auf die Naturwissenschaften mit einer Transformierung ihres Wissens gleichzusetzen ist. Wer die literaturwissenschaftliche Beschäftigung mit der Reaktion einzelner Autoren auf die Wissenschaften verfolgt, kann den Eindruck gewinnen, die Literatur solle durch den Nachweis einer Beschäftigung mit anspruchsvollen wissenschaftlichen Theorien

---

[24] Friedrich Schnack (1931): Kleine Chronik des Aurorafalters, in: Die Kolonne 2 (1931), Nr. 5, 58.

prämiert werden, wobei es vor allem die Naturwissenschaften selbst sind, zu deren Prämierung beigetragen wird. Stoßen die Aussagen der theoretischen Physik in den 1920er Jahren somit auf ein geebnetes Terrain, indem der Wandel der Denkmodelle und Darstellungsverfahren in Literatur und Naturwissenschaft spezifische Relationen vorwegnimmt oder diese unterstützt? Durchläuft die Literatur hinsichtlich ihrer Wahrnehmungs- und Erkenntnisformen während dieses Jahrzehnts eine Entwicklung, die in einem rekonstruierbaren Zusammenhang mit der Wissenschaftsgeschichte steht? Oder aber bleiben die Aussagen von Relativitäts- und Quantentheorie den meisten Autoren ein Buch mit sieben Siegeln, obwohl sie bemüht sind, auf der Höhe der Gegenstände zu sprechen?

Das Spannungsfeld, in dem sich Fragen wie diese bewegen, lässt sich mit jener Anekdote veranschaulichen, nach der Franz Kafka im Jahr der Verleihung des Physik-Nobelpreises an Einstein (1921) für einen Augenblick dem Aprilscherz einer Zeitschrift zum Opfer gefallen sein soll, dass die Relativitätstheorie auf Sanatoriumsschiffen bei der Behandlung von Lungenkranken angewendet werde. Paul Heller, dessen 1989 erschienener Studie diese Begebenheit entnommen wurde, hat die mittlerweile seltener anzutreffende Meinung vertreten, dass die Welt der neuen Physik für Kafka, und damit für einen subtilen Beobachter seiner Zeit, in ihren konkreten Inhalten verschlossen geblieben sei.[25] Vielleicht ist Kafka nur ein Einzelfall. Die öffentliche Wirkung der epochalen Theorie, so wäre hinzuzufügen, dürfte ihm hingegen nicht verborgen geblieben sein.

---

[25] Paul Heller (1989): Franz Kafka. Wissenschaft und Wissenschaftskritik, Tübingen, 9f., 25. Siehe dazu auch den Hinweis Kafkas aus dem 12. Heft der Tagebücher vom 10.4.1922, gegenüber sexuellen Angelegenheiten habe er sich als Junge so unschuldig und uninteressiert gezeigt wie gegenwärtig hinsichtlich der Relativitätstheorie. Ders. (1990): Schriften, Tagebücher, Briefe. Kritische Ausgabe, hg. von Jürgen Born, Gerhard Neumann, Malcolm Pasley und Jost Schillemeit, Frankfurt am Main. Tagebücher, hg. von Hans-Gerd Koch, Michael Müller und Malcolm Pasley, 916.

TEIL 1:
Grundlagen der Forschung und Umfeld des Autors

I. Physik und Literatur in der Klassischen Moderne. Diskussion der Forschung

Die Resonanz der Literatur auf das Weltbild der modernen Physik hat in der jüngeren Vergangenheit das Interesse einer kulturwissenschaftlich ausgerichteten Literaturgeschichtsforschung gefunden, was als Ausdruck eines interkulturellen Annäherungs- und Verständigungswunsches gewertet werden darf.[26] Während Jürgen Habermas seiner bekannten Ideologiekritik der Zwei-Kulturen-Debatte die Vorstellung zu Grunde legte, dass wissenschaftliche Erkenntnisse erst durch ihre technischen Anwendungsfolgen ins literarische Bewusstsein träten, im Theoriestadium hingegen ohne Relevanz für die Autoren blieben[27], lieferte insbesondere Joachim Metzner eine Reihe von Gegenbeispielen.[28] Anhand der Verwendung des Entropie-Begriffs wies er nach, welche Anziehung naturwissenschaftliche Sätze oder Fachausdrücke auf die Literatur ausüben können, indem sie als ‚anschlussfähig' für weltanschauliche Begründungszusammenhänge empfunden werden. Diese ‚Anschlussfähigkeit' hing im Falle des Zweiten Hauptsatzes der Thermodynamik mit einem besonderen Merkmal

[26] Dirk Vanderbeke (1995): Worüber man nicht sprechen kann. Aspekte der Undarstellbarkeit in Philosophie, Naturwissenschaft und Literatur, Stuttgart; Ders. (2004): Theoretische Welten und literarische Transformationen. Die Naturwissenschaften im Spiegel der ‚science studies' und der englischen Literatur des ausgehenden 20. Jahrhunderts; Christian Kassung (2001): EntropieGeschichten. Robert Musils „Der Mann ohne Eigenschaften" im Diskurs der modernen Physik, München; Carsten Könneker (2001), bzw. Ders. (2002): „Ungereimtheiten und Abstrusitäten". Zur Vulgarisierung der Relativitätstheorie im 2. und 3. Jahrzehnt des 20. Jahrhunderts, in: Maillard/Titzmann, Hg. (2002), 51-72. Siehe dort auch die Beiträge von Maillard/Titzmann, 7-37; Françoise Balibar, 39-49; Hans Krah, 111-164; Horst Thomé, 193-212; Friedrich Vollhardt/Udo Roth, 213-234; Thomas Anz, 331-348. Die vollständige Anführung dieser Titel erfolgt im Zusammenhang der jeweiligen Interpretation im Laufe der Arbeit. Zur Verknüpfung von Ästhetik und Naturwissenschaft in der Literatur des 19. Jahrhunderts siehe die Aufzählung bei Carsten Kretschmann: Einleitung: Wissenspopularisierung – ein altes, neues Forschungsfeld, in: Ders., Hg. (2003): Wissenspopularisierung. Konzepte der Wissensverbreitung im Wandel, Berlin, 7-21. Ferner Werner Michler (1999): Darwinismus und Literatur. Naturwissenschaftliche und literarische Intelligenz in Österreich, 1859-1914, Wien/Köln/Weimar.

[27] Jürgen Habermas (1969): Technik und Wissenschaft als „Ideologie". Im Folgenden zit. nach der 2. Aufl. Frankfurt am Main. Hintergrund, dies sei auch in dieser Darstellung der Vollständigkeit halber hinzugefügt, ist das Diktum des ehemaligen britischen Ministerialbeamten Charles Percy Snow, literarisch-geisteswissenschaftliche und naturwissenschaftlich-technische Intelligenz stellten zwei grundsätzlich verschiedene Kulturen der westlichen Gesellschaft dar. [Snow (1959): The Two Cultures and the Scientific Revolution. The Rede Lecture 1959, Cambridge, bzw. Ders. (1964): The Two Culture and a Second Look: An Expanded Version of the Two Cultures and the Scientific Revolution, Cambridge.] Zur Debatte siehe beispielsweise Helmut Kreuzer, Hg. (1969): Die zwei Kulturen. Literarische und naturwissenschaftliche Intelligenz. C. P. Snows These in der Diskussion, Stuttgart, bzw. die Huxley-Monografie von Jörg Schulz (2000): Aldous Huxley und die menschliche Vielfalt. Der Homo sapiens in der Literatur eines Naturwissenschaftsbegeisterten, Bielefeld, 34ff., sowie Vanderbeke (2004), 1ff.

[28] Joachim Metzner (1979): Die Bedeutung physikalischer Sätze für die Literatur, in: Deutsche Vierteljahresschrift für Literaturwissenschaft und Geistesgeschichte 53 (1979), 1-34.

zusammen: der Zughörigkeit des Satzes zur Gruppe der statistisch fundierten Naturgesetze. Metzner zufolge würden sich solche Gesetze hinsichtlich ihrer Eindeutigkeit von anderen naturwissenschaftlichen Theorien unterscheiden, da sie auf einem hohen Maß an Wahrscheinlichkeit basierten und der Übertragung auf außerphysikalische Zusammenhänge in gewisser Weise Vorschub leisteten.

1. Verwendung und Wirkung wissenschaftlicher Begriffe

Das Verhältnis von Literatur und Physik über die theoretischen Grundlagen wissenschaftlicher Sätze in den Blick zu nehmen, ist von Seiten der Literaturwissenschaft nicht ohne Echo geblieben. Dies beweist auch die 1995 erschienene Studie Elisabeth Emters, die bislang einzige zusammenhängende Untersuchung der literarisch-philosophischen Physik-Rezeption im 20. Jahrhundert.[29] Anhand einer breit aufgefächerten Autorenresonanz von Max Scheler bis Wolfgang Koeppen dokumentiert Emter, dass die Ergebnisse der Physik außerhalb der physikalischen Debatten Beachtung fanden und sich bis auf das literarische Gespräch erstreckten. Der maßgebliche Untersuchungskomplex zur Wirkung der Quantentheorie in den 1920er bis 1940er Jahren endet dabei mit dem Fazit, dass eine neues Denken in der Physik nachweisbare Spuren im Denken und Schreiben der Literaten hinterlassen hat.

Auffällig ist an der Auswahl der Beispiele des Bandes *Literatur und Quantentheorie*, dass die Präsenz physikalischer Wissenselemente in einer Reihe nicht-literarischer Quellen nachweisbar ist, insofern man eine Trennung zwischen den Textbeispielen Robert Musils, Hermann Brochs, Ernst Jüngers, Gottfried Benns, Carl Einsteins, Bertolt Brechts und den Schriften der zeitgenössischen Philosophie vornimmt bzw. man innerhalb der Beispiele genannter Autoren nach Textsorten unterteilt. Die philosophische Literatur der anbrechenden 1920er Jahre scheint daher eine unterstützende Funktion bei der Aufnahme physikalischer Ergebnisse zu leisten, woraus geschlussfolgert werden kann, dass die Physik spezifischer Akzeptanzmechanismen bedarf, um Gegenstand der Literatur zu werden. Sie dringt zudem erst zeitversetzt in das literarische Bewusstsein, markiert man die Geburtsstunde der modernen Physik mit der Entdeckung des Wirkungsquantums durch Planck (1900) bzw. der Aufstellung der speziellen Relativitätstheorie durch Einstein (1905). Eine Frage, die sich im Zusammenhang der Aufnahme selektiver Zeugnisse der Physik durch die Literatur stellt, lautet daher, ob die in den 1920er Jahren zu beobachtende Resonanz der Autoren als Anzeichen einer erkenntnisorientierten Auseinandersetzung zu werten ist, oder ob sich die Literatur zur Physik und dem öffentlichen Gespräch über die Physik verhält und ihre Anteilnahme Ausdruck einer Autoritätswirkung ist. Im ersten Fall müsste es eine bedeutende und als solche für die Literatur erkennbare Aussagenzuspitzung physikalischer Ergebnisse geben, die das Wirklichkeitsbild der Auto-

[29] Elisabeth Emter (1995): Literatur und Quantentheorie. Die Rezeption der modernen Physik in Schriften zur Literatur und Philosophie deutschsprachiger Autoren (1925-1970), Berlin/New York.

ren nachhaltig veränderte. Eine solche Zuspitzung könnte mit der Aufstellung der Quantenmechanik oder dem experimentellen Nachweis der allgemeinen Relativitätstheorie im Jahr 1919 beschrieben werden.[30] Im zweiten Fall wären die Stellungnahmen als strategische Verlautbarungen zu deuten, mit denen Erklärungsnotstände und Animositäten überspielt werden sollen, indem man sie in ihr Gegenteil verkehrt: den Anschein von Wissen mit Hilfe des Anzitierens populärer Wissenselemente.

Gegenüber dem Sammeln von literarischen Textbeispielen als Belegen einer Wissenschaftsrezeption scheint daher Vorsicht geboten. Die Resonanz namhafter Autoren auf die Ergebnisse der Physik verdeutlicht einerseits die Wirkung, die von der physikalischen Theoriebildung ausgeht. Der Blick auf die Rezeptionsgeschichte dokumentiert zugleich, dass nicht *die* moderne Physik als Gesamtkorpus aus Relativitäts- und Quantentheorie eine Resonanz hervorruft; nicht zuletzt da beide Theorien unterschiedlich lange Entwicklungsprozesse durchlaufen. Es sind zudem einzelne Aussagen und assoziative Begriffe, die eine Interpretation im Zusammenhang außerphysikalischer Fragestellungen eröffnen und verdeutlichen, dass ein Merkmal des Wissenstransfers zwischen Physik und Literatur darin besteht, dass beide in erster Linie in einem referentiellen Verhältnis zueinander stehen.

Um Aussagen zur Unschärferelation zu machen, dies leuchtet unmittelbar ein, ist es für die Autoren kaum vonnöten, Heisenbergs Aufsatz *Über den anschaulichen Inhalt der quantentheoretischen Kinematik und Mechanik* zur Hand zu nehmen. Das naturwissenschaftliche Wissen der Literatur ist in den meisten Fällen kein Primärwissen, worin auch die Problematik einer Rekonstruktion des Verhältnisses etwa gegenüber dem Einfluss anderer literarischer oder philosophischer Werke auf die Literatur besteht, die sich in der überwiegenden Zahl der Fälle über die Lektüre der Primärquellen vollzieht. Für die Untersuchung literarischer Texte ist die Frage nach der wissenschaftlichen Seriosität der Einflüsse daher zweitrangig. So ist es zweifelsfrei nicht als ein Primärinteresse der Literatur anzusehen, wissenschaftliche Theorien zu vermitteln. Die Literatur kann aus diesem Grund kaum am Anspruch des wissenschaftsbeflissenen Lesers gemessen werden, als Vermittlungshilfe für das Verständnis wissenschaftlicher Inhalte herangezogen zu werden.[31]

Anschaulich illustriert die Wirkung der Relativitätstheorie und die Verbreitung des allgemeinsprachlich verwendeten Relativitätsbegriffs hingegen den Rang sprachlicher Anknüpfungspunkte, der umso bedeutender zu sein scheint, je stärker das Verständnis der Sachverhalte abnimmt. Wenn der auch Raschke bekannte Jugend-

---

[30] Die Quantenmechanik wird in der Mitte der 1920er Jahre in Kooperation einer Reihe von Physikern, unter ihnen Niels Bohr, Werner Heisenberg, Erwin Schrödinger und Wolfgang Pauli, als maßgebliche neue Methode zur Berechnung von Atomzuständen aufgestellt. Die von Einstein prognostizierte Ablenkung des Lichts durch massereiche Körper im Weltraum kann bei der Sonnenfinsternis 1919 durch ein englisches Team unter der Leitung Arthur Stanley Eddingtons bestätigt werden, was das Interesse der Öffentlichkeit auch aus politischen Gründen – der Prioritätsanspruch zwischen Einstein und Newton wird nur ein Jahr nach Beendigung des Ersten Weltkrieges zu Gunsten des deutschen Physikers entschieden – ansteigen lässt.

[31] Vgl. zu diesem Aspekt die Darstellung Vanderbekes (2004), 1ff., 199ff.

aktivist Frank Matzke in seinem Generationsporträt *Jugend bekennt* das Relativitätsgesetz die „großartigste Schau der Welt im physikalisch-mathematischen Sinn" und „zugleich im Sinn der Seele der Zeit" nennt, dann spiegelt sich in diesem Bekenntnis die Korrelation von wissenschaftlicher Terminologie und einem diffusen „Relativitätsgefühl des Lebens" wider.[32] Doch auch beim Blick auf die Quantentheorie wird deutlich, wie sich die unterschiedliche Ausstrahlung des Planckschen Wirkungsquantums, der Lichtquantenhypothese Einsteins oder aber der Unbestimmtheitsrelation aus der Sicht des Nichtphysikers begründen mag. In einem ersten Schritt ist hierfür nicht die unterschiedliche Bedeutung der Aussagen hinsichtlich der Einschränkung der klassischen Physik zu veranschlagen, welche sich nur bei sorgfältiger Beschäftigung erschließt, sondern das spontan erfassbare Angebot einer sprachlichen Anlehnung, das zum Brückenschlag zu den Naturwissenschaften animiert. Bezeichnenderweise wird die *Kolonne*-Lyrikerin Elisabeth Langgässer in ihrer Nachkriegsrede *Lyrik in der Krise* – möglicherweise als Eingeständnis einer beizeiten verpassten Kurskorrektur – den „denkenden Lyriker mit sämtlichen Prämissen" fordern und dabei nicht die Quantentheorie in eine Reihe mit der „Philosophie von Sein und Zeit" und der „Umwelttheorie von Uexküll" stellen, sondern den von ihr so bezeichneten „Unsicherheitskoeffizienten von Heisenberg".[33]

Die Zeitspanne, die zwischen der Aufstellung eines Theorems und der Wahrnehmung im außerwissenschaftlichen Kontext liegt, ist für die Wirkung der Naturwissenschaften ebenfalls von Bedeutung. Denn der Zeitaspekt verändert die Präsenz der Wissenselemente im öffentlichen Raum, auch wenn das Verhältnis mitunter reziprok ist. Die Attraktivität begreiflich machen, die bestimmte Begriffe oder Aussagen für Nichtwissenschaftler besitzen, kann der Zeitaspekt infolgedessen nicht. Neben der instrumentellen Behandlung der Naturwissenschaften und der Überprüfung ihrer öffentlichen Wahrnehmung soll darum auch der metaphorischen oder dekorhaften Verwendung wissenschaftlicher Einzelbegriffe Bedeutung beigemessen werden, wie sie von Alan Sokal und Jean Bricmont in der zeitgenössischen Geisteswissenschaft und postmodernen Philosophie kritisiert wurde.[34] Ein Abgrenzungskriterium gegenüber der Wiedergabe des Fachwissens in literarischen oder publizistischen Texten kann hierbei die von Joachim Thiele aufgeworfene und von Mail-

---

[32] Frank Matzke (1931): Jugend bekennt: So sind wir!, hier zit. nach der 2. Aufl. Leipzig, 71.

[33] Elisabeth Langgässer (1967): Lyrik in der Krise [1947], in: Gegenwart des Lyrischen. Essays zum Werk Wilhelm Lehmanns, hg. von Werner Siebert, Gütersloh, 76.

[34] Alan Sokal/Jean Bricmont (1999): Eleganter Unsinn. Wie die Denker der Postmoderne die Wissenschaften missbrauchen, München. Eine Einordnung innerhalb der hier herangezogenen Forschungsarbeiten nehmen Vanderbeke (2004), 46 [vgl. dort auch das Kapitel *Die Rhetorik der Naturwissenschaften*, 57ff.] und Friedrich Vollhardt und Udo Roth (2002) vor: Die Signifikanz des Außenseiters. Der Mathematiker Felix Hausdorff und die Weltanschauungsliteratur um 1900, in: Maillard/Titzmann, Hg. (2002), 213ff. Ein symptomatisches Beispiel stellt im Zusammenhang mit der Untersuchung zu den *Kolonne*-Autoren Axel Viereggs Rekurs auf den Zweiten Hauptsatz der Thermodynamik im Kontext Huchelscher Endzeit- und Erlösungsmetaphern dar. Ders. (1999): Jahreszeiten, Missgeschicke, Nekrologe. Huchel als Lyriker, in: Peter Huchel. Wegzeichen. Ein Lesebuch. Gedichte und Prosa mit Grafiken und Interpretationen sowie Stimmen zu Huchel, ausgewählt und hg. von Axel Vieregg, Wilhelmshorst, 87-114, 114.

lard/Titzmann antizipierte Frage bilden, inwieweit die Verwendung entsprechender Begriffe der jeweiligen Logik des Textes entspringt, indem dieser einen wissenschaftsbezogenen oder technischen Zusammenhang erkennen lässt bzw. die Ersetzung durch alternative Begriffe ermöglicht. In diesem Fall fände sich ein klarer Beleg für den Attraktivitätsgrad bildsprachlich gebrauchter Fachnamen.[35]

Einzelbegriffe, die wissenschaftlichen Theorien entnommen sind oder diesen zugeschrieben werden, verraten deshalb zugleich etwas über die Resonanzfähigkeit der Wissenschaftssprache. Denn die Verwendung einer spezifischen Terminologie lässt Schlussfolgerungen darüber zu, wie der Gebrauch einzelner Wörter die Reichweite und Autorität wissenschaftlicher Ergebnisse beeinflussen kann. Anne Harrington hat dies unlängst am Beispiel der Rezeption der modernen, ‚ganzheitlichen' Biologie im Kontext von Lebensphilosophie und Rationalismusfeindschaft gezeigt. Sie spricht davon, dass die Aneignung normativer Sprachelemente und kulturell suggestiver Metaphern eine der Methoden sei, mit der die Wissenschaft jene Grenze destabilisiere, die sie dann in ihrer offiziellen Rhetorik und Selbstdarstellung energisch verteidige.[36] Obwohl zweifelhaft bleibt, dass die Wissenschaften ein bestimmtes Vokabular mit dem Ziel der Einflusssicherung verwenden, kann der Gebrauch einzelner Begriffe zur Mobilisierung eines Öffentlichkeitsinteresses beitragen. Das assoziative Element von Begriffen wie ‚Relativität' oder ‚Unsicherheit' scheint für die Ausstrahlung der Physik auf die Literatur darum kaum weniger bedeutsam zu sein als die inflationär gebrauchte Formel eines physikalischen ‚Weltbildwandels' zwischen 1900 und 1930. Umso nachdrücklicher stellt sich die Frage, ob die Literatur zentrale Gedanken der Naturwissenschaft in ihren Grundlagen reflektiert oder vor allem Zitate aufgreift. Der Hinweis auf den Wandel des physikalischen Weltbildes, den auch Hans Reichenbach in seinem 1931 in der *Literarischen Welt* veröffentlichten Aufsatz *Das Weltbild der heutigen Physik* vornimmt, ist nur ein Beispiel dafür, dass die Relevanz physikalischer Ergebnisse rhetorisch steigerbar ist; nicht allein deshalb, weil die Physik auf einmal von einem „Wahrscheinlichkeitscharakter" ihrer Aussagen spricht.[37] Diese werden in einen Begriff gekleidet, der glauben macht, dass es keine Frage des individuellen Interesses sei, sich mit der Physik und ihrer Terminologie auseinander zu setzen, sondern eine der Erkenntnisfähigkeit „schlechthin".

> Es ist eine weltanschauliche Perspektive von allergrößter Tragweite, die sich hinter dieser neuen Begriffswelt auftut. Denn was sich hier vollzieht, bedeutet nichts an-

---

[35] Joachim Thiele (1968): Formen der Verwendung naturwissenschaftlicher Begriffe in literarischen Texten, in: Muttersprache 78 (1968), 333-341, 334; Christine Maillard/Michael Titzmann (2002): Vorstellung des Forschungsprojekts: „Literatur und Wissen(schaften) in der Frühen Moderne", in: Dies., Hg. (2002), 22.

[36] Anne Harrington (2002): Die Suche nach Ganzheit. Die Geschichte biologisch-physiologischer Ganzheitslehren: Vom Kaiserreich bis zur New-Age-Bewegung. Deutsch von Susanne Klockmann, Reinbek bei Hamburg, 371f.

[37] Reichenbach (1931a): Das Weltbild der heutigen Physik, in: Die literarische Welt 7 (1931), Nr. 20, 5-6, 6.

> deres als die Einsicht in die Bedingtheit der Grundbegriffe, mit denen die bisherige Forschung gearbeitet hat.[38]

In Bernhard Bavinks 1933 erscheinendem Aufsatz *Weltanschauungswandel in der Naturwissenschaft der Gegenwart* heißt es im Hinblick auf die Frage der Ablösung vom Kausalitätsprinzip der klassischen Physik nicht minder generalistisch, es sei

> also offenbar nicht eine Angelegenheit einzelner Fachgelehrter, sondern eine Sache von höchstem Interesse für die gesamte denkende Menschheit, vor allem aber für die Philosophen und Theologen, wenn heute tatsächlich diese Frage innerhalb der Wissenschaft aufgetaucht ist – und zwar nicht etwa von außen an sie herangetragen durch philosophische oder sonstige Modeströmungen, sondern vielmehr durch den Gang der Forschung selbst ganz naturgemäß hervorgerufen, ja erzwungen.[39]

2. Verständnisfragen

Relativitäts- und Quantentheorie stellen medienrelevante Ereignisse dar, an denen niemand vorbeigehen kann, der als *á jour* gelten möchte. Neben Spengler und Klages lassen diese Ereignisse mit Döblin oder Benn auch solche Intellektuelle befremdlich reagieren, die über einen medizinisch-naturwissenschaftlichen Hintergrund verfügen. Diese Tatsache findet deshalb Erwähnung, da die akademische Ausbildung einzelner Autoren in der Forschung mitunter als eine Vorbedingung der Physik-Rezeption behandelt wird. Wenn Döblin im Zusammenhang der „abscheulichen Relativitätslehre" davon spricht, dass die Mehrzahl der Menschen, „auch der gebildeten", von ihrer Kenntnisnahme ausgeschlossen sei, attackiert er hiermit nicht die Überwindung der Vorstellungsgrenzen oder den Wandel des physikalischen Weltbildes, das ihm von nachgeordneter Bedeutung erscheinen kann, solange er die Physik als eine Einzelwissenschaft wie jede andere betrachtet. Es geht ihm um die mathematische Fundierung der Physik und die damit verbundene Einsicht eines grundlegenden Souveränitätsverlustes gegenüber ihren Wissensbeständen. Nicht von ungefähr erhebt Döblin in diesem Zusammenhang den Vorwurf einer „Verschwörung und Freimaurerei der Mathematiker".[40] Zugleich verdeutlicht er durch die Rhetorik der Negation, welchen Stellenwert er der Physik beimisst, die aus seiner Perspektive eben keine Einzelwissenschaft wie jede andere ist. Parallel dazu macht Benn die Spezifizierung wissenschaftlicher Theoriegebäude, die „auf der ganzen Welt nur von acht Spezialisten verstanden werden, von denen sie fünf bestreiten", für die Demontage elementarer und gemeinverständlicher Kategorien wie Raum und Zeit verantwortlich.[41]

---

[38] Ebd., 6.

[39] Bernhard Bavink (1933b): Weltanschauungswandel in den Naturwissenschaften der Gegenwart, in: Bremer Beiträge zur Naturwissenschaft 1 (1933), H. 3, 126-158, 130.

[40] Döblin (1923b), 5.

[41] Benn: Bekenntnis zum Expressionismus, in: Ders. (1997), 269.

Wissen wird in diesem Verständnis zu einem Exklusivbesitz, das einem ausgewählten Zirkel von Eingeweihten vorbehalten bleibt.

Die Formalisierung der Physik, das belegen beide Äußerungen, steht einer quellengestützten Rezeption durch die Literatur im Wege. Denn das selbstständige Erschließen wissenschaftlicher Primärtexte erfordert einen Grad der Lesekompetenz, der durch den mathematisch nicht versierten Leser kaum zu erbringen ist. Anders als Döblin und Benn scheut sich Klages daher nicht, im Vorwort seines zitierten Werkes *Der Geist als Widersacher der Seele* zu konstatieren:

> Als Nichtphysiker bin ich natürlich auf laienverständliche Publikationen angewiesen. Allein selbst deren für Kenner und Könner durchweg bescheidenen mathematischen Zusammenhängen fühle ich mich nicht mehr gewachsen.[42]

Dabei bringt der Autor im Laufe der Abhandlung eine Reihe von Beispielen aufs Tapet, welche die Beschäftigung mit den Ergebnissen sowohl der modernen als auch der klassischen Physik erkennen lassen, ohne daraus einen Kompetenzanspruch abzuleiten. Vielmehr wiederholt Klages im 51. Kapitel seines Buches die Hervorhebung des eigenen Laienstatus' mit den Worten, dass es sich bei seiner Kritik nicht um eine Kritik physikalischer Begriffe handle, „geschweige [denn] um irgendwelche Besserungsvorschläge (zu denen der Verfasser als Nichtmathematiker und Nichtphysiker sich im mindesten nicht für befugt hielte)".[43]

Klages' Aussage, auf laienverständliche Publikationen angewiesen zu sein, besitzt Symptomcharakter, obwohl keineswegs alle Nichtphysiker in einer ähnlichen Weise Farbe bekennen.[44] Wenn deshalb von einer Physikrezeption der modernen Literatur oder populären Philosophie die Rede ist, handelt es sich hierbei mehrheitlich um eine Rezeption gemeinverständlicher Physikdarstellungen, die auf Grund der gerafften Darstellungsverfahren und einer hohen Aktualität gerade in der zeitgenössischen Presse zu vermuten sind. Es gibt daher gute Gründe, der Publizistik einerseits eine exemplarische Rolle für die Wissensbildung der Autoren einzuräumen, andererseits der Stichhaltigkeit sprachlicher Bilder im Kontext der physikalischen Grundlagen misstrauisch gegenüber zu stehen.

Damit ist bereits Einiges gewonnen, um einer falsch bemessenen Quellenforschung die Unbedingtheit ihres Rekonstruktionswillens aufzuzeigen. Im Gegensatz dazu weist auch die Studie Emters ein Suchraster auf, das nach spezifischen Voraussetzungen, etwa der naturwissenschaftlichen Qualifikation der Autoren fahndet, um eine Prädestination für den Umgang mit dem zeitgenössischen Wissenskontext zu belegen. Dem scheint der Nexus zu Grunde zu liegen, dass für die Literatur nicht in der selben Weise gilt, was für den Umgang einer breiten Leserschaft von Presseartikeln annehmbar ist. Schon gar nicht, wenn es sich bei den Autoren um Absolventen

---

[42] Klages (1960), IX.

[43] Ebd., 701. Eigene Anmerkung, A. M.

[44] Hierzu ist anzumerken, dass auch Klages die Einschränkung „Nichtphysiker" keinesfalls ohne jedwede Kritik an der physikalischen Begriffsbildung macht und Zweifel an den physikalischen Erkenntnissen anmeldet. Siehe dazu die Anmerkungen des 51. Kapitel, 791.

eines medizinischen oder naturwissenschaftlich-technischen Studienfachs handelt. Die Logik der Forschung ist hier jedoch eine andere als die Logik der Rezeption. Dafür soll lediglich ein Beispielfall herangezogen werden, um darzulegen, wie die Suche nach Einflüssen dem Autoritätseffekt exponierter Autoren unterliegen und Vertrauensvorschüsse befördern kann: Brecht.

3. Das Beispiel Bertolt Brecht

„Die Anknüpfungspunkte zu Bertolt Brecht sind schnell gefunden", notiert Emter im ersten Satz ihrer Einzeluntersuchung zum Verfasser des *Galilei*. „Durch sein Studium der Medizin an der Münchner Universität ist es berechtigt, ihn in die Reihe der naturwissenschaftlich-literarischen Intelligenz einzuordnen."[45] So wenig an diesem Faktum zu rütteln ist, das nach Meinung Ulrich Sautters durch Brecht selbst eine „starke Stilisierung" erfährt[46], so sehr ist doch seine Bedeutung mit einigen Fragezeichen zu versehen. Der Hinweis auf die medizinische Ausbildung Brechts, der einen vergleichbaren Schluss zum akademischen Werdegang Döblins oder Benns ermöglicht – von Letzterem mit Blick auf die eigene Dissertation als „Zahlen über Zuckerkrankheit im preussischen Heer nach Armeekorps geordnet" verlacht –, wirkt wie der dankbar aufgenommene Beleg einer fachlichen Vorbildung.[47] Lässt sich hieraus jedoch eine Voraussetzung für das Verständnis der Matrizenmechanik oder aber des Wahrscheinlichkeitselements der Quantentheorie ableiten, das – erinnert sei an Einsteins Aphorismus, Gott würfele nicht – selbst in Physikerkreisen auf erbitterten Widerstand stieß?[48] Die feindlichen Reaktionen beider Autoren angesichts der Abstrakta der Physik legen einen anderen Deutungszusammenhang nahe. Sie zeigen, dass die unterstellte Fähigkeit zur Einordnung spezifischer Wissensbestände nicht notwendigerweise in einem Zusammenhang zu ihrer bejahenden Bewertung stehen muss. Und vielleicht sollte gerade die Schnittstellenfunktion der Medizin zwischen Human- und Naturwissenschaften für den gegenteiligen Schluss herangezogen werden, dass Benn und Döblin der theoretischen Physik die Gefolgschaft versagen. Im Falle Döblins ist zudem unübersehbar, dass der Kritik an der Relativitätstheorie, die er in drei Artikeln mit zum Teil identischem Wortlaut übt, Verständnisdefizite zu Grunde liegen, wie ein zeitgenössischer Kritiker moniert.[49]

---

[45] Emter (1995), 163.

[46] Ulrich Sautter (1995): „Ich selber nehme kaum noch an einer Diskussion teil, die ich nicht sogleich in eine Diskussion über Logik verwandeln möchte." Der Logische Empirismus Bertolt Brechts, in: Deutsche Zeitschrift für Philosophie 43 (1995), 687-709, 687f. Sautter bezieht sich auf eine Selbstdarstellung Brechts aus dem *Traktat über die Mängel unserer Sprache im Kampf gegen den Faschismus*, in welchem Brecht das Studium der Naturwissenschaften als bedeutend für sein historisches Weltbild hervorhebt.

[47] Benn: Das moderne Ich [1920], in: Ders. (1997), 29-46, 34. Benn promovierte 1912 mit einer Arbeit *Über die Häufigkeit des Diabetes mellitus im Heer.*

[48] Vgl. auch die entsprechende Kritik bei Maillard/Titzmann (2002), 20.

[49] Es handelt sich hierbei um einen Artikel von Ernst Fuld, der eine Woche nach Döblins Beitrag am 2.12.1923 im *Berliner Tageblatt* erscheint. Der Beitrag trägt den Titel *Der Abscheu vor der Relativitätslehre*

Etwas fantastisch mutet es daher an, Brecht auf Grundlage entsprechender naturwissenschaftlicher Vorarbeiten eine durch die Quantenphysik initiierte Loslösung von deterministischen Vorstellungen als „Möglichkeit einer Veränderung bestehender [gesellschaftlicher] Verhältnisse" von den Lippen zu lesen und dafür Bohr und Reichenbach in den Zeugenstand zu rufen, in deren Nähe er sich im Exil bewegte.[50] Dass Brecht die Angriffe auf die klassische Physik zur Kenntnis genommen hat, ist nicht in Zweifel zu ziehen. Zudem gilt als wahrscheinlich, dass er bereits zu Beginn der 1930er Jahre Bekanntschaft mit den Ideen des Logischen Positivismus machte und diese im Zusammenhang mit der jüngsten physikalischen Entwicklung sah.[51] Das Verhältnis von Individuum und Massengesellschaft allerdings mit der Beziehung von Subjekt und Objekt beim quantenmechanischen Beobachtungsprozess zu verknüpfen (Brecht-Handbuch[52]) bzw. eine Analogie zwischen den formalen Grundlagen der Quantenmechanik und der Brechtschen Dramentheorie zu erkennen (Sautter[53]), führt zu bizarren Schlüssen und dürfte auch in den Ohren einer gegen ihren spekulativen Ausverkauf gerichteten Physik und empiristischen Philosophie schrill angeklungen sein. Die Interpretationsfreudigkeit, die auf der historischen Dialektik von wissenschaftlicher Erkenntnis und gesellschaftlicher Entwicklung beruht, mag auch der folgende Satz Emters belegen, der vor einem Vergleich psychologischer Faktoren wie Erfahrung oder Wissen beim menschlichen Beobachtungsprozess mit dem Abstoßungseffekt eines Teilchens nicht zurückschreckt: „Das Verhalten des einzelnen ist für ihn [Brecht, A. M.] ebenso wie das Verhalten eines einzelnen Elementarteilchens der kausalen Beschreibung unzugänglich."[54]

Der Rekurs auf einschlägige Aussagenketten der Physik bedarf, so wird in Anlehnung an die Studien Hentschels und Könnekers zu zeigen sein, keineswegs des Gedankenaustausches mit Denkern wie Bohr oder Reichenbach, sondern lässt sich um 1930 durch ein Studium der Tagespresse bzw. durch die Lektüre gemeinverständlicher Darstellungen bewerkstelligen. Brechts Kenntnis der Quantentheorie als Grundlage seines Gesellschaftsbegriffs anzusehen, überschreitet daher nicht nur den Geltungsbereich entsprechender mikrophysikalischer Aussagen hin zu einer univer-

---

[Berliner Tageblatt Nr. 556 (2.12.1923), Morgenausgabe (o. S.)]. Fuld wirft Döblin darin vor, eine Pauschalverurteilung zu unternehmen, ohne den Gegenstand auch nur annähernd durchdrungen zu haben. Er kommt auf den Vorfall später noch einmal in seinem Geleitwort zu einer populärwissenschaftlichen Darstellung der Relativitätstheorie zu sprechen. Siehe Georg N. Felke (1928): Einstein für Jedermann. Die Relativitäts-Theorie in ihren Grundgedanken für Laien. Mit einem Geleitwort von E. Fuld, Berlin, ebenfalls o. S.

[50] Emter (1995), 163f. Eigene Anmerkung, A. M.

[51] Lutz Danneberg (1996): Zu Brechts Rezeption des Logischen Positivismus, in: Deutsche Zeitschrift für Philosophie 44 (1996) 3, 363-387, explizit 371. Zur Bekanntschaft Brechts mit den Ideen des Empirismus vor dem amerikanischen Exil Ders. (1990): Interpretation: Kontextbildung und Kontextverwendung. Demonstriert an Brechts Keuner-Geschichte *Die Frage, ob es einen Gott gibt*, in: SPIEL (Siegener Periodikum zur Internationalen Empirischen Literaturwissenschaft) 9 (1990), H. 1, 89-130, 110ff.

[52] Jan Knopf, Hg. (2001): Brecht-Handbuch in fünf Bänden. Wissenschaftliche Redaktion: Brigitte Bergheim/Joachim Lucchesi, Stuttgart/Weimar, Bd. 3: Prosa, Filme, Drehbücher, 19.

[53] Sautter (1995), 703ff.

[54] Emter (1995), 166.

sellen Wirklichkeitskonzeption. Ein entsprechender Konnex überbewertet auch den Einfluss des Wissens gegenüber seiner Wirkungsmächtigkeit. Die Hinzuziehung entsprechender Vermerke ist deshalb fraglos ein Beleg für den Umgang Brechts mit dem zeitgenössischen Wissenschaftskontext. Beinhaltet dieser aber eine Information über die Erschließung anspruchsvoller Primärquellen und den Nachweis einer vom Gespräch *über* die Physik zu trennenden Beeinflussung *durch* die Physik, den der Wink auf Präliminarien wie ein Studium der Medizin evozieren soll? Brecht selbst legt den Finger auf ein alternatives Element der Integration physikalischen Wissens und den Reduktionismus der physikalischen Formelsprache, indem er den Gesprächsausschnitt zweier Physiker in der siebenten Szene von *Furcht und Elend des Dritten Reiches – Physiker* – als Sinnbild für Versachlichung, Entemotionalisierung, aber auch Entmoralisierung nutzt, wobei die Abstraktion als zeitspezifische Betrachtungsweise erkennbar werden soll.[55] Wie Joachim Thiele angemerkt hat, liefert Brecht hiermit ein Beispiel für die Möglichkeiten des eingefügten Zitats aus physikalischen Originalveröffentlichungen ohne jede Übersetzung und Umschreibung, sondern allein zum Zwecke der ästhetischen Wirkung.[56]

> Y: Für ruhende, inkohärente, nicht durch Spannungen aufeinander wirkende Materie ist T=μ, die einzige von Null verschiedene Komponente der tensoriellen Energiedichte. Infolgedessen wird ein statisches Gravitationsfeld erzeugt, dessen Gleichung unter Hinzufügung des konstanten Proportionalitätsfaktors 8πx
>
> $$\Delta f = 4\pi\chi\mu$$
>
> liefert. Bei geeigneter Wahl der Raumkoordination ist die Abweichung von c2 dt2 sehr gering ... [...].
>
> Y (liest weiter): ... andererseits sind die fraglichen Massen gegenüber der ruhenden, felderzeugenden Masse sehr klein, infolgedessen ist die Bewegung der in das Gravitationsfeld eingebetteten Körper durch eine geodätische Weltlinie in diesem statischen Gravitationsfeld gegeben. Sie genügt als solche dem Variationsprinzip
>
> $$\delta \int ds = 0$$
>
> wobei die Enden des betreffenden Weltlinienstücks fest bleiben.[57]

---

[55] Siehe dazu die Einschätzung von Wolfgang Lukas (2002), 257ff.
[56] Vgl. Thiele (1968), 340.
[57] Brecht: Furcht und Elend des Dritten Reiches. 27 Szenen [1938], in: Ders. (1988): Werke. Große kommentierte Berliner und Frankfurter Ausgabe, hg. von Werner Hecht, Jan Knopf, Werner Mittenzwei, Klaus Detlef Müller, Berlin/Weimar, Bd. 4: Stücke, 339-452, 383.

4. ‚Krisen' der Repräsentation in Physik und Literatur

Mit der Entwicklung der modernen Mikrophysik ist ein – physikalisches – Sprachproblem verbunden. Der Physiker ist gezwungen, seine Erkenntnisse in den Kontext eines aus der Alltagserfahrung generierten Naturbildes zu übersetzen, will er sich anschaulich verständigen. Angesichts widersprüchlicher physikalischer Phänomene wie den komplementären Eigenschaften des Lichts kann er jedoch nicht mehr in der gewohnten Weise von einer Welle, einem Teilchen oder einer Teilchenbahn reden. Er steht vor dem Problem, Begriffe gebrauchen zu müssen, die den Eigenschaften der Natur nicht adäquat entsprechen. Vor dem Hintergrund der als ‚Sprachkrisis' bezeichneten Erfahrung legt die Betrachtung von Literatur und Physik daher eine Wechselwirkung nahe, welche sich in vergleichbaren Annahmen bezüglich Subjektivität, Wahrnehmung oder den Möglichkeiten einer bildhaften Sprache ausdrückt. Diese Vermutung wird durch den Umstand befördert, dass der physikalische Paradigmenwechsel und die poetische ‚Sprachkrisis' in etwa zeitgleich einsetzen und als bedeutende Charakteristika der Moderne behandelt werden. Mit der Beobachterabhängigkeit von Aussagen oder der Infragestellung einer strengen physikalischen Objektivität nähert sich die Physik zudem Wirklichkeitsformen an, die bislang als eine Domäne der Literatur gelten bzw. keinen Platz im naturwissenschaftlichen Verständnis des 19. Jahrhunderts besitzen. Es erscheint deshalb nachvollziehbar, der Physik eine beeinflussende Rolle für die Entwicklung der Literatur zusprechen zu wollen bzw. Physik und Literatur als Anzeichen eines übergreifenden Wahrnehmungs- und Sprachwandels zu lesen.

Fasst man die moderne Naturwissenschaft als einen kulturellen Einflussfaktor auf, der zu den literarischen Werken in einem referentiellen Verhältnis steht, so kann mit Emter davon ausgegangen werden, dass die Modifikationen des klassischen naturwissenschaftlichen Weltbildes auf die offenen Ohren einer vom Gespräch über Subjekt-Dissoziation und Sprachzerfall sensibilisierten Autorengeneration treffen. Das Argument ist hier, zwei Erscheinungen miteinander ins Verhältnis zu setzen und die Möglichkeit eines historischen Vergleichs zu eröffnen. Christian Kassung geht dem gegenüber von einem gemeinsamen epistemologischen Fundament aus, wenn er zu dem Fazit kommt, die Sprache der modernen Physik habe sich der Beliebigkeit des Physikers zu entziehen begonnen, wie zeitgleich die Worte unter den Händen des imaginären Lord Chandos zerfallen seien.[58]

So lebendig dieses Bild des Verfalls auch ist, die Suche nach Verbindungslinien oder Interferenzen zwischen Literatur und Naturwissenschaft über den Vergleichspunkt Sprache offenbart den Erklärungswunsch vielschichtig gelagerter kultureller Erscheinungen seit dem Fin de Siècle. Dabei ist nicht von der Hand zu weisen, dass ein Wissen um die Gleichartigkeit entsprechender Erfahrungen nicht notwendig im Bewusstsein der Akteure verhaftet sein muss. Denn die Bezugnahme der Literatur auf die moderne Physik erfolgt nicht über Nacht, sondern setzt, von Ausnahmen

[58] Kassung (2001), 22.

abgesehen, erst mit einem zeitlichen Abstand zu Beginn der 1920er Jahre ein. Die Wechselseitigkeit des physikalischen ‚Relativismus' und der poetischen ‚Sprachkrisis' kann vor diesem Hintergrund demnach als ein Begründungszusammenhang *ex post* gewertet werden. Die vergleichende Betrachtung über die Sprachkonstante gestaltet sich deshalb umso problematischer, wenn man das Argument der Andersartigkeit ansonsten bedient, um Literatur und Wissenschaft in Bezug auf ihre Erkenntnis- und Darstellungsformen gegeneinander abzugrenzen. So hat es unfreiwillig den Anschein, dass das Faktum einer Andersartigkeit durch die Motivation zementiert wird, Annäherungsbewegungen überhaupt kenntlich machen zu wollen. Eine Frage, die sich hinsichtlich der physikalischen Initialzündung für die ‚Sprachkrisis' der Literatur stellt, ist demnach,

> was determinierend war. Hat die Physik in dieser Hinsicht eine auslösende Rolle gespielt? Hat sie als Modell gedient für die Infragestellung der sprachlichen Verfahrensweisen der Literatur dieser Epoche? [...] Oder sind umgekehrt die Physiker dadurch zur Beschreibung ihrer Schwierigkeiten in den Begriffen einer Sprachkrise gelangt, daß sie einer Welt angehörten, die charakterisiert war durch den Verlust früherer Ideale, durch die Suche nach einer neuen „Weltanschauung", die sie nicht anders als in Gestalt des Auftauchens einer neuen Sprache denken konnten?[59]

Die in dem Zitat Françoise Balibars markierte Leerstelle lautet: „Ich zweifle daran.", und es ist der Autorin bezüglich ihrer Zweifel beizupflichten, die Physik besitze einen Modellcharakter für das verlorene Sprachvertrauen bzw. habe durch die Korrespondenz des Möglichen mit dem Faktischen dazu beigetragen, die ästhetische Vorstellung einer Vereinigung von Exaktem und Unexaktem zu konzipieren.[60] Dabei verdeutlichen die von Emter zitierten Quellbelege, dass die Literatur nicht davor gefeit ist, wissenschaftliche Gemeinplätze aufzurufen oder diese zu zitieren, um den Charakter einer „bis auf die Straße vorgedrungenen Grundlagenwissenschaft"[61] widerzuspiegeln. Keineswegs braucht sie dafür über den neuesten Stand der Physik unterrichtet zu werden, wie die Autorin im Zusammenhang mit der Abfassung des *Galilei* annimmt.

Wenn sich die Literatur entsprechender Elemente bedient und es nicht versäumt, darauf hinzuweisen, tut sie dies nicht aus Gründen der Wissensweitergabe und nur in Einzelfällen aus dem Beweggrund der Wissensverarbeitung, sondern auch aus einem taktischen Moment heraus, das mit der Öffnung des Spezialwissens zusammenhängt. Die Ablehnung physikalischer Abstrakta oder aber der Nachweis einer wissenschaftlichen Satisfaktionsfähigkeit werden mit der öffentlichen Bedeu-

---

[59] Françoise Balibar (2002): Wenn die Worte fehlen, um von der Natur zu sprechen... Relativitätstheorie, Quantenmechanik und Paradigmenwechsel in Physik und Philosophie, in: Maillard/Titzmann (2002), 47.

[60] Werner Heisenberg (1998): Der Teil und das Ganze. Gespräche im Umkreis der Atomphysik, 2. Aufl. München, 82: „Das Mögliche, das zu Erwartende, ist ein wichtiger Bestandteil unserer Wirklichkeit, der neben dem Faktischen nicht vergessen werden darf." Siehe dazu die Titelüberschrift des 4. Abschnitts im *Mann ohne Eigenschaften*: *Wenn es Wirklichkeitssinn gibt, muss es auch Möglichkeitssinn geben.* Musil (1978), Bd. 1, 16.

[61] Könneker (2001), 124.

tungssteigerung der Physik ebenso zu Möglichkeiten der Distinktion. Könnekers Befund einer Teilgeburt der literarischen Moderne aus dem Geiste der modernen Physik erhält dadurch den Dreh, dass nicht allein die Gegenstände der Physik die Literatur tangieren, sondern dass der Rekurs auf die Physik zu einem Merkmal artistischer Superiorität werden kann, was nicht ohne Rückwirkung auf die taktischen Erwägungen der Autoren bleibt; auch solcher Autoren, die wie Raschke über keinerlei naturwissenschaftlichen Hintergrund verfügen. Die Ausstrahlung der mathematischen Naturwissenschaft und die nicht selten proklamierte Anlehnung an einen wissenschaftlichen Exaktheitsstandard veranlassen jedoch auch ihn zu zwei frühen Tagebuchnotizen, die als Ausdruck des intuitiven Wiederholens bestimmter Redeweisen verstanden werden können: „Prosa ist Mathematik“ (17.9.1927) und „[...] sich an den Naturwissenschaften orientieren“ (14.6.1929).[62]

Besonders eindrucksvoll gelingt die Munitionierung mit entsprechenden Wissenselementen beim Nachweis der Priorität sowie beim Verzicht auf Plattitüden. Wenn Musil 1927 – kurz nach der als Meilenstein der Wissenschaftsgeschichte begrüßten Aufstellung der Quantenmechanik und inmitten der Arbeiten am *Mann ohne Eigenschaften* – von einer „Gegenstandslosigkeit“ der gegenwärtigen Literatur berichtet und diese damit begründet, dass sich die Literaten bei der Anpassung an das naturwissenschaftliche Weltbild „verspätet“ hätten, darf man seinen Hinweis als eine unverhüllte Aufforderung betrachten, der Entwicklung der Wissenschaften nicht länger aus dem Wege zu gehen.[63] Zugleich stellt diese Aufforderung einen Distinktionsversuch dar, der erworbene Kompetenzen zur Unterscheidung nutzt. Stimmt die Vermutung, dass Musil ein entsprechendes Wissen als Abgrenzungsmedium nutzen kann, dann belegte seine Äußerung, dass der naturwissenschaftliche Weltbildwandel am Ende der 1920er Jahre aus seiner Perspektive nur partiell in die Literatur vorgedrungen ist, obwohl ihre Gegenstände einen Prozess der medialen Aufbereitung durchlaufen. Die Medialisierung der Physik ginge einem Verständnis der physikalischen Zusammenhänge somit um Längen voraus.

Der zitierte Textausschnitt Balibars stellt noch eine zweite Vermutung zur Disposition. Es handelt sich dabei um den Versuch, der Physik ihrerseits eine Bezugnahme auf die Literatur nachzuweisen bzw. das von Paul Forman bediente Argument einer Milieubedingtheit der Naturwissenschaften zu unterstreichen. Hierbei geht es um die Vorstellung, dass wissenschaftliche Theorien auf Grund der notwendigen Reproduzierbarkeit ihrer Schlüsse nicht in willkürlicher Abhängigkeit von externen Faktoren stehen können, dass für die Akzeptanz von Theorien zugleich Einflüsse geltend gemacht werden müssen, die sich nicht aus der wissenschaftlichen Praxis allein ableiten lassen. Der von Forman vertretene Ansatz läuft konkret darauf hinaus, dass das öffentliche Klima nach 1918 die Bereitschaft an der Entwicklung der Quantentheorie beteiligter Wissenschaftler befördert hätte, deterministische

[62] Tagebuchaufzeichnungen im Nachlass Raschkes unter SLB. Mscr. Dresd. App. 2531, Nr. 75.

[63] Robert Musil: Zu Kerrs 60. Geburtstag, in: Ders. (1978): Gesammelte Werke, Bd. 8: Essays und Reden, 1180-1186, 1183.

Vorstellungen aufzugeben.[64] Die Entwicklung der Quantentheorie wäre damit das Ergebnis eines Anpassungsprozesses an den gesellschaftlichen *Common Sense*. Offen bleibt hierbei nicht allein die Frage, ob es diesen tatsächlich gegeben hat. Die wissenschaftlichen Grundzutaten der Quantentheorie, und dies ist entscheidender, werden aus den Problemstellungen der klassischen Physik heraus geboren. Als Max Planck seine Erkenntnis macht, dass die Schwarzkörperstrahlung nicht mehr mit den klassischen Modellen erklärt werden kann, sondern die Annahme von Quantenzuständen erfordert, operiert er auf der Grundlage einer fachspezifischen Enge. Auf seinen Geniestreich, den Planck selbst als ein Verzweiflungstat bezeichnete, folgt die Erklärung des photoelektrischen Effekts durch Einstein und erst nach weiteren Schritten die Aufstellung der Quantenmechanik. Insofern ist mit einigem Recht zu fragen, ob die Aussagen der neuen Physik und die Verwendung einer assoziativen Terminologie nicht eher Anteil daran haben, ein bereits gebrochenes Weltvertrauen weiter zu destabilisieren.

Die Vorstellung, die Physik habe hinsichtlich der Einschränkung ihrer Grundbegriffe, der Rolle von Gedankenexperimenten bzw. ihres intuitiven Vorgehens eine Relevanz in Literatur und Philosophie erkannt und diese zum Muster ihrer Verfahrensweisen gemacht, offenbart die Chancen und Hindernisse eines sozialepistemologischen Verhältnisses zu den Wissenschaften. Unstrittig ist, dass die Physik auf nichtempirische Verfahren zurückgegriffen hat und dabei auf Größen wie Annahme, Spekulation, Vorahnung vertraute. Es ist weiterhin bekannt, dass Bohr hierfür einen entsprechenden Vergleich mit der Literatur eröffnet haben soll.[65] Genannte Attribute jedoch mit einer Bezugnahme auf außerphysikalische Einflüsse zu begründen und diese nicht als Vergleichsmedium für bestimmte wirklichkeitskonstituierende Wahrnehmungen heranzuziehen, scheint insgeheim von dem Wunsch beseelt zu sein, der Literatur jenen übergreifenden Bedeutungsgehalt zuzusprechen, den man der Physik durch die literaturwissenschaftliche Auseinandersetzung implizit bekundet.[66] Dennoch ist es nicht unproblematisch, hieraus eine Einseitigkeit des Verhält-

---

[64] Paul Forman (1971): Weimar Culture, Causality, and Quantum Theory, 1918-1927: Adaption by German Physicists and Mathematicians to a Hostile Intellectual Environment, in: Historical Studies in the Physical Sciences, Vol. 3 (1971), 1-115. Siehe zur Diskussion den von Karl von Meyenn (1994) herausgegebenen Band: Quantenmechanik und Weimarer Republik, Braunschweig/Wiesbaden, insbesondere 61ff.

[65] „Wir müssen uns klar darüber sein, daß die Sprache hier nur ähnlich gebraucht werden kann wie in der Dichtung, in der es ja auch nicht darum geht, Sachverhalte präzis darzustellen, sondern darum, Bilder im Bewußtsein des Hörers zu erzeugen und gedankliche Verbindungen herzustellen." Bohr-Ausspruch zit. nach Heisenberg (1998), 54.

[66] Diesen Weg beschreitet etwa die Untersuchung Maren Partenheimers (1990), Goethes Tragweite in der Naturwissenschaft. Hermann von Helmholtz, Ernst Haeckel, Werner Heisenberg, Carl Friedrich von Weizsäcker, Berlin, in der die Aufstellung des Energieerhaltungssatzes durch Helmholtz oder die Formulierung der Quantenmechanik durch Heisenberg auf Grundlage der Goethe-Lektüre interpretiert wird. Partenheimer sitzt dabei nicht nur einigen Selbstanzeigen der Wissenschaftler auf, wie sich vor allem im Untersuchungsteil zu Weizsäcker herausstellt, sondern übersieht einen wesentlichen Faktor der Goethe-Renaissance in der Naturwissenschaft der 1930er und 1940er Jahre. Zwar ist unbestreitbar, dass der Rekurs auf Goethe neben der Stagnation der theoretischen physikalischen Forschung seit Beginn der 1930er Jahre gerade in Deutschland mit jenem ‚Krisenempfinden' der Wissenschaften in Verbindung

nisses zwischen Wissensproduzenten und den Adressaten populärwissenschaftlicher Beiträge abzuleiten. Nicht allein die Verwendung einer suggestiven Sprache in populärwissenschaftlichen Beiträgen ist Ausdruck einer genauen Wahrnehmung der Resonanzfähigkeit und damit Beleg einer dialektischen Beziehung, die Wissenschaftler, Popularisatoren und Öffentlichkeit nicht mehr als voneinander getrennte Pole eines Prozesses, sondern als Akteure einer wechselseitigen Kommunikation beschreibt und auf Seiten der Wissenschaft und ihrer Popularisatoren zur gezielten Erweiterung des Adressatenkreises für fachwissenschaftliche Informationen führt.[67] Bereits die Möglichkeit der Distinktion und der Steigerung von Status oder Prestige ist Ausdruck dieser Relation, die keineswegs nur von Laien genutzt wird. Auch die Vertreter der Physik stellen ein Wissensgefälle in Frage, wobei sie bemüht sind, mit Hilfe von Kompetenzansprüchen jene Trennung zwischen Experten und Laien zugleich aufrecht zu erhalten, die durch die zunehmende Popularisierung von Theorien und Forschungselaboraten verdeckt wird.

Mit den publizistischen Schriften Raschkes steht demgegenüber eine Gruppe von Texten im Mittelpunkt der Untersuchung, die nachweisbar in einem Verhältnis zur Entwicklung der Physik steht, indem sie diese über die Berichterstattung der Presse begleitet. Geht man davon aus, dass die Popularisierung der Physik Folgen für das Themenspektrum der Zeitungen und Zeitschriften besitzt, stellt sich die Frage nach dem Für und Wider der Aufnahme entsprechender Wissenselemente hier in existenzieller Weise. So kommt Raschke über seine Arbeit für die *Literarische Welt* mit naturwissenschaftlichem Wissen in Berührung, das dem Lesepublikum hinsichtlich seiner methodischen Vermittlung angepasst wird, d. h. sachliche und sprachliche Vereinfachungen aufweist und wohl auch spezifische Absichten hinsichtlich der Publikumswirkung von Seiten der Popularisatoren verfolgt haben dürfte.[68] Diese Popularität der Physik verdeutlicht ihm nicht nur die Integrationsfähigkeit naturwis-

---

steht, das zum Affront gegenüber einer ausdifferenzierten Faktenwissenschaft führt. Die Berufung auf Goethe durch Heisenberg oder Weizsäcker im historischen Kontext hat ihre Ursache allerdings nicht allein in der Produktivität des Goetheschen Natur- und Wissenschaftsbegriffs, sondern dient auch dem Erbringen von Autoritätsbeweisen, das angesichts der Suche nach alternativen Wissenschaftskonzepten und Natureinheitsvorstellungen bis in die Gegenwart Relevanz besitzt, wie an den Schriften Weizsäckers ablesbar ist. [Ders. (1971): Die Einheit der Natur, München.] Der Begriff der Idee oder Gestalt, den Goethe als maßgeblich für die Vorstellung seiner Urpflanze angesehen hatte, wird durch Weizsäcker als ein dem modernen physikalischen Weltbild verwandtes Konzept verstanden, da auch die Gegenstände der Mikrophysik in gewisser Weise ‚urbildhaft' seien und eine an sich nicht existente Wirklichkeit widerspiegelten, sondern Phänomene und Imaginationen dieser Wirklichkeit abbildeten. [Weizsäcker (1991): Goethes Farbentheologie – heute gesehen, Göttingen, 369] Auch die Arbeit von Felix Höpfner (1990): Wissenschaft wider die Zeit. Goethes Farbenlehre aus rezeptionsgeschichtlicher Sicht, Heidelberg, 178, ist bemüht, die Goethe-Rezeption auf Grundlage einer wissenschaftsgeschichtlichen Logik zu interpretieren. Gleichwohl deutet Höpfner die zeittypische Sehnsucht nach Ganzheit als einen Motor der Begeisterung an Goethes wissenschaftlichen Schriften.

[67] Vgl. dazu unlängst Kretschmann, Hg. (2003), hier insbesondere die Einleitung, sowie den Beitrag von Angela Schwarz (2003): Bilden, überzeugen, unterhalten: Wissenschaftspopularisierung und Wissenskultur im 19. Jahrhundert, 221-234.

[68] Zu den Charakteristika des Popularisierungsbegriffs Schwarz (2003), 222ff.

senschaftlicher Themenkomplexe in eine literarische Zeitschrift, sondern ermöglicht es, entsprechende Themen in ihren interpretatorischen Schlüssen nachzuvollziehen.

Als eine Einteilung des Textmaterials dieser Untersuchung werden daher naturwissenschaftliche Fachtitel behandelt, die durch einen definierten Gegenstandsbereich charakterisiert sind, formale Darstellungswege nicht aussparen und in denen keine laienverständliche Einordnung des Themas stattfindet. Wie Klaus Hentschel gezeigt hat, erscheint es angesichts des im 20. Jahrhunderts erreichten Komplexitätsgrades selbstverständlich, dass solche Beiträge ausschließlich von ausgebildeten Wissenschaftlern vorgelegt und gewinnbringend gelesen werden können. Die Originaltitel werden von den Lehrbüchern, die eine standardisierte Form der Wissensvermittlung repräsentieren, bzw. den populärwissenschaftlichen Texten in Tageszeitungen und Zeitschriften als einer dritten Textsorte getrennt.[69] Vor allem in der zuletzt genannten Gruppe ist dabei jener Typus von Texten anzutreffen, die den Sinn einzelner Aussagen in einen außertheoretischen Zusammenhang einbetten, um bestimmte Aspekte dem breiten Publikum zugänglich zu machen und dessen nachhaltiges Interesse zu wecken. Innerhalb dieser Gruppe finden sich auch jene Beiträge, die einzelne Aussagen umschreiben, verfremden oder missdeuten und sich des naturwissenschaftlichen Wissens vor allem deshalb bedienen, um dessen Autorität zu nutzen. Das Ergebnis ist nicht selten eine „Simulation" oder ein Mimen naturwissenschaftlicher Diskurse, wie sie Wolfgang Lukas beobachtet hat.[70]

Die Dekontextualisierung von Begriffen und ihrer Deutungszusammenhänge unterstreicht den von Sokal und Bricmont beschriebenen Gebrauch wissenschaftlicher Begriffe als Metaphern, der von bestimmten Topoi als Übersetzungshilfen für jene Leser zu trennen sind, denen die Lektüre der wissenschaftlichen Originaltitel versagt ist. Wenn Benn die Ergebnisse der modernen Physik und ihren statistischen Charakter 1932 zum Anlass nimmt, einen „Realitätszerfall" und die verloren gegangene Fassbarkeit der „konkretesten Mächte wie Staat und Gesellschaft" zu beklagen, zeigt sich hierin ein entsprechendes Deutungsmuster, das zu abstrusen Schlussfolgerungen führt.[71] Das Argument einer Schlüsselstellung der Wissenschaften für die Publizistik Raschkes soll deshalb insoweit gelten, als es den Einfluss naturwissenschaftlicher Begriffe als ‚Lehnworte' einzelner Textbausteine aufzuzeigen gilt.[72]

Innerhalb der Veröffentlichungen Raschkes lässt sich abschließend eine Binnendifferenzierung in jene Texte vornehmen, die sich wissenschaftlicher Begriffe metaphorisch bedienen, und in solche, die sich wissenschaftlicher Ergebnisse an-

---

[69] In diesem Zusammenhang wird auf die vierstufige Hierarchisierung der Texte bei Hentschel (1990), 57, verwiesen, der sich Könneker (2001) angeschlossen hat, in: 1. Primärtexte (rein fachlicher Einschlag ohne Vermittlungsanspruch), 2. Sekundärtexte (anspruchsvolle Vermittlung an den Leser durch die Physiker selbst), 3. Tertiärtexte (allgemeinverständliche Texte unter Verzicht etwa auf mathematische Herleitung), 4. Quartärtexte (verfremdende Texte, zumeist in Zeitungen und Zeitschriften, die auf anderen Textbeispielen der 3. und 4. Gruppe basieren).

[70] Lukas (2002), 257.

[71] Benn: Akademie-Rede, in: Ders. (1997), 450, bzw. ähnlich Benn: Bekenntnis zum Expressionismus, ebd., 266.

[72] Siehe Thiele (1968), 334.

nehmen, um diese argumentativ zu verwenden. Zur ersten Gruppe sind seine literarischen Aufsätze zu zählen, zur zweiten Gruppe die Kurzmeldungen in der *Kolonne*, für die Raschke nicht in jedem Fall als Autor zeichnet, die aber unter seiner Ägide in die Zeitschrift aufgenommen werden. Sie sind Gegenstand der Einzelanalysen im zweiten Teil der Untersuchung. In den folgenden Kapiteln werden demgegenüber solche Quellen herangezogen, die der Vergleichbarkeit von Raschkes Aussagen dienen. Diese Beispiele stammen sowohl von Autoren in Raschkes persönlicher Umgebung als auch von Autoren, die ebenfalls in der *Literarischen Welt* oder der *Vossischen Zeitung* veröffentlichen. Eine entsprechende Parallelisierung wird aus der selben Überlegung heraus vorgenommen, die der Hinzuziehung Benns, Spenglers, Döblins oder Klages' im Einleitungsteil zu Grunde lag: Raschke aus seinem historischen Umfeld heraus einzukreisen und seine Äußerungen in den Kontext der Wissenschaftsrezeption zu stellen, die durch die Wissensreproduktion populärer Buchveröffentlichungen und der Presse geprägt ist.

II. Entropie und Riemannsche Vermutung. Das Beispiel Günter Eich

Es ist davon die Rede gewesen, dass die Einbeziehung fachwissenschaftlicher Begriffe in literarische Texte unterschiedlich motiviert sein kann. Metaphorische oder instrumentalisierende Verwendungen beschränken sich dabei nicht auf die Ergebnisse der modernen Physik wie Relativitäts- und Quantentheorie. So legte Joachim Metzner in seiner Untersuchung physikalischer Sätze in der Literatur dar, wie der Begriff der Entropie, der in der Physik das Maß der Unordnung eines Systems ausdrückt, in der Literatur als Symbol der Ausweglosigkeit und des vorgeschriebenen Fiaskos gedeutet wird.[73] Eine interpretatorische Entfremdung des Zweiten Hauptsatzes der Thermodynamik, des sogenannten Entropie-Satzes, beobachtete Metzner in einer Reihe von Textbeispielen dergestalt, dass der Entropie-Begriff auf eine zerstörerische Sache oder die Welt als Ganze angewendet wird.[74] Mit Günter Eich untersuchte er auch einen *Kolonne*-Autor, dessen Text *Ohne Symmetrie* das Gefühl des Ausgeliefertseins an ein deterministisches Geschehen dokumentiere:

> Nachts beunruhigt einen die Entropie weniger. Weltläufig oder läufig, sagt man sich, es kommt auf dasselbe heraus. Raumfahrer altern langsamer, auf die können wir nicht mehr warten, die sind jetzt auf Alpha Centauri [...]. Die Raumfahrer, gealterte Romantiker, vom Übermorgenland. Aber der Entropie entgehen sie auch nicht. [...] Inzwischen ist die Funkverbindung abgebrochen. Die Raumfahrer steigen aus und werden zu winzigen Monden um Alpha Centauri, weltläufig und impotent. Hier steigen Erbsenkinder aus den Schößen, dort werden Elegien erzählt. Die zehn Gebote schreiben sich schnell, das Alphabet ist gelungen, aber kein Ort mehr, es zu befolgen.[75]

Der Hinweis auf *Ohne Symmetrie* ist unter dem Gesichtspunkt naturwissenschaftlicher Zitate bereits deshalb bemerkenswert, da sich neben dem Begriff der Entropie auch die Formulierung „Raumfahrer altern langsamer" findet, und damit der Fingerzeig auf eines der bekanntesten Gedankenexperimente der modernen Physikgeschichte.[76]

---

[73] Ungeordnete, entropiereiche Zustände sind in der Natur generell wahrscheinlicher als geordnete, entropiearme Zustände, die nur unter Hinzufügung von Energie erzeugt werden können. Das Phänomen lässt sich am Bild einer stabilen Mauer verdeutlichen, die, überlässt man die Mauer sich selbst, nach längerer Zeit zum Zerfall neigt. Gleiches gilt für die Zustandsmöglichkeiten eines Puzzles, dessen Einzelteile ungeordnet häufiger als im Zustand des fertigen Puzzles anzutreffen sind. Auch zerbrechen heile Gegenstände – sie können sich jedoch erfahrungsgemäß nicht von selbst wieder zusammensetzen.

[74] Metzner (1979), 17.

[75] Günter Eich: Ohne Symmetrie, in: Ders. (1991): Gesammelte Werke (GW) in vier Bänden. Revidierte Ausgabe, Frankfurt am Main, Bd. I: Die Gedichte. Die Maulwürfe, hg. von Axel Vieregg, 345.

[76] Eich spielt mit seiner Formulierung auf das Zwillingsparadoxon als Gedankenexperiment zur Relativitätstheorie an, bei dem zwei gleichaltrige Geschwister für einen bestimmten Zeitraum getrennt werden. Eines der beiden unternimmt in dieser Zeit eine Reise durch das All, während das andere auf der Erde bleibt. Da im Raumschiff auf Grund der so bezeichneten Zeitdilatation die Zeit langsamer vergangen ist –

Der Begriff der Symmetrie, den Eich im Titel verwendet, stellt zudem ein zentrales Schlagwort der Physik des 20. Jahrhunderts dar und unterstreicht die Präsenz bestimmter Begriffe, nachdem die Mathematikerin Emmy Noether das nach ihr benannte Noether-Theorem (1915) formuliert hatte, welches besagt, dass aus jeder Symmetrie in den Naturgesetzen ein Erhaltungssatz folgt. Fundamentale Eigenschaften in der Natur beruhen somit auf Symmetrie.

Obgleich Eichs Textbeispiel aus dem Jahr 1968 stammt, sollen vergleichbare begriffliche Anspielungen einleitend in fünf Kurzinterpretationen behandelt werden, um die Verwendung entsprechender Wissenselemente noch einmal zu veranschaulichen. Die Betonung, dass Eichs Auseinandersetzung mit der Physik in den 1960er Jahren unter anderen historischen Prämissen steht und die Einbeziehung in den Deutungszusammenhang der *Kolonne* unzulässig macht, ist hierbei obligatorisch. Habermas' Urteil, die Atomphysik wirke sich beim Anblick von Hiroshima auf die Produktion von Gedichten aus, nicht aber durch die Verarbeitung von Hypothesen über die Umwandlung von Masse in Energie, unterstreicht die Notwendigkeit solcher Einschränkungen im geschichtlichen Kontext nach 1945, in dem der Begriff der Wissenschaft häufig mit den praktischen Anwendungsfolgen der Wissenschaft gleichgesetzt wird.[77] Das Anliegen ist hier jedoch ein anderes. Eichs Schriften sollen auf die Einbeziehung wissenschaftlicher Begriffe hin befragt werden, um die argumentative Verwendung spezifischer Wissenselemente im Kontext von Literatur und Gesellschaftskritik anhand eines ersten Autorenbeispiels zu konkretisieren, das in unmittelbarer Beziehung zu Raschke steht. Die Zeitabfolge der Textbeispiele wird dabei rücklaufend von den 1960er Jahren bis zu den ersten Gedichtveröffentlichungen Eichs in der *Kolonne* bzw. der *Anthologie jüngster Lyrik* (1927) gewählt, in der auch Raschke vertreten ist. Vor allem die Äußerungen beider Autoren in der *Kolonne* können trotz der programmatischen Meinungsunterschiede hinsichtlich des Profils der Zeitschrift als weitgehend eines Sinns gelten und bieten sich für einen Vergleich an, obgleich einzelne Forschungspositionen in Raschke den weniger wissenschafts- und technikkritischen Autor sehen. Es wird darauf an späterer Stelle zu antworten sein.

1. *Ohne Symmetrie*

Energie, so weiß man seit der Mitte des 19. Jahrhunderts, kann in einem geschlossenen System weder aus dem Nichts produziert werden noch verloren gehen. Sie ist konstant und verändert sich lediglich in ihrer Form. Umso gravierender hinsichtlich seiner interpretatorischen Schlussfolgerungen ist deshalb der Entropiesatz. Er besagt, dass sich alle Energie allmählich in Wärme verwandelt, in nicht mehr arbeitsfä-

man hat sich in einem schneller bewegten Bezugssystem zur Lichtgeschwindigkeit befunden – sind beide Geschwister unterschiedlich schnell gealtert. In der Erfahrungswelt setzte dies allerdings voraus, dass sich das Raumschiff in spürbarer Nähe zur Lichtgeschwindigkeit bewegte.

[77] Habermas (1969), 10.

hige Energie. Dabei nimmt die Unordnung („Entropie") zu und strebt einem Maximum entgegen. Ist dieses Maximum erreicht, tritt der Stillstand der Prozesse ein („Wärmetod"). Entscheidend ist dabei die Bedeutung die Zeit: Die Naturgesetze, die sonst als zeitsymmetrisch gelten, erhalten in diesem Fall eine zeitliche Richtung, die unumkehrbar ist („Zeitpfeil").[78]

Während Oswald Spengler, Leopold Ziegler oder Gottfried Benn Entropie und Wärmetod zitieren, um eine Verbindung zum Topos des Untergangs herzustellen[79], überhöht Eich den Entropie-Begriff („Weltläufig oder läufig, sagt man sich, es kommt auf dasselbe heraus"), indem er ihn verabsolutiert („Raumfahrer, gealterte Romantiker, vom Übermorgenland. Aber der Entropie entgehen sie auch nicht"). Die Anführung des mit vier Lichtjahren zur Erde am nächsten gelegenen Sternsystems „Alpha Centauri" spielt dabei weniger mit dem Gegensatz von Theorie und Wirklichkeit, obwohl es geradezu unvorstellbar erscheint, dass der Abstand von Erde und Sonne mit rund 150 Millionen Kilometern (oder acht Lichtminuten) gemessen daran einen Katzensprung darstellt. Der begriffliche Hintergrund ist hier sehr wahrscheinlich ein historischer. Denn der Entstehungszeitraum des Textes fällt in die Zeit der großen Weltraumbegeisterung und des Wettrüstens im All, der ersten bemannten Weltraumflüge und des Apollo-Programms. Eich argumentiert somit im Bewusstsein des theoretischen Charakters, dass die Wirkung biologischer Uhren ebenso im Bereich der Erfahrbarkeit liege wie ein Besuch auf dem fernen Stern. Von schlaflosen Nächten („Nachts beunruhigt einen die Entropie weniger") angesichts des Wissens um die Entropie kann daher kaum die Rede sein. Die Untergangsvisionen, welche die Verwendungen des Begriffs andernorts begleiteten, sind hier ein Mittel, um die Trennung von Theorie und Erfahrung zu unterstützen und die Farce einer Übertragung bestimmter Schlüsse auf die Lebenswirklichkeit zu verdeutlichen. Die im Text vorgenommene Verbindung von fachwissenschaftlichen Zusammenhängen und eingestreuten Reflexionen ist zeitspezifisch, während der Antagonismus von Lebenswelt und Wissenschaftsrealität ein durch und durch historischer ist.

2. *Geometrie und Algebra*

Vergangenheit und Zukunft („Romantiker" und „Übermorgenland") – „weltläufig oder läufig" – hier die „Erbsenkinder", dort die „Elegien": Eich setzt das Prinzip der Ungleichartigkeit, das dem Titel *Ohne Symmetrie* zu Grunde liegt, in Gegenüberstel-

---

[78] Vgl. Stephen F. Mason (1991): Geschichte der Naturwissenschaft in der Entwicklung ihrer Denkweisen, Stuttgart, 586ff.; Wolfgang Schreier, Hg. (1991): Geschichte der Physik. Ein Abriß, Berlin, 245ff. Siehe dort auch den Bildabdruck einer zeitgenössischen Vision des Wärmetods, 249.

[79] Spengler (2000), 542ff.; Ziegler zit. nach Harrington (2002), 201; Benn in: Saison [1930], in: Ders. (1998a), 121-127, 124f., bzw. in: Weinhaus Wolf [1936], in: Ders. (1998a), 129-148, 147. Zu Spenglers Interpretation des Zweiten Hauptsatzes siehe auch Anthony Purdys Introduction: On Science and social discourse in: Donald Bruce/Ders., Eds. (1994): Literature and Science, Amsterdam/Atlanta, 5-24, 6.

lungen um.[80] Eine ähnliche Vorgehensweise liegt auch dem zweiten hier herangezogenen Textbeispiel zu Grunde, das aus dem Jahr 1968 stammt. Eich bedient sich darin einer Analogie aus der Mathematik, um die Sinnfälligkeit mathematischer oder naturwissenschaftlicher Sätze für den Bereich der Alltagswelt zu unterstreichen.

> Hier ist die Klage, dort die Riemannsche Vermutung, eins würde das andere beweisen, wir kommen nicht soweit. Elegien kann man in Klammern auflösen. Morgens gehen wir gleich mit Zirkel und Lineal unser Leben an. Man abstrahiert sich, und die Türen fallen ins Haus, überall Briefmarkensammler und Elternpaare mit Kindern, die Koksheizung im Keller hilft etwas, aber auch da bleiben die Klammern eckig und rund, – wie weit rücken sie auseinander! Klammer auf, unendlich viel geometrische Örter, in denen niemand bleiben will, Klammer zu. Die Fahrplanminuten sind es, die uns ordnen. In dreigeteilten Winkeln hocken wir und verschwenden keinen Gedanken.[81]

Geometrie und Algebra, das zuerst unter dem Titel *Mathematik* erscheint, spielt mit der „Riemannschen Vermutung" auf den bis heute erfolglosen Versuch an, die statistische Verteilung von Primzahlen zu erklären.[82] Genau wie „eins [...] das andere" nicht zu beglaubigen im Stande ist, werden Gegensatzpaare aus den Bereichen Alltagswelt und Mathematik nebeneinander gestellt: auf der einen Seite die lebensweltliche „Klage", auf der anderen Seite die mathematische Vermutung.[83] Deshalb verwundert es nicht, dass beide Bereiche – Lebenswelt und Theorienwelt der Mathematik – unvermittelt bleiben („Koksheizung im Keller [...] Klammern eckig und rund, – wie weit rücken sie auseinander"). Ohne aus ihnen Lösungsansätze zu gewinnen, offeriert der Text die Anpassung an die Zeitstrukturen („Fahrplanminuten sind es, die uns ordnen"), wobei neben dem Seitenhieb auf die Wissenschaft der Aberwitz der Verkettung unübersehbar ist. Wie im vorangegangen Textbeispiel scheint Eich einen Hinweis auf die Konstruktion von Elegien zu implizieren, die sich dem artifiziell anmutenden Charakter der Mathematik als Vergleich anbieten. Zugleich droht die Auflösung in mathematische Zeichen („Elegien kann man in Klammern auflösen"), und es liegt im Wesen der Elegie, diese Entwicklung mit Wehklage zu begleiten.

---

[80] Es ist zu vermuten, dass Eich mit der Formulierung „Erbsenkinder" auf die Erforschung der Erbfolge durch Gregor Mendel anspielt, der bei seinen Versuchen im Brunner Klostergarten Erbsenpflanzen verwendete.

[81] Eich: Geometrie und Algebra, in: Ders. (1991), Bd. I, 347.

[82] Es geht dabei um die Frage, nach welcher Wahrscheinlichkeit Primzahlen, also Zahlen, die nur durch die 1 und sich selbst teilbar sind, auftauchen, das heißt, ob sich ihr Auftreten nach einem bestimmten System voraussagen lässt. Die Riemannsche Vermutung, die Mitte des 19. Jahrhunderts durch den Mathematiker Georg Friedrich Bernhard Riemann (1826-1866) aufgestellt wurde, gibt bei der Suche nach der Häufigkeitsverteilung die bislang plausibelste Antwort. Eine zentrale Rolle spielt in diesem Zusammenhang die so genannte Zeta-Funktion, die Riemann für seine Berechnungen verwendete. Danach sollen alle Nullstellen der Funktion auf einer festgelegten Linie liegen, womit auch alle Primzahlen nach einem bestimmten Rhythmus auftauchen könnten. Erst vor wenigen Jahren ist die Riemannsche Vermutung erneut zu einem der fundamentalen mathematischen Probleme erklärt worden.

[83] Neben der Riemannschen Vermutung wird im Text auch die Dreiteilung des Winkels genannt, wie die Quadratur des Kreises eines der ebenfalls ungelösten bzw. unlösbaren Probleme der Mathematik.

Gesteht der Text anhand der Präsenz von Fachbegriffen ein, dass die angesprochenen Theoreme namentlich in das Bewusstsein des Einzelnen dringen, so bleiben sie ohne Bezug. Terminologische Insignien („Klammern eckig und rund", „geometrische Örter", ‚dreigeteilte Winkel') werden mehr abgespult, als dass sie zur Klärung ihres Verwendungshintergrunds beitrügen. Eich geht hierbei betont schlagwortartig vor – ein Kritikpunkt, der auch dem Medien-Bild in *Radium* zu Grunde liegt.

3. *Radium*

In die Abscheu, „Reihen von Leitartikeln" zu folgen (*Die Kolonne*, 1931[84]) bzw. sich „vor Leitartikeln zu verbeugen" (*Die Kolonne*, 1930[85]), mischen sich bereits während der Zusammenarbeit mit Raschke Wissenschaftskritik und Erkenntniszweifel. So stellt Eich in seinem Hörspiel *Radium* (1937/51), das nach Motiven des gleichnamigen Romans des österreichischen Schriftstellers Rudolf Brunngraber entsteht, den wissenschaftlichen Erkenntnisprozess als fatale Kreisbewegung dar.[86]

> Warten Sie ab, so sage ich Ihnen und allen Ihren Kollegen, warten Sie ab, bis die Geheimnisse weniger geworden sind. Zu der revolutionären Tätigkeit, in der wir begriffen sind, denn die Grundlagen der Physik werden erschüttert und die alten Alchimisten des Mittelalters, die verlachten, kommen zu einer späten Rechtfertigung, – was wir da tun, tun wir nicht ohne Herzklopfen, es ergreift uns die Erkenntnis, scheint mir, nicht ohne Religiosität, – zu dieser Tätigkeit, will ich sagen, ist die Zukunftsmusik, die Gazetten blasen, eine schlechte Begleitung. Sie erzählen, was ein Gramm Radium kostet, während wir an den Schleiern reißen, die vielleicht ein neues Weltbild verhüllen, – sie glauben schon zu wissen, wie die Welt am Radium genesen wird, während uns in einem geheimsten Winkel unseres Herzens die Ängste plagen, welche Dämonen wir entzürnten und welches neue Grauen vielleicht heraufwächst hinter dem Fortschritt der Erkenntnis.[87]

„Die Grundlagen der Physik werden erschüttert" und das „neue Grauen", welches „heraufwächst hinter dem Fortschritt der Erkenntnis": Der Skeptizismus gegenüber einer wissenschaftlichen Erkenntnisgewissheit tritt bereits auf den ersten Seiten des Hörspiels zu Tage. Die zitierte Passage gibt eine Antwort der Chemikerin und Radium-Entdeckerin „Madame Curie" an einen Reporter der Zeitung „*Soleil du Midi*" wieder.[88] In Eichs Stück empfängt Curie den Vertreter der Presse aus Empörung darüber, dass die Berichterstattung über das Radium in Fantastereien und Halbwahrheiten ausgeufert wäre. Für sie steht nicht die Gewissheit der Heilung von

---

[84] Eich (1931b): Stimmen zu Johannes R. Becher, in: Die Kolonne 2 (1931), Nr. 6, 70.
[85] Ders. (1930a): [Rundfrage-Antwort], in: Die Kolonne (1930), Nr. 2, 7.
[86] Rudolf Brunngraber (1936): Radium. Roman eines Elementes, Berlin.
[87] Eich: Radium, in: Ders. (1991), GW II: Die Hörspiele I, hg. von Karl Karst, 157-194, 160.
[88] Marie Sklodowska Curie (1859-1934) hatte zusammen mit ihrem Mann Pierre Curie das Element Radium isoliert und damit im Anschluss an Henri Becquerel (1896) eine Grundlage für die Beobachtung radioaktiver Zerfallsreihen geliefert.

Krebs und Elephantiasis mit Hilfe des strahlenden Elements obenan, sondern die Relativierung der an die Forschung gerichteten Hoffnungen. Dabei scheint die Betonung der „alten Alchimisten des Mittelalters" ganz auf der Linie der Interpretation einer vom Wissen um die Dinge beseelten Naturerforschung zu liegen, die von der Pietät gegenüber den Wissensobjekten geprägt ist. „Das eben ist es, worum es sich *nicht* handelt. Es geht darum, daß es bisher sehr wenig ist, was wir vom Radium wissen".[89] Die Reaktion folgt stehenden Fußes. Eine Drosselung der Erwartungen, die Curie angemahnt hatte, verhallt im Schlagwortgewitter der Titelzeilen: *„Soleil du Midi"* berichtet von der „Umwälzung unseres Weltbildes" mit Hilfe eines Elementes, das sämtliche Krankheiten heilen könne. „Unterredung mit der Entdeckerin des Radiums./ Madame Curie prophezeit eine neue Weltordnung und den/ Umsturz der Religion." Wie am Beispiel der realen Umwälzung des physikalischen Weltbildes zu sehen, ist es nicht weniger als der Totalitätsanspruch, der hier aus einer Entdeckung abgeleitet und mit Hilfe der Presse verbreitet wird.

Auch der zu Auftragsarbeiten gezwungene Dichter Chabanais – ein Spiegelbild des Hörspielautors Eich, der mit *Radium* eine Selbstanzeige der Wandlung zum Zeitdichter liefert – befindet sich in ständiger Nähe zu Presseerzeugnissen. So muss er betteln, um Geld für die Behandlung seiner Frau aufzutreiben, und bekommt von einem Passanten zur Antwort: „Ich kann Ihnen eine Zeitung anbieten, die ich bereits gelesen habe. Ich empfehle Ihnen, die Stellenangebote zu lesen."[90] Angesprochen fühlt er sich von einer Anzeige, in der Werbefachleute gesucht werden. Denn Chabanais muss erfahren, dass sein „Hymnus an den Frühling" nichts als Ablehnung hervorzurufen vermag. So verfasst er einen Lobesgesang: „Gütiger nie und freigebiger erschien uns als heute die Erde [...]. Nun aber ist dem Menschen das Licht selber gegeben,/ es recht zu nutzen,/ das Licht, Krankheit zu bannen und Tod [...]."[91]

Die Einbindung zeittypischer technischer Begriffe, die Eich in seinem *Kolonne*-Aufsatz *Bemerkungen über Lyrik* (1932) mit der Autarkie gegenüber „Flugzeug und Dynamo"[92] thematisiert hatte, wird hier zur Vorgabe, der sich Chabanais mit seinen grotesken „freien Rhythmen über den Krebs" und den „Sonetten von den Uranbergwerken" nicht widersetzt. Die Abhängigkeit des Dichters von seinen Auftraggebern kann in der Geste des Redakteurs daher nur noch gesteigert werden: „Sehen Sie, das ist vernünftig. Aktuelle Stoffe".[93] Chabanais erkennt den Irrweg der Auftragsdichtung und schickt sinnbildlich für den Weg in die artistische Innerlichkeit eine Notiz aus dem Urwald, in den er sich abgesetzt hat. Die Tragik hinsichtlich der Forschungsanwendung liegt deshalb nicht allein in der Zwickmühle, in der sich Chabanais als Dichter befindet. Denn die Entdeckung des Radiums bietet ihm neben der Möglichkeit zugleich die aktualitätsbedingte Notwendigkeit, das Element litera-

---

[89] Eich: Radium, 160. Hervorhebung i. O.
[90] Ebd., 172.
[91] Ebd., 162.
[92] Eich (1932): Bemerkungen über Lyrik. Eine Antwort an Bernhard Diebold, in: Die Kolonne 3 (1932), Nr.1, 3-4, 3.
[93] Eich: Radium, 185, 162.

risch zu ‚verdichten'. Chabanais erfährt durch den Redakteur erst von der heilenden Wirkung, die in ihm die aus finanziellen Gründen nicht zu erfüllende Hoffnung keimen lässt, seine Frau kurieren zu können. Dabei lehnt sich Eich zum Teil wörtlich an Benns *Morgue*-Gedicht *Mann und Frau gehen durch die Krebsbaracke* an und lässt den exklusiven Heilungsversuch mit Hilfe des Radiums scheitern:

> Jauchige Körper voll Verwesung,
> im Einzelzimmer gebettet,
> umgeben mit erlesener Pflege,
> denn sie, die im Gestank der Karzinome dahinsiechen,
> und die, die genesen unter den Strahlentrümmern des Radiums,
> mit zerfallenen Schößen, zerfallenen Brüsten,
> zerfressenem Antlitz, unaufhörlich blutenden –
> sie alle in diesem Hause sind gesegnet,
> nicht mit Gesundheit, doch mit Geld.[94]

Wie aus Benns *Zur Problematik des Dichterischen* (1930) vertraut, wird der Wandel der Wissenschaft als ein Argument gegen die Verabsolutierung ihrer Resultate herangezogen. Für Benn liegt die Beantwortung der wissenschaftlichen Sinnfrage in der Desillusionierung angesichts periodisch wiederkehrender Innovationen, die lediglich kurze Zeiträume zu überdauern im Stande sind. Es bedarf keiner Umwege, hierin die Vorstellung ‚überhistorischer' Bedingungen zu erkennen, die eine Antwort auf das Primat der Entwicklung darstellen. Benn bezieht daraus ein entsprechendes Argument, indem er eine Unterscheidung zwischen dem prozessualen Fortgang der Wissenschaft und dem Kunstwerk vornimmt, die zugleich Ausdruck des Emanzipationswunsches des Künstlers ist.

> Raum und Zeit! Eben war die Geometrie ein axiomatisches System, in euklidischen Formen ergab sich die Natur, und Kant schloß jahrhundertelange Gedankengänge für immer und entscheidend ab. Dreißig Jahre dauerte diese Wahrheit. Der nie rastende Menschengeist, in Sonderheit das fortschrittliche 19. Jahrhundert, fand, daß mehrere Parallelen zu einer Geraden möglich seien, nichteuklidische Gleichungen, sphärische Geometrie. Vier Jahrzehnte dauerte diese Wahrheit. Seitdem spricht man nur noch von Zuordnungsdefinitionen, Raum und Zeit sind Bezugssysteme zwischen starren Körpern, die berühmte und wahrhaft große Theorie. Aber schon scheint es unstatthaft, den Raum in das physikalisch Kleine, das Atom, hineinzunehmen, für die Quantenmechanik gilt die Kausaltheorie des Raumes nicht. Jedoch besteht die berechtigte Hoffnung, daß der nie rastende Menschengeist in kürzester Frist auch hierfür wieder allgemeingültig dauernde, wenn auch etwas komplizierte Formeln finden wird [...].[95]

Auch bei Eich wird der schnelle Aufstieg des Radiums durch den Gang der Forschung selbst beendet. Laut einer Meldung von „*Echo de Bruxelles*", der zufolge neu-

---

[94] Ebd., 174f. Benns Gedicht in Ders. (1998b): Sämtliche Gedichte, Stuttgart, 16.
[95] Benn: Zur Problematik des Dichterischen, in: Ders. (1997), 83-96, 86.

artige Röntgenröhren entdeckt worden seien, wird das teure Radium überflüssig. Eine Konstruktion scheint es zu ermöglichen, Heilwirkung und Strahlungsschutz auf kostengünstige Weise zu verbinden. Das Machtwort der Presse kehrt sich wie eine von Chabanais heimlich gewünschte Rache um: „*Echo de Bruxelles*“ bringt Erkrankungen in der Radiumfabrik Cynacs ans Licht. Auch diesmal dichtet Chabanais – nicht über das Radium, sondern über „Siebzehn leuchtende Mädchen“. „Nichts Sinnvolleres gibt es, als die strahlenden Mädchen zu preisen, dies ist jetzt die Aufgabe des Dichters.“[96]

4. *Die Vermischung der Formen*

Bereits um 1930 arbeitet Eich, der Gedichte später mit „trigonometrischen Punkten“ vergleichen wird, welche den „Kurs markieren“, mit einer Analogie aus der Mathematik.[97] In der *Kolonne* Nr. 2 (1931), spricht er im Zusammenhang mit Benns *Fazit der Perspektiven* von einer „Addition der Formen“ und wählt ein Beispiel aus der Algebra, um die Verborgenheit dichterischer Aussagen in „Worten körperlicher Bedeutung“ zu veranschaulichen. Die betreffende Passage lautet:

> Die Zahlenreihe 1, 2, 5, 12, 25, 46 enthält die ganz andere Reihe 1, 3, 7, 13, 21, diese wiederum die einfache arithmetische Reihe 2, 4, 6, 8. Diese letzte Reihe entspräche der direkten Darstellung eines Gedankens, die Reihen höheren Grades der mehr oder weniger indirekten Darstellung in der Dichtung. Der gedankenreiche Inhalt einer Dichtung wird somit erst durch Analyse sichtbar.[98]

Eich bemängelt mit Hilfe des Zahlenbeispiels Benns experimentell-essayistische Verbindung von Aufsatz, Dichtung und Statistik, indem er das Fehlen einer sprachlichen Klarheit und Kälte moniert. Darstellung und Gedicht verknüpften sich „zu einer Mischform“, so die Kritik, „in der beide Elemente sich nicht zur doppelten Wirkung addieren, sondern sich aufheben“.[99] Zur Veranschaulichung wird der *prima vista* nicht offenbare Zusammenhang der Zahlenreihen verwendet, der folgende Logik nahe legt: Die Elemente der ersten Reihe unterscheiden sich um das jeweilige Element der zweiten Reihe, also 2-1=1, 5-2=3, 12-5=7, 25-12=13, 46-25=21. Analog dazu gestaltet sich die Beziehung der Reihen Zwei und Drei: 3-1=2, 7-3=4, 13-7=6, 21-13=8. Die zweite und die dritte Reihe lassen sich aus der ersten Reihe ableiten, weshalb diese quasi „höheren Grades“ ist bzw. Reihe Zwei höheren Grades als Reihe Drei. Eich insistiert darauf, dass sich Dichtung „indirekt“ artikuliere, indem sie analog zur ersten Zahlenreihe ‚unbearbeitet‘ vorliege und keine Aussagenorientie-

---

[96] Eich: Radium, 183.

[97] Ders.: Der Schriftsteller vor der Realität [1956], in: Ders. (1991): GW IV: Vermischte Schriften, hg. von Axel Vieregg, 613-614, 613. Siehe auch Eichs Gedicht *Der Grosse Lübbe-See* aus *Botschaften des Regens* (1955).

[98] Georg Winter (d. i. Günter Eich, 1931a): Die Vermischung der Formen, in: Die Kolonne 2 (1931), Nr. 2, 23.

[99] Ebd., 23.

rung aufweise wie ein Essay, der neben literarisierenden Elementen alltags- oder fachsprachliche Elemente verwendet, ein Traktat oder ein Pamphlet, sondern „absichtslos" erscheine, „so wie das Leben absichtslos ist, das geschehen läßt und jedem den Sinn des Geschehnisses zu suchen überläßt."[100] Die formale Geschlossenheit des Gedichts wird durch die Prägnanz der Zahlenreihen symbolisiert.

Die Betonung der Absichtslosigkeit spielt mit dem Anspruch einer autonomen Kunst, der charakteristisch ist für die Vorbehalte gegenüber einer Weltanschauungsliteratur in der *Kolonne*. Eichs Rhetorik folgt dabei nicht allein dem Ziel einer Negation des literarischen Engagements, das neben der Neuen Sachlichkeit als das zweite Abgrenzungsfeld der *Kolonne* gelten kann.[101] Indirekt kann *Die Vermischung der Formen* auch als Protest an der Gestaltung der Zeitschrift und der Integration von Essay und literarischer Kritik verstanden werden. Der in der germanistischen Forschung weithin beachtete Brief an Raschke, in dem Eich darauf insistiert, sich vor allem dem Abdruck von Lyrik zu widmen und jede Bezugnahme auf den technisch-gesellschaftlichen Zeitkontext zu tilgen, korrespondiert mit weiteren Äußerungen.[102] Bereits in der Autorenanzeige im ersten *Kolonne*-Jahrgang, in der Eich bezüglich seines lyrischen Schaffens die Formulierung „innere Dialoge" verwendet und einer „Verantwortung vor der Zeit" abschwört, legt er die Betonung auf das Kriterium der Selbstbezüglichkeit: „[...] ich habe nicht das geringste auszusagen. Mir selbst stelle ich keine Fragen ‚über das Warum und die Tendenzen meines Schaffens', kann sie also nicht beantworten."[103] In den *Bemerkungen über Lyrik* (1932), die als Antwort auf die Äußerungen des Literaturkritikers der *Frankfurter Zeitung*, Bernhard Diebold, veröffentlicht werden, erweitert Eich diesen Gedanken mit Hilfe eines Naturbildes, indem er die Entstehung von Gedichten mit der „Absichtslosigkeit eines Naturphänomens" vergleicht.[104] „Man kann vom Regen sagen, er fördere das Wachstum der Pflanzen, aber niemandem wird es einfallen, deswegen zu behaupten, das sei die

---

[100] Ebd., 23.

[101] Wie Raschke auch explizit in seinem Tagebuch am 28.12.1929 vermerkt: „Die erste Nummer der Kolonne fertig. Man sollte darüber schreiben: ‚Nieder mit der Sachlichkeit.'" SLB. Mscr. Dresd. App. 2531, Nr. 75. Ein anschauliches Textbeispiel, in dem der neusachliche Tatsachen- und Reportagegestus attackiert wird, stellt Raschkes Benn-Aufsatz aus dem ersten *Kolonne*-Jahrgang dar. Es sei heute beliebte Geste, öffnet die Rezension, „Bücher als Berichte auszugeben". „Mit einem Kniefall vor der Reportage schreien Pseudodichter allerorten das Dichten als leicht erlernbaren Beruf aus, obwohl sie sich nie durch Leistung als Dichter legitimierten. Wer hätte je angenommen, daß es ihnen Entsagung, auch nur eine schlaflose Nacht gekostet habe, ihr ‚Herz auf Taille' zu bügeln", womit Raschke Bezug auf Erich Kästners gleichnamigen Gedichtband aus dem Jahr 1928 nimmt. Die Kolonne 1 (1930), Nr. 6, 35.

[102] „Wir haben nur einen Feind: Die Fortschrittsgläubigkeit und Kulturlosigkeit unserer Zeit. Und ich glaube, man kämpft am besten gegen diese Zeit, wenn man nichts über sie aussagt." Eichs Brief vom 12.4.1930 im Nachlass Raschkes unter SLB. Mscr. Dresd. App. 2531, Nr. 795.

[103] Eich (1930a), 7.

[104] Von Diebold erscheint in Heft 1 (1932) der *Kolonne* ein Auszug des Aufsatzes *An die jungen Lyriker*, in dem er der zeitgenössischen Dichtung die Adaption eines romantischen Naturgefühls vorwirft („Kinder, da lebt Ihr mit ländlicher Unschuldseele in den Großstädten – und selbst Aschaffenburg ist technisierte Großstadt, ja!") und die überkommene Form der „Pseudo-Gedichte" angreift. Ebd., o. S. [erste und dritte Umschlagseite].

Absicht des Regens."[105] Wie Hermann Korte bemerkt hat, verkehrt dieses Programm der Absichtslosigkeit den Propheten- und Sehergestus, den auch Raschkes Frühwerk aufweist, in eine Poetik, die keinen erkennbaren Bezug zur Öffentlichkeit zu suchen vorgibt.[106] Gegenüber der Forderung, sich lyrisch zum „Marxismus oder zur Anthroposophie oder zur Psychoanalyse zu bekennen", setzt Eich das „gemeinschaftslose vereinzelte" lyrische Ich, sowie das Prinzip des „Zufalls", „nicht das Ziel irgendeiner Wirkung", die den Wert der Kunsterfahrung markiere. Denn „wir wissen gar nicht, welche Denk- oder Lebenssysteme unsere Zeit universal repräsentieren, wir wissen nur, daß das jede Richtung und jede Bewegung von sich behauptet."[107]

5. Raum und Zeit in *Prosafragment*

Im Zusammenhang des Textbeispiels *Geometrie und Algebra* (1968) ist bemerkt worden, dass die Zeit von Eich als diktierend empfunden wird („Fahrplanminuten sind es, die uns ordnen"). Im Zusammenhang der *Bemerkungen über Lyrik* (1932) wurde festgestellt, dass Eich gegen die „Teilerscheinungen der Zeit" eintritt und ein „gemeinschaftsloses vereinzeltes Ich" proklamiert, das die Zeit als Ganze in sich aufnimmt. In Eichs lyrischem Werk finden sich überdies eine Reihe von Anzeichen für den Versuch, die Ordnungsfunktion der Zeit aufzuheben. So sind in *Geisenhausen* (1948) die Verschiebungen von Raum und Zeit besonders augenscheinlich: „Raum und Zeit" (an anderer Stelle: „Himmel mir und den Tag") werden durch den Flügelschlag auffliegender Dohlen geteilt. Die „Zeiger der Uhr" laufen unter dem Gewicht der Vögel „schneller" und verweisen auf die poetisch realisierbare Außerkraftsetzung der Zeitordnung.[108] Eich ist im September 1930 zudem mit drei Gedichten in der *Kolonne* vertreten, deren Titel die Zeit- und Raumversunkenheit gegenüber einer „Monotonie des Lebens und der allmächtigen Herrschaft der Uhr"[109] ankündigen: *Gegen vier Uhr nachmittags*, *Gedichte im März oder Oktober* und *Photographie.*[110]

Ich erinnere mich vage
An Datum, Stunde und Jahr,
wirklich sind nur die Tage,
in denen niemand war.

---

[105] Eich (1932), 4.

[106] Hermann Korte (1995): Lyrik am Ende der Weimarer Republik, in: Hansers Sozialgeschichte der deutschen Literatur, Bd. 8, 601-635, 635. Siehe dazu die Rhetorik des Sehers und Mahners in Raschkes 1926 erschienenem *Zielbekenntnis: Wir werden sein*, Berlin. MR (1926a), 5, 8.

[107] Eich (1932), 3f.

[108] Eich (1991), Bd. I, 41.

[109] Ders. (1930c): Anmerkungen zu den Gedichten von Villon, in: Die Kolonne 1 (1930), Nr. 9, 65.

[110] Anthologie jüngster Lyrik (1927). Hg. von Willi R. Fehse und Klaus Mann. Geleitwort von Stefan Zweig, Hamburg, 30. Dort ist auch Raschke mit *Fragment Maria I-VI*, *Lieder I-III* und *Choral* vertreten.

Und die geringen Spuren
davon verdunkeln sich schon,
dies: Zeit und Schlag der Uhren,
Sternbild, Vegetation. [...][111]

Eindrucksvoll breitet Eich in *Prosafragment*, das 1930 in der *Kolonne* erscheint, zudem die Möglichkeit rückwärtiger Zeitverläufe aus. Darin wird der Gang durch die Abteile eines fahrenden Zuges wiedergegeben, wobei nicht der Verstand, sondern allein die Sinne die Wahrnehmung von Raum und Zeit bestimmen. Angesichts der vorbeiziehenden Landschaften gleicht das Rückwärtslaufen einem Gang in die Vergangenheit, ähnlich dem gedanklichen Abspulen von Eindrücken, „ein rückwärts gedrehter Film".[112] Die auffällige Perspektive des Textes, die sich über die tatsächliche Position des Subjekts in einem Zug hinweg zu setzen vermag, verdeutlicht die Eingebundenheit in die Strukturen des Ortes und der Zeit. Deren Negation erhält den Charakter eines Experiments, „das Leben neu anzufangen, es wiederholt sich zuviel, alles."

Die Verbindung, die zu *Geisenhausen* oder *Radium* sichtbar wird, deutet auf die existenzielle Tragweite dieses Gedankens: „[...] deine Zeit ist vergangen, wie die meine verging,/ unnütz wird, was keinen Posten mehr darstellt in der/ Rechenkunst unseres Daseins".[113] Axel Vieregg hat dem gegenüber stark gemacht, dass die Verlangsamungstendenz nicht auf den experimentellen Charakter der Texte hinweise, sondern das regressive und antimodernistische Denken des Autors gegenüber einer Sogbewegung der Zeit zum Ausdruck bringe.[114] Dieses Urteil erscheint insofern problematisch, da der Versuch einer sprachlich realisierbaren Anwesenheit des Vergangenen im Gedicht und die Betonung zyklischer Zeitläufe einen der evidenten Schnittpunkte von Autoren wie Eich, Raschke, Horst Lange oder Peter Huchel darstellt, wozu es kaum mehr als des Überblicks über repräsentative Gedichttitel etwa des Huchelschen Frühwerks bedarf (*Kindheit in Alt-Langerwisch, Der glückliche Garten*).[115] Dessen Bildsprache ist ebenso zeitbewahrenden Charakters, wie die auf Zyklen hin abgestellte Symbolik des Bachofenschen *Mutterrechtes*, das hinsichtlich seiner kulturkritischen Implikationen in der Huchel-Forschung vollkommen unhinterfragt aufgenommen wurde.[116] Auch Vieregg hat auf eine Verankerung der an Johann Jakob Bachofen geschulten Bilder im geistesgeschichtlichen Kontext der 1920er Jahre verzichtet, wofür sich Beispiele von Spengler bis Klages angeboten

[111] Eich: Photographie, hier: Die Kolonne 1 (1930), Nr. 7/8, 52.
[112] Ders. (1930b): Prosafragment, in: Die Kolonne 1 (1930), Nr. 4/5, 29.
[113] Ders.: Radium, 194.
[114] Exemplarisch Axel Vieregg (2002): „Mein Raum und meine Zeit". Antimodernismus und Idylle beim frühen Günter Eich, in: Martin Raschke (1905-1943), 121-144, hier 125, 133.
[115] Peter Huchel (1984): Gesammelte Werke in zwei Bänden. Band I: Die Gedichte. Band II: Vermischte Schriften, hg. von Axel Vieregg, Frankfurt am Main, hier Bd. I, 51, 74.
[116] Die Bedeutung von Bachofens Hauptwerk *Das Mutterrecht* [1861] auf die Bildsprache Huchels ist durch Viereggs Studie *Die Lyrik Peter Huchels. Zeichensprache und Privatmythologie*, Berlin 1976, belegt.

hätten; nicht zuletzt Raschke.[117] Die breite populärphilosophische Wahrnehmung der Matriarchatslehre und des mystischen Chiffrenkonzepts, das genannte Autoren als Kinder ihrer Zeit zeigt, begrenzt nicht nur die poetologische Individualität einer Huchelschen „Privatmythologie".[118] Sie offenbart auch die im Kontext der Verwendung ‚stofflicher' Metaphern dezidiert antilogizistische und geschichtsskeptische Komponente des Huchelschen Werkes bereits während dieser Schaffensperiode.

Die Betonung der Zeitentbundenheit in Eichs Frühwerk dient hier jedoch der Beantwortung der Frage, inwieweit zwischen dem Zeitmuster etwa in *Prosafragment* und der Verwendung naturwissenschaftlicher Begriffe eine Verbindung hergestellt werden kann. Dabei verdeutlicht sich, dass die Zeitparameter Eichs den von Metzner erbrachten Hinweis auf die Gerichtetheit der Prozesse im Ausgangstext *Ohne Symmetrie* (1968) fragwürdig erscheinen lassen. Eich macht sich das Prinzip des Ausgeliefertseins an einen vorgezeichneten Weltlauf nicht zu eigen, sondern zeigt bereits mit dem Titel die Ungleichzeitigkeit des Gleichzeitigen an: als Text-Realitäten, die von denen der wissenschaftlichen Interpretation der Welt und technischen Realisierbarkeit von Erfahrungen abweichen können. Er thematisiert die Trennung zwischen einer äußeren, geschichtlichen Zeit bzw. einem regenerativem Zeitbild der Natur, wie sie in *Photographie*, das „Zeit und Schlag der Uhren" demonstrativ neben „Sternbild, Vegetation" stellt, sichtbar wird.[119] Das betrifft sowohl die Bedeutung der Naturzyklen, die den linearen Zeitbegriff neutralisieren, als auch das Wachstum von Pflanzen und Gesteinen, die als Verlangsamung zu den beschleunigten Zeitläufen der Stadt in Erscheinung treten. Durch die Synchronisierung von Geschichte und Natur wird ein Zeitmuster aufgerufen, dass sich dem „Sog des Weiterströmens" zwangsläufig in den Weg stellt.[120] Aus dieser Perspektive betrachtet, entsteht die ‚Zeitenthobenheit' nicht durch die Synchronisierung von Subjektperspektive und Naturzeit im Gedicht, sondern durch die Hoheit konstanter Dynamisierung in Technik, Wissenschaft und tagesaktuellen Medien. Die Strategie der ‚Verlangsamung' ist dabei vor allem im lyrischen Werk und den Aufsätzen der *Kolonne* nicht zu übersehen. Eichs Texte der 1960er Jahre operieren hingegen mit mathematisch-naturwissenschaftlichen Fachbegriffen und belegen eine nicht affirmativ intendierte Form der Zeitzeugenschaft. In beiden Fällen übt die Dichtung auf unterschiedliche

---

[117] Einige der Bildsprache Huchels verwandte Begriffe lassen die Nachforschung aussichtsreich erscheinen, etwa der Prosatext *Frauen*, in: *Die Kolonne* (1929), Nr. 1, 5-6. Siehe auch den Tagebucheintrag Raschkes unter dem Datum des 6.4.1935: „Bachofen gelesen: vielem begegnet, dessen Nachwirkungen ich kenne." SLB. Mscr. Dresd. App. 2531, Nr. 80.

[118] Zur Reinnovation des Chiffrenkonzepts und der Vorstellung einer ‚Sprache der Natur' in den 1930er Jahren siehe Erich Rothackers Materialienband (1979): Das „Buch der Natur". Materialien und Grundsätzliches zur Metapherngeschichte aus dem Nachlaß hg. und bearbeitet von Wilhelm Perpeet, Bonn, 7ff., bzw. Axel Goodbody (1984): Natursprache. Ein dichtungstheoretisches Konzept der Romantik und seine Wiederaufnahme in der modernen Naturlyrik (Novalis – Eichendorff – Lehmann – Eich), Neumünster. Zu Klages' Rezeption der Mythendeutung und Elementarsymbolik Bachofens siehe Ders. (1960), 1097, bzw. den Abschnitt *Die Magna Mater (Randbemerkungen zu den Entdeckungen Bachofens)*, 1330ff.

[119] Die Kolonne 1 (1930), Nr. 7/8, 52.

[120] Vieregg (2003), 133.

Weise Kritik am Zeitkontext, indem sie die Zwangsläufigkeit einer aus der Theorie in die Lebenswelt getretenen Technik oder Wissenschaft als Bezugsordnung der Literatur hinterfragt. Dabei hat es den Anschein, dass Eich eine literarische Oppositionsrolle durch die Ironisierung der Wissenschaften konsequent verneint. Das Bedürfnis nach Integration wissenschaftlicher Sätze scheint auch bei ihm weniger dem „Mangel an immanenter Gesetzlichkeit“ zu entspringen als einem „Unbehagen über die dem Augenschein nach existenzielle Bedeutungslosigkeit physikalischer Aussagen“.[121]

Lässt sich anhand der Rekurse auf Entropie, Zwillingsparadoxon und Riemannsche Vermutung bzw. die Auflösung der Raum-Zeit-Ordnung aber eine Verbindung zu Fragestellungen naturwissenschaftlich inspirierter Debatten ziehen, zumal Eich die angesprochenen Phänomene zu persiflieren versucht? Die Beantwortung dieser Frage hängt vom Bedeutungsgehalt ab, dem man der argumentativen Behandlung der Wissenschaften einräumt. Die sachbezogene Auseinandersetzung stellt in dieser Lesart das Kriterium eines Wissenschaftsbezugs dar. Sowohl *Ohne Symmetrie* als auch *Geometrie und Algebra*, die beide Fachbegriffe verwenden, kennzeichnet hingegen ein schlagwortartiger Gebrauch. Ausdrücke wie Riemannsche Vermutung oder Entropie werden in einer Weise angeordnet, die zur Bloßstellung der angeführten Zusammenhänge beitragen soll. Eine thematische Auseinandersetzung findet zumindest auf der Textebene nicht statt. Die Bedeutung, die Eich den angesprochenen Phänomenen über das Aufrufen von Schlüsselbegriffen zuschreibt, wird dadurch jedoch kaum geschmälert. Denn die Negation spezifischer Themen offenbart zugleich deren Rang. Der Gehalt wissenschaftlicher Aussagen überträgt sich deshalb keinesfalls zwangsläufig auf die Aussagen, sondern tritt durch die Referenz zu Tage. So weist auch die unablässige Thematisierung des Raum-Zeit-Gefüges im Frühwerk Parallelen zum Gespräch über ‚das Relative‘ und die Neuordnung des wissenschaftlichen Weltbildes auf. Bezüglich einer Spurensuche ist somit zu konstatieren, dass Eich erst in den 1960er Jahren Termini wie Entropie oder Riemannsche Vermutung anführt, um einer Verabsolutierung des wissenschaftlichen Lebensgefühls entgegenzutreten.

Ein weiterer Aspekt ist insbesondere in *Radium*, aber auch in *Ohne Symmetrie* und *Geometrie und Algebra* von Bedeutung: der schlagwortartige Gebrauch bestimmter Begriffe. Eich übt mehrfach Kritik an der Verwertung von Informationen und attackiert in diesem Zusammenhang die Presse. Er tut dies nicht allein darum, den Zwang der Auftragsdichtung als Schicksal des Lyrikers zu thematisieren. Ebenso abgestoßen scheint er vom Wirkungsautomatismus zu sein, der über die Platzierung von Informationen in Gang gesetzt wird und der Lyrik aus seiner Sicht die Aufnahme begrifflicher und thematischer Zeitcodes abverlangt. Hieraus ergibt sich eine Brücke zu Martin Raschke, die gleichermaßen den Graben symbolisiert, der beide Autoren um 1930 trennt. Denn es ist vor allem die *Wirkung* von Informationen und Einzelbegriffen, die den Rezensenten, Essayisten und *Kolonne*-Herausgeber zu einer

[121] Metzner (1979), 34.

Reaktion auf die Naturwissenschaften und die Technik herausfordern muss. Streng genommen hat Raschke keine Wahl, um beim Gespräch über das moderne Naturbild nicht von vornherein als Außenseiter zu gelten. Anders als Eich oder sein Mitherausgeber A. Artur Kuhnert, welcher innerhalb des Dreigestirns die schwächste Stellung für die Ausrichtung der *Kolonne* besitzt und sich in konzeptionellen Fragen weitgehend auf Raschke verlässt, ist er zu einem offensiven Umgang mit dem zeitgenössischen Wissenskontext gezwungen.[122] Auch deshalb, um seine Zeitschrift vor dem Vorwurf des Antimodernismus oder des „weltfernen Aesthetizismus" zu bewahren, den Raschke zu erkennen scheint.[123] Während Eich den Weg einer Ausblendung spezifischer Themen durch den unkommentierten Abdruck von Gedichten gehen will, wählt Raschke Aufsatz und Zitat als Möglichkeit einer Auseinandersetzung mit seiner Zeit. Deshalb öffnet er sich auch jenen Quellen, die nach den Konsequenzen einer Wirklichkeitsbestimmung des modernen wissenschaftlichen Naturbildes fragen. Sein Vorgehen ist hierbei durch einen ambivalenten Umgang gekennzeichnet, sich distanzieren zu wollen, zugleich dem Eindruck einer Modernitätsflucht entgegentreten zu müssen.[124] Als ein Beleg dieser Disparität darf das populäre *Kolonne*-Zitat „Wunder und Sachlichkeit" gelten, das zwei wichtige literarische Strömungen der Zeit gut lesbar auf der Frontseite der Startausgabe im Jahr 1929 zusammenfasst. Wenn Raschke im Folgenden Spiralnebel- und Pflanzenfotografien bzw. Kurzmeldungen in seine Zeitschrift integriert, tut er dies nicht aus Gründen der Anerkennung von Wissenschaft und Technik. Diese dienen ihm vor allem über ihre Hilfsmittel wie die Fotografie zur Aufwertung der Erfahrung und versinnbildlichen anhand der Spiralnebelbilder die spezifisch ‚magische' Seite der Sachlichkeit. Die Bezugnahme erfolgt vielmehr aus Gründen einer strategischen Partnerschaft. Das Konzept einer sachlichkeitskritischen Zeitschrift wird deshalb bewusst mit dem Anspruch auf zeitgenössische Informationen verbunden. Es ist davon auszugehen, dass Raschkes publizistisches Umfeld hierfür die entscheidenden Impulse liefert, in das er zwischen 1929 und 1932 anders als Eich durch seine redaktionelle Tätigkeit für die *Literarische Welt* unmittelbar eingebunden ist.

---

[122] Zu dieser Einschätzung Kuhnerts siehe Wilhelm Haefs (2002b): Martin Raschke (1905-1943). Eine Lebens- und Werkchronik, in: Ders./Walter Schmitz, Hg. (2002): Martin Raschke (1905-1943), 221f.

[123] Für die Strategie einer argumentativen Flucht nach vorn lassen sich eine Reihe von Belegen anführen. Erinnert sei stellvertretend an Raschkes Polemik der ersten Nummer der *Kolonne* (Dezember 1929, Titelblatt, o. S.), die sich vorsorglich mit denkbaren Vorwürfen auseinandersetzt: „Niemand will einer literarischen Mode das Wort reden, die sich mitten in der Stadt ländlich gebärdet und nicht genug von einer Rückkehr zum Geheimnis sprechen kann. [...] Der Versuch, einige literarische Arbeiten, vornehmlich Dresdner Schriftsteller, scheinbar fern den Themen eines geschäftigen Tages, zu einem Flugblatt zu vereinen, entspringt nicht einem weltfernen Aesthetizismus. Wir fühlen uns den Aufgaben des Tages verpflichtet, auch wenn wir es nicht auf jeder Zeile versichern".

[124] Vgl. auch Petra Kiedaisch/Volker Schober (2002): Krisenzeit der Moderne. Martin Raschke und die *Kolonne* um 1930, in: Martin Raschke (1905-1943), 37-58, 53, 58.

III. Wissenschaft und Weltanschauung. Das publizistische Umfeld

Als Autor der *Literarischen Welt* ist Raschke dazu angehalten, seine Beiträge einer subtilen Vorprüfung zu unterziehen. Wie Eich, der in seinem Brief vom 12.4.1930 darauf insistiert, Essay und Kritik gegenüber dem Abdruck lyrischer Texte in den Hintergrund treten zu lassen und die *Kolonne* als Protestform gegen die These zu etablieren, dass „die Erfindung der drahtlosen Telegraphie wichtiger sei als ein Gedicht", kann auch Raschke die wissenschaftlich-technischen Erscheinungen seiner Zeit ausblenden oder kritisieren.[125] Will er sich die Möglichkeit wahren, Seite an Seite mit namhaften Vertretern des Literatur- und Wissenschaftsbetriebes zu publizieren, muss er seine Diktion hierbei jedoch sorgfältig abwägen. Aus dieser Erwägung heraus ist es ihm nicht ohne Weiteres möglich, die „Fortschrittsgläubigkeit und Kulturlosigkeit unserer Zeit" undifferenziert zu attackieren, einer „Verantwortung vor der Zeit" abzuschwören oder einem „Ekel gegenüber allem Fortschrittsgefasel" und der „furchtbaren Selbstzersetzung des Geistes" nachzugeben, denen Heinz Horn unter Berufung auf Spengler und Klages in der *Kolonne* Ausdruck verleihen darf.[126]

In welchem Maße die Arbeit für die 1925 gegründete und später in *Das deutsche Wort* umbenannte *Literarische Welt* Raschkes Bewusstsein als Herausgeber und Redakteur der *Kolonne* zwischen 1929 und 1932 beeinflusst hat, lässt sich an deren Programm ablesen. So ist augenscheinlich, dass die drei *Kolonne*-Jahrgänge hinsichtlich ihrer Gestaltung Parallelen zum Erscheinungsbild der *Literarischen Welt* aufweisen, deren Forumscharakter zur Diskussion aktueller Fragen der Literatur in der Gesellschaft einen wichtigen Baustein des publizistischen Erfolges darstellt. Damit ist weniger das Selbstverständnis der *Kolonne* gemeint, die im Dezember 1929 als generationsspezifische *Zeitung der jungen Gruppe Dresden* startet und den Titel im folgenden Jahr in *Zeitschrift für Dichtung* abändert. Das sinnbildliche Herauswachsen aus den Kinderschuhen der Jugendbewegung verdeutlicht sich vor allem in der Einbeziehung poetischer Texte des 17. bis 19. Jahrhunderts und der Integration wissenschaftsbezogener Meldungen und Kurzartikel. Die gestalterische Weiterentwicklung der *Kolonne* als Ausdruck der Leserbindung verdeutlicht sich, wenn man die Liquiditätsprobleme des Dresdner Verlags Wolfgang Jess beachtet, die 1932 zum jähen Aus der Zeitschrift führen.[127] Zum Erscheinungsbild der *Kolonne* gehören in einem zuneh-

---

[125] Eichs Brief unter SLB. Mscr. Dresd. App. 2531, Nr. 795.

[126] Eich (1930a), 7. Heinz Horn (1930): Zur geistigen Situation der Jugend, in: Die Kolonne 1 (1930), 7/8, 57-58, 57.

[127] Anhand der erhaltenen Briefquellen ist nachweisbar, dass der Verlag, der seine Arbeit nach 1933 weiterführt, dem unrentablen Zeitschriftenprojekt 1932 aus finanziellen Gründen den Garaus macht. Die Auswertung des Nachlasses Raschkes durch Wilhelm Haefs hat diesbezüglich mit einer um die politische Rehabilitierung der Autoren bemühten Auffassung gebrochen, *Die Kolonne* habe 1932 in „Vorahnung der bösen Dinge, die da kommen sollten" ihr Erscheinen aus freien Stücken eingestellt. [Dieter Hoffmann: Wunder und Sachlichkeit. „Die Kolonne" (1929-1932) von M. Raschke und A. Kuhnert, in: Deutsche

menden Maße Versuche der Institutionalisierung, mit denen der Eindruck des Provisoriencharakters der Zeitschrift zerstreut werden soll. Die Verwendung von Pseudonymen – Raschke gebraucht die Namen Peter Anders und Otto Merz, Eich schreibt unter dem Pseudonym Georg Winter – welche einen vergrößerten Autorenkreises vermuten lassen, die Lyrikwettbewerbe oder der Hinweis auf die Einrichtung eines Wiener Redaktionsbüros unter der Leitung des ersten *Kolonne*-Preisträgers Guido Zernatto sind deshalb keine Anzeichen eines Anpassungsprozesses an die Presselandschaft. Das Erkennen potentieller Leserinteressen, für das Raschke einen Branchenprimus wie die *Literarische Welt* heranziehen kann, stellt für das Überleben des Projekts dennoch ein Argument dar und dürfte in seinen Erwägungen eine Rolle gespielt haben. Eine Frage, die sich im Hinblick auf das Erscheinungsbild der Zeitschrift herauskristallisiert, ist daher, ob Raschke sich den Wissenschaften oder aber dem öffentlichen Gespräch über die Wissenschaften zuwendet, als 1931 Namen wie Werner Heisenberg, Robert Millikan oder Otto Warburg in der *Kolonne* auftauchen.

1. Mediale Präsenz der Wissenschaften

Die Physik der ausgehenden 1920er Jahre ist nicht allein modern im Sinne einer Revision der Aussagen des klassischen physikalischen Weltbildes. Sie verhält sich auch zeitgemäß im Sinne ihrer Kommunikationsstrategien. Die Medialisierung ihrer Ergebnisse tritt zunächst am Programm populärwissenschaftlicher Zeitschriften zu Tage, zu denen das im Stuttgarter Kosmos-Verlag erscheinende gleichnamige Magazin *Kosmos* oder die vom Kepler-Bund herausgegebene Zeitschrift *Unsere Welt* gehören, die unter der Schriftleitung Bernhard Bavinks entsteht.[128] Anhand der Publikati-

---

Zeitung mit Wirtschaftszeitung, Nr. 155 (8./9.7.1961), 21]. Diese Korrektur steht für die Beurteilung Huchels und die Zurücknahme seines ersten Gedichtbands *Der Knabenteich* im folgenden Jahr beim selben Verleger noch aus. Huchels Positionierungsversuche, an denen bereits Vieregg in seiner Werkausgabe Zweifel geäußert hat, sollen hier nicht ein weiteres Mal aufgerollt werden [GW I, 365f.]. Dennoch lässt sich für den Rückzug neben den wirtschaftlichen Problemen des Verlages und der Unsicherheit des Autors hinsichtlich der Qualität seiner Sammlung von Jugendgedichten ein weiteres Argument anführen, das ich dem Hinweis von Uwe Schoor verdanke: das Erscheinen von Adolf Badens Gedichtband *Jahr des Knaben* (1932) im Verlag Jess. Huchels ähnlich lautender Titel hätte demnach kaum Aussicht auf ein Erfolg versprechendes Debüt gehabt. Siehe auch Huchels Brief an Raschke vom September 1931, in dem er seine Bedenken gegenüber den eigenen Gedichten im Zusammenhang des *Kolonne*-Preisausschreibens unterstreicht, bei Hub Nijssen (2001): Der heimliche König. Leben und Werk von Peter Huchel, Würzburg, 86.

[128] Der von Eberhard Dennert und Wilhelm Teudt 1907 in Godesberg ins Leben gerufene Kepler-Bund verstand sich als Gegenforum zum Deutschen Monisten-Bund Ernst Haeckels, eines glühenden Verehrers der Darwinschen Deszendenztheorie, und strebte eine Vereinigung zwischen Wissenschaft und christlichen Wertvorstellungen an. Bavink (1879-1947), bis zu seiner Pensionierung 1944 Gymnasialprofessor in Bielefeld und Verfechter einer Religion und exakte Naturwissenschaften vereinenden Naturphilosophie, ist von 1920 bis 1939 Schriftleiter von *Unsere Welt*, die 1941 ebenso wie der Kepler-Bund verboten wird. Insbesondere sein Hauptwerk *Ergebnisse und Probleme der Naturwissenschaften*, das bis 1949 in neun Auflagen erscheint, aber auch Bavinks umfangreiche publizistische Tätigkeit begründen seinen Ruf als hervorragender Kenner der zeitgenössischen Naturwissenschaften. Bavink stellt bereits in den 1920er

onen Reichenbachs in einer Reihe von Tageszeitungen, Zeitschriften oder im Rundfunk wird deutlich, dass sich auch tagesaktuelle Medien an der Berichterstattung über die Ergebnisse der Physik beteiligen bzw. sich Autoren wie Reichenbach gezielt anbieten, um die Deutungshoheit bei der Interpretation der Physik an sich zu ziehen. Könneker kann in Bezug auf die Physik daher von einem „kulturellen Großereignis" sprechen, das in vielfältiger Form kommuniziert wird.[129]

Bereits der Blick auf zwei der einflussreichsten deutschsprachigen Tageszeitungen belegt diese Einschätzung. Wie die *Frankfurter Zeitung* präsentiert die in Berlin erscheinende traditionsreiche *Vossische Zeitung* im Untersuchungszeitraum zwischen 1929 und 1932 insbesondere in ihrem *Unterhaltungsblatt* eine Reihe naturwissenschaftlich ausgerichteter Artikel, unter denen sich etliche Beiträge finden, die der modernen Physik nachgehen. Einer der Autoren ist auch hier Hans Reichenbach.[130] Dabei erscheint es im Sinne einer Wissenschaft als ‚Ereignis' bezeichnend, dass die Physik auf den Unterhaltungsseiten der Presse abgehandelt wird. Der Quantentheoretiker Erwin Schrödinger, zum Zeitpunkt der Veröffentlichung Lehrstuhlinhaber in Berlin, publiziert in der *Vossischen Zeitung* im Dezember 1930 beispielsweise einen Artikel mit dem Titel *Naturwissenschaft und Ethik*.[131] Im selben Monat schreibt auch einer der Wissenschaftsautoren der *Literarischen Welt*, Arthur Koestler, im *Unterhaltungsblatt* zum Thema *Der Kampf um das Naturgesetz*. Koestler (1905-1983), wie Ernst Bloch, Alfred Kantorowicz oder Peter Huchel Bewohner der Berliner Künstlerkolonie, informiert darin nicht nur über die Grundlagenkrise der Physik und ihre Infragestellung des Kausalitätsprinzips der klassischen Mechanik, sondern fasst den Vertrauensverlust in die Ergebnisse der mathematischen Naturwissenschaft mit den Worten zusammen,

> in der Tat ist es ja so, daß die exakte Wissenschaft in der Gletscherwelt ihrer Theorien nicht nur schrittweise die Anschaulichkeit verliert (mehrdimensionale Welt, gekrümmter Raum, mikroskopisches Planetensystem, Statistik statt Kausalität – was sagen sie uns?), sondern zugleich mit dieser Anschaulichkeit auch das Quan-

Jahren eugenische Überlegungen an, sucht nach 1933 jedoch wie kaum eine andere Wissenschaftlerpersönlichkeit kritisch die Auseinandersetzung mit dem Wissenschaftsbegriff im Nationalsozialismus und der Vorstellung rassischer Merkmale für die Geltung von Wissensansprüchen. Zur Person Bavinks und entsprechenden Würdigungen auch durch andere Wissenschaftler wie Reichenbach siehe die Studien Klaus Hentschels (1990), 241ff., bzw. Ders. (1993): Bernhard Bavink (1879-1947): der Weg eines Naturphilosophen vom deutschnationalen Sympathisanten der NS-Bewegung bis zum unbequemen Non-Konformisten, in: Sudhoffs Archiv 77 (1993), H. 1, 1-32. Bavinks Rassentheorien und Vorstellungen zur Parallelität von Staatsaufbau und Biologie untersucht Michael Schwarz (1993): Bernhard Bavink: Völkische Weltanschauung – Rassenhygiene – ‚Vernichtung unwerten Lebens'. Wissenschaftliches Gutachten im Auftrag der Stadt Bielefeld, Bielefeld.

[129] Könneker (2001), 118.

[130] Eine Auflistung von Artikeln, die Reichenbach in den Jahren 1928/29 zur Entwicklung der Physik und ihrer philosophischen Deutung in der *Vossischen Zeitung* veröffentlicht, findet sich bei Danneberg (1998): Der Logische Empirismus der zwanziger und dreißiger Jahre: Rezeption und Ausstrahlung, in: Hans Reichenbach. Philosophie im Umkreis der Physik, hg. von Hans Poser und Ulrich Dirks, Berlin 1998, 124.

[131] Vossische Zeitung (Unterhaltungsblatt) Nr. 301 (25.12.1930), o. S.

> tum an Befriedigung, das sie dem Menschen, der sich das Fragen nach den letzten Dingen nun einmal nicht abgewöhnen kann – [...] zu gewähren vermag.[132]

Koestler ist es auch, der in der *Vossischen Zeitung* nur wenige Wochen später ein Thema anspricht, das im Physik-Teil dieser Arbeit von Bedeutung sein wird. Unter der Überschrift *Flucht der Materie* berichtet er über die Kontroverse zwischen Einstein und dem niederländischen Physiker Willem de Sitter um die Vermutung einer Unveränderlichkeit des Raums, die Einstein anfänglich mit einer so bezeichneten kosmologischen Konstante in der allgemeinen Relativitätstheorie berücksichtigt hatte. In diesem Zusammenhang fallen drei Namen, die hier an späterer Stelle ebenfalls auftauchen werden: der des englischen Physikers Arthur Stanley Eddington, der des kalifornischen Astronomen Edwin Hubble und jener des Mt. Wilson Observatoriums, von dem aus die Aufnahmen von Spiralnebeln gemacht werden, die Raschke in der *Kolonne* druckt.[133] Bereits Ende Januar 1931 berichtet die *Vossische Zeitung* zudem über *Ein Konzilium über das physikalische Weltbild* an der Mt. Wilson Sternwarte in Pasadena unter Abdruck eines großformatigen Fotos, auf dem neben Einstein die Physiker Walter Adams, Albert Michelson und ein Mann zu sehen sind, den auch Raschke nur kurze Zeit später in der *Kolonne* im Zusammenhang der so genannten kosmischen Strahlung anführen wird: Robert Andrews Millikan.[134] Ein letzter Artikel sei hier genannt, der sich mit einem Thema auseinander setzt, das Raschke 1931 zum Gegenstand von zwei Beiträgen in der *Kolonne* macht. Es handelt sich dabei um Erkenntnisse zur Zellatmung und die Entdeckung eines Atmungsenzyms durch den Physiologen Otto Warburg, dem der Aufsatz *Zellatmung* von Carl Oppenheimer nachgeht. Oppenheimers Beitrag wird neben einer Nachrichten-Rubrik abgedruckt, die bezeichnender für den Wunsch nach einer integrativen Behandlung der Wissenschaften in einer Tageszeitung nicht sein könnte: *Kunst, Wissenschaft, Literatur.*[135]

Die sechs Beiträge der *Vossischen Zeitung* werden im Zusammenhang des publizistischen Umfelds angeführt, da es redaktionelle Überschneidungspunkte mit *Kolonne* und *Literarischer Welt* gibt, die den naturwissenschaftlichen Artikeln der *Vossischen Zeitung* möglicherweise die Bedeutung von thematischen Offerten verleihen und entsprechende Überlagerungen mit dem Programm der *Kolonne* erklären könnten. Raschke stößt im Jahr 1931 auf wissenschaftsbezogene Artikel in der *Literarischen Welt*, die neben Reichenbach und Ludwig Steinecke vor allem Koestler verfasst, den die Redaktion als „Techniker und Physiker“ ausweist.[136] Koestler dürfte Raschke als Autor der *Vossischen Zeitung* daher kein Unbekannter sein und das Interesse auf Grund der gemeinsamen Publikationsbasis *Literarische Welt* auf sich ziehen. Mit der ‚gemeinsamen Publikationsbasis' ist zudem ein Stichwort gefallen, das Raschke zum zweiten Mal in Beziehung zu Koestler setzt. Denn wie Koestler veröffentlicht

[132] Vossische Zeitung Nr. 290 (12.12.1930), o. S.
[133] Vossische Zeitung (Unterhaltungsblatt) Nr. 31 (6.2.1931), o. S.
[134] Ebd. (Beilage Zeitbilder) Nr. 4 (25.1.1931), 4.
[135] Ebd. (Unterhaltungsblatt) Nr. 4 (6.1.1931), o. S.
[136] Die literarische Welt 7 (1931), Nr. 45, 3.

Raschke 1931 nicht nur in der *Literarischen Welt*, sondern auch in der *Vossischen Zeitung*, was in der Forschung scheinbar unbemerkt geblieben ist.[137] Er ist hierdurch nicht nur in der Lage, die Bedeutung der Naturwissenschaft als Themenkomplex der zeitgenössischen Presse aus der Resonanz anderer Zeitungen und Zeitschriften abzuleiten, sondern bekommt die Relevanz und publizistische Verträglichkeit einer naturwissenschaftlichen Berichterstattung in seinem persönlichen Umfeld vorgeführt. Die Beiträge der *Vossischen Zeitung* und der *Literarischen Welt* sind deshalb nicht allein als Ausdruck einer verbreiteten publizistischen Stimmungslage zu behandeln, sondern sie dienen Raschke als Vorlagen für das eigene Zeitschriftenprojekt.[138]

Um dieser Behauptung empirisches Gewicht zu verleihen, soll die Publikationspraxis des siebenten und achten Jahrgangs der *Literarischen Welt* (1931/32) im Folgenden näher untersucht werden. Neben den Beiträgen, die sich mit den Ergebnissen der Physik auseinandersetzen, werden auch solche Aufsätze und Rezensionen berücksichtigt, die sich der bildsprachlichen Wirkung von Einzelbegriffen bedienen bzw. darauf abzielen, über das Anzitieren von Namen und Fachausdrücken eine Kontextwirkung zu erzielen. Einen solchen Beispielfall stellt Alfred Brusts Beitrag *Das Weltall im Erdball. Eine neue kosmische Hypothese* dar, der bereits im dritten Jahrgang (1927) erscheint.[139] Brust, Kleist-Preisträger des Jahres 1929 und Autor des Romans *Eisbrand. Die Kinder der Allmacht* (1933), nimmt darin Bezug auf die Relativitätstheorie und äußert sich zur so genannten Hohlwelttheorie und ihrer Interpretation durch Karl Neupert, nach der sich das Leben nicht auf der Außenrinde der Erde abspiele, sondern in ihrem Innenraum.[140] Aufschlussreich ist der Beitrag im Zusammenhang der wissenschaftsbezogenen Berichterstattung der *Literarischen Welt* jedoch auch aus einem anderen Grund. Mit Blick auf die Veröffentlichungen Reichenbachs, Steineckes und Koestlers im Jahr 1931 verdeutlicht Brust, wie sich die Abdeckung wissenschaftsbezogener Themen in der *Literarischen Welt* nicht nur hinsichtlich der Angebotsbreite, sondern auch bezüglich des fachlichen Anspruchs steigert. Das redaktionelle Interesse an profunden Darstellungen und renommierten Autoren nimmt demnach zu. Des Weiteren belegt die Aufrechterhaltung entsprechender Beiträge zwischen 1927 und 1931, dass die Besetzung naturwissenschaftlicher The-

[137] Es handelt sich dabei um Raschkes Erzählung *Nächte*, in: Vossische Zeitung (Unterhaltungsblatt) Nr. 37 (13.2.1931), bzw. um die Rezensionen von zwei Neuerscheinungen: Erich Ebermayers *Die große Kluft*, ebd. (Literarische Umschau), Nr. 13 (29.3.31) und Gusti Jirkus *Zwischen den Zeiten*, ebd. (Literarische Umschau), Nr. 19 (10.5.1931), die in den vorhandenen Bibliografien und Werkchroniken fehlen.

[138] Ähnlich Hans Dieter Schäfer, der die Gründung der *Kolonne* aus der Enttäuschung Raschkes über die Arbeit für die *Literarische Welt* heraus motiviert sieht. Ders. (2002): Der Mythos der jungen Kolonne, in: Martin Raschke (1905-1943), 25-36, 28, bzw. Haefs (2002b), 224.

[139] Alfred Brust (1927): Das Weltall im Erdball. Eine neue kosmische Hypothese, in: Die literarische Welt 3 (1927), Nr. 4, 3.

[140] Der Roman, auf dessen Titelbild stürmende Pferde zu sehen sind, die über Brücke und Maschinenanlagen hinwegfegen, kann als zeittypisches Dokument der Technikfeindschaft und des „Zorn[s] des freien Nordmenschen über die Maschinenknechtschaft“ (Waschzettel) herangezogen werden. Siehe dazu Horst Denkler (1995): Organische Konstruktion. Natur und Technik in der Literatur des ‚Dritten Reiches‘, in: Hartmut Eggert/Erhart Schütz/Peter Sprengel, Hg. (1995): Faszination des Organischen. Konjunkturen einer Kategorie der Moderne, München, 267-284, zit. nach ebd. 267.

men keinen vorübergehenden Flirt darstellt, sondern als dauerhaftes Projekt angesehen wird. Die Veröffentlichungen des siebenten Jahrgangs der *Literarischen Welt* (1931) geben über diese Tendenz in einer Dichte Aufschluss, die auch Raschke nicht entgangen sein dürfte, zumal einige in der *Kolonne* gedruckte Autoren wie Georg Britting, Georg von der Vring und Peter Huchel zeitgleich mit Gedichtveröffentlichungen in der *Literarischen Welt* vertreten sind und ein aufmerksames Studium der Zeitschrift durch Raschke wahrscheinlich machen.[141] Im Falle Huchels, der in der *Literarischen Welt* neben seinen Gedichten wie Martin Raschke redaktionelle Auftragsarbeiten veröffentlicht, ist eine Schnittstelle auch über das *Unterhaltungsblatt* der *Vossischen Zeitung* herzustellen.[142]

2. Das Vorbild *Literarische Welt*. Beispiele des siebenten Jahrgangs

Reichenbachs eingangs zitierter Aufsatz *Das Weltbild der heutigen Physik* erscheint im siebenten Jahrgang der *Literarischen Welt* – jenem Jahrgang, so ist zu unterstreichen, in dem Raschke als Mitglied des Redaktionsbeirates des Blattes mit insgesamt 28 Beiträgen, zumeist Rezensionen literarischer Neuerscheinungen, vertreten ist.[143]

---

[141] Huchel publiziert in den Jahrgängen Sechs bis Acht (1930-32) so bekannte Gedichte wie *Kindheit in Alt-Langerwisch, Frühling im Quartier, Die schilfige Nymphe, Die Magd* oder *Der Knabenteich* [in dieser Reihenfolge: 6 (1930), Nr. 23; 7 (1931), Nr. 22; 7 (1931), Nr. 27/28; 7 (1931), Nr. 47; 8 (1932), Nr. 15/16].

[142] Huchel veröffentlicht hier *Die Insel Aloe* (3.6.1931), *Wilde Kastanie* (27.11.1932), *Das Haus*, eine Vorform des 1948 vollständig publizierten Gedichts *Herkunft* (14.5.1933), bzw. *Mondballade* (22.6.1933). Siehe zu Huchels Veröffentlichungen auch Nijssens biografische Studie, 555ff.

[143] Dies sind die Aufsätze bzw. Rezensionen (Autor, Titelangabe, Nummer, Seite):

1. MR: Der kosmische Snob. Zu Robert Henseling: „Der neu entdeckte Himmel", Nr. 5, 5f.;
2. MR: Gottfried Benn: Fazit der Perspektiven, Nr. 8, 5f.;
3. MR: Anna Seghers: Auf dem Wege zur Amerikanischen Botschaft, Nr. 14/15, 7f.;
4. MR: Polina Suslowa, Dostojewskis „Ewige Freundin". Herausgegeben von René Fülop-Miller und Friedrich Eckstein, Nr. 18, 6;
5. MR: „Man trägt wieder Erde", Nr. 25, 5;
6. MR: Paul Gurk: Judas, Nr. 26, 6;
7. MR: Fridas Rubiner: Der große Strom, Nr. 26, 6;
8. MR: Zu einem Prozeß, Nr. 27/28, 11;
9. MR: Kurt Heuser: Die Reise ins Innere, Nr. 29, 5;
10. MR: Hat das lyrische Gedicht noch Lebenswert?, Nr. 29, 7;
11. MR: Sarah Levy: Henri und Sarah, Nr. 32/33, 12;
12. MR: Gunnar Gunnarsson: Der unerfahrene Reisende, Nr. 35/36, 11;
13. MR: Nationale Kritiker, Nr. 35/36, 11;
14. MR: Michel Georges-Michel: Die von Montparnasse, Nr. 35/36, 12;
15. MR: Aldous Huxley: Zwei oder drei Grazien; Nr. 37, 5;
16. MR: Neue Schaubücher des Orell-Füßli-Verlages, Nr. 42, 5;
17. MR: Otto Schubert: Architektur und Weltanschauung, Nr. 42, 6;
18. MR: Noch eine Aufgabe zum Goethe-Jahr, Nr. 43, 1f.;
19. MR: Ein Epos des sozialistischen Aufbaus?, Nr. 44, 5;
20. MR: Alfred Wolfenstein: Hier schreibt Paris, Nr. 45, 6;
21. MR: Heinrich Hauser: Feldwege nach Chicago, Nr. 45, 6;
22. MR: Justus Ehrhardt: Straßen ohne Ende, Nr. 45, 6;

Bereits im sechsten Jahrgang (1930) druckt die *Literarische Welt* unter der Rubrik *Der heutige Stand der Wissenschaften* Beiträge zu Sachthemen aus Technik, Naturheilkunde und Medizin. Darunter befinden sich längere Artikel zur Entwicklung der Biologie und Physik: *Die Biologie, ihre Probleme und ihr Problem* von Erich F. Podach (Nr. 36) bzw. – unmittelbar neben zwei Gedichten von Britting und von der Vring – der Beitrag *Die exakten Naturwissenschaften* von Hans Reichenbach (Nr. 38). Innerhalb der Rubrik erscheinen im folgenden Jahr Beiträge zu den Themenbereichen Nationalökonomie und Psychiatrie, hier neben dem Huchel-Gedicht *September* (Nr. 41). Vor allem mit der Sondernummer 20 (Mai 1931), die den Titel *Das Weltbild der Wissenschaft* trägt und mit der die Redaktion der *Literarischen Welt* die Rubrik nach eigener Aussage abzuschließen gedenkt, verstärkt sich die Präsenz naturwissenschaftlicher bzw. die Resultate der Wissenschaften interpretierender Artikel. Die vollständige Anmerkung der Redaktion auf der ersten Seite der Ausgabe lautet:

> Wir haben in einer Artikelreihe den ‚gegenwärtigen Stand der Wissenschaften' durch berufene Vertreter der Einzeldisziplinen darstellen lassen. Die vorliegende Nummer soll diese Reihe abschließen und sie zugleich durch die Erörterung gewisser grundsätzlicher und weltanschaulicher Fragen ergänzen.

Neben dem Beitrag von Reichenbach (Nr. 20, 5f.) handelt es sich dabei um die Aufsätze des Biologen Hans Driesch (*Vom Anfang und Ende der Philosophie*[144]), von Ludwig Steinecke (*Wissenschaft und Weltanschauung*[145]) und Arthur Koestler (*Das kosmologische Weltbild der Wissenschaft*[146]), der als Autor der *Vossischen Zeitung* angesprochen wurde. Koestler setzt sich darin mit der Einsteinschen Raum-Zeit und ihrer Konsequenz für die Erfassung astronomischer Objekte auseinander. Weiterhin bringt die Ausgabe in der Buch-Chronik den zweigeteilten Artikel *Popularisierte und gedichtete Wissenschaft* von Arnold Hahn und Arthur Koestler.[147] Folgende Buchveröffentlichungen finden darin Erwähnung und vervollständigen die bisherige Aufzählung von Fachbeiträgen: Svante Arrhenius (*Die Sternenwelt*), William Bragg (*Was ist Materie?*) bzw. im Teil von Koestler: Hans Reichenbach (*Atom und Kosmos*), James Jeans (*Sterne, Welten und Atome*) und die vierte Auflage von Bernhard Bavinks Bestseller *Ergebnisse und Probleme der Naturwissenschaften.* Besonders die Darstellungen Reichenbachs und Bavinks werden vom Autor hervorgehoben. Beide Physik-Interpreten, die in Fachkreisen über einen hohen Popularitätsgrad verfügen, werden somit auch vor der Klientel der *Literarischen Welt* entsprechend gewürdigt.

---

23. MR: Paul Oestreich: Edison sucht einen Nachfolger, Nr. 45, 6;
24. MR: Neue Schaubücher, Nr. 46, 8;
25. MR: Die Schweiz aus der Vogelschau. 100 Flugaufnahmen von Walter Mittelholzer, Nr. 47, 6;
26. MR: Albrecht Schaeffer: Das Opfertier, Nr. 50, 5;
27. MR: Paul Gauguin: Briefe, Nr. 50, 8;
28. MR: Jean Giono: Ernte, Nr. 51/52, 9-10. Siehe zu diesen Angaben auch Haefs (2002b), 287f.

[144] Die literarische Welt 7 (1931), Nr. 20, 1ff.

[145] Ebd., 1-2.

[146] Ebd., 7-8.

[147] Ebd., 9-10.

Die Erwähnung des Koestler-Beitrags soll zum Anlass genommen werden, aus seiner und der Darstellung Steineckes *Wissenschaft und Weltanschauung* jeweils längere Abschnitte zu zitieren. Beide erscheinen beispielhaft für den Umgang mit populärwissenschaftlichen Neuerscheinungen bzw. die Reflexion wissenschaftsbezogener Problemstellungen, ohne mit einer zum Teil scharfen Kritik hinter dem Berg zu halten. Die Autoren zeigen mit ihren Beiträgen, in denen sie Wert auf die Perspektive des Fachrezensenten legen, dass ein differenziertes Meinungsbild über die Ergebnisse der modernen Naturwissenschaft in einer Literaturzeitschrift möglich ist, was zu einem ähnlichen Urteil hinsichtlich der naturwissenschaftlichen Kenntnisaneignung durch ihre Leser berechtigt. Um sich einen Überblick über die Ergebnisse etwa der theoretischen Physik zu verschaffen, ist es daher lediglich notwendig, solchen Beiträgen, ihren Diskussionsgegenständen und weiterführenden Literaturangaben zu folgen. Die vergleichsweise simplifizierende Darlegung der Physik durch Raschke in der *Kolonne* wiegt vor diesem Hintergrund umso schwerer – oder lässt erahnen, dass es Raschke nicht primär um eine Wiedergabe physikalischer Ergebnisse geht. „Es ist wirklich traurig", schreibt Koestler,

> daß die letzten deutschen Neuerscheinungen an populärwissenschaftlicher Literatur, soweit sie wirklich ihren Zweck erfüllen und stilistisch und inhaltlich auf hohem Niveau stehen – aus dem Englischen übersetzt werden mußten. Zu den wenigen löblichen Ausnahmen gehört Reichenbachs „Atom und Kosmos; das praktische Weltbild der Gegenwart." Einen verwandten Themenkreis behandelt das Buch des berühmten englischen Astronomen und Professors der Universität Cambridge, Sir James Jeans: „Sterne, Welten und Atome" (Deutsche Verlagsanstalt, Stuttgart). Für Jeans Darstellung ist [...] die Physik nur Mittel zum Zweck, einen anschaulichen Umriß des Weltalls zu zeichnen, während Reichenbach das Hauptgewicht auf das Weltbild der Physik selbst und seine philosophischen Verankerungen und Auswirkungen legt.
>
> Ein typisches Beispiel dafür, wie der amerikanische Gelehrte seine „Science" den Massen mundgerecht und lecker zu servieren versteht, ist die „Romance of Chemistry" von William Foster; deutsch im Drei-Masken-Verlag, München, unter dem Titel „Welt und Wunder der Chemie". Von den ersten Anfängen der Alchimie bis zum Studium der radioaktiven Zerfallsprozesse und der „neuen Alchimie", der Verwandlung der Elemente durch Atomzertrümmerung, ist alles da in diesem Buche; die Rolle der Chemie in der Landwirtschaft, in der Medizin und im Haushalt; die Elektrochemie und sogar „Das Geheimnis der Feuerfliege" mit inbegriffen. Und alles in einem meisterhaft flüssigen Parlando mit romantischer Untermalung; Wissenschaft als Abenteuer ist hierfür die Grundhaltung – und so soll sie sein.
>
> Ausnahmsweise, weil es sich um ein in jeder Hinsicht exzeptionelles Werk handelt, sei hier auf die Neuauflage eines Buches hingewiesen, das seinesgleichen in der ganzen Literatur nicht hat. Ich meine „den" Bavink: „Ergebnisse und Probleme der Naturwissenschaften, eine Einführung in die heutige Naturphilosophie", von Bernhard Bavink. [...] Die Darstellung ist zwar durchaus populär, geht aber so tief auf die Probleme ein, daß sie auch den Fachgelehrten, der sich über die Vorgänge

> in der benachbarten Fakultät unterrichten will, voll befriedigen wird. Ein vorbildliches Sach- und Namensregister nebst erschöpfendem Literaturverzeichnis machen das Buch zu einem idealen Nachschlagewerk; liest man es aber von Anfang bis zu Ende durch, wird man durch ein Erlebnis bereichert, wie es nur ganz wenige und erlesene Werke der Weltliteratur vermitteln können. Wenn es einem Rezensenten, und noch dazu einem Fachrezensenten, erlaubt ist, von einem Buche begeistert zu sein – dann von diesem.[148]

Während Koestler ausgesuchte Darstellungen zur Physik beleuchtet und Bavinks *Ergebnisse und Probleme der Naturwissenschaften* hervorhebt, greift Steinecke mit seiner Gegenüberstellung von „Wissenschaft" und „Weltanschauung" den Antagonismus zwischen den Abstrakta der mathematischen Naturwissenschaft und einem sinnlichen Erfassen der Natur heraus. Implizit widmet auch er sich dem Problem der Wissensvermittlung. Dabei geht Steinecke auf die Ersetzung der anschaulichen Wirklichkeit durch ein „System von Zeichen" ein und führt den französischen Physiker Pierre Duhem als Bezugsquelle und wissenschaftliche Autorität an:

> ‚Die Physik', so resümiert Pierre Duhem seine Analyse der modernen physikalischen Theorie, ‚die Physik handelt gar nicht mehr von dem Materiellen, Inhaltlichen der Wirklichkeit, was sie erkennt, ist lediglich deren formale Verfassung.' Die Wirklichkeit wird also endlich ersetzt durch ein ‚hypothetisch-logisch-deduktives System von Zeichen', das auf einer geringen Anzahl von Axiomen beruht, und es wird versucht, aus ihnen die ganze Fülle des Seins aufzubauen. Kann also die Wissenschaft Welt*anschauung* sein? Dann müssten die Wissenschaften aber auch ihre allgemeinsten Voraussetzungen metaphysisch verabsolutieren können.[149]

Unabhängig von der Bewertung der Beiträge verdeutlicht der kursorische Blick, wie groß die Präsenz wissenschaftsbezogener Beiträge, Einzelbegriffe und Namenszitate in beiden Darstellungen ist. Bemerkenswert erscheint dabei, dass die Adressaten dieser Aufsätze keine Fachwissenschaftler sind, sondern die Leser einer Literaturzeitschrift. Auch wenn die betreffende Heftnummer der *Literarischen Welt* nicht als repräsentativ für die naturwissenschaftliche Berichterstattung im Gesamtjahreszeitraum behandelt werden kann, reißt die Kette entsprechender Beiträge, das heißt die Präsenz von Originaltiteln, Namen und Fachbegriffen, keineswegs ab. Die Ausgabe, dies sei Koestlers Sympathieerklärung an Bavink und Steineckes Rekurs auf Duhem hinzugefügt, bringt zudem zwei längere Artikel von Autoren, die im geistigen Umfeld Raschkes eine Rolle spielen: *Über Wahrheit und Wirklichkeit* von Ludwig Klages und *Grundsätzliches zur menschlichen Stammesgeschichte* von Edgar Dacqué.

Ein ähnliches Bild ergibt sich bei der Betrachtung des Artikels *Bücher der Naturerkenntnis*, der in der Heftnummer 48 (1931) erscheint. Der Beitrag nennt Veröffentlichungen von Driesch (*Relativitätstheorie und Weltanschauung*), Reichenbach (*Von Ko-*

---

[148] Die literarische Welt 7 (1931), Nr. 20, 10.

[149] Steinecke (1931a): Wissenschaft und Weltanschauung, in: Die literarische Welt 7 (1931), Nr. 20, 1f. Hervorhebung i. O. Das eingefügte Duhem-Zitat im Beitrag Steineckes ist identisch mit einer Passage aus Hermann Weyls Werk *Raum – Zeit – Materie. Vorlesungen über die allgemeine Relativitätstheorie*, Berlin 1918, 227.

pernikus zu Einstein, Philosophie der Raum-Zeitlehre), Eddington (*Raum, Zeit und Schwere. Das Weltbild der Physik*), Hermann Weyl und die Bände von Jeans (*Sterne, Welten und Atome*) und Bavink (hier als *Allgemeine Ergebnisse und Probleme der Naturwissenschaften* bezeichnet) – das *Who is who* der zeitgenössischen Wissenschaftsliteratur.[150]

Für den Erscheinungszeitraum parallel zur *Kolonne* (1929-32) sind außerdem Benedikt F. Dolbins *Die Stellung der Naturwissenschaften im Kulturmilieu*, ein Hinweis auf Erwin Schrödinger (Nr. 31, 1932) sowie der Beitrag von Willy Haas zum 70. Geburtstag des Zoologen Maurice Maeterlinck hervorzuheben. Haas, der bereits 1924 als Literaturkritiker der *Neuen Rundschau* Stellung zur Relativitätslehre bezogen hatte[151], nennt darin Vierdimensionalität und nichteuklidische Raumvorstellungen im Zusammenhang mit der Himmelsgeometrie Einsteins.[152] Nicht zuletzt finden sich in den Jahrgängen Sechs bis Acht Verlagsanzeigen zu naturwissenschaftlichen Buchveröffentlichungen, beispielhaft *Die Eroberung des Jenseits* von Adrien Turel, das die „geometrische und physikalische Revolutionierung der Grundannahmen über Raum und Zeit, über Materie und Energie"[153] behandelt – Formeln, die plakativer und schlagwortartiger selbst für den flüchtigen Leser kaum sein könnten; unüberlesbar jedoch für einen vielgedruckten Autor der Zeitschrift.

3. Fotografie in *Kolonne*, *Literarischer Welt* und *Kosmos*

Die *Literarische Welt* veröffentlicht im siebenten Jahrgang naturwissenschaftlich ausgerichtete Beiträge, welche ein besonderes Licht auf die wissenschaftlichen Kurzmeldungen des zweiten *Kolonne*-Jahrgangs im Jahr 1931 werfen. In *Kolonne* und *Literarischer Welt* nimmt im selben Jahr zudem der Themenbereich Fotografie verstärkt Raum ein. Dies meint nicht allein die zeittypische Verwendung von Fotografien als Illustrationsmaterial, sondern die Auseinandersetzung in Form von kritischen Beiträgen. So finden sich in der Haas-Zeitschrift Aufsätze wie Walter Benjamins *Kleine Geschichte der Photographie* (Nr. 38-40, 1931) bzw. Axel Eggebrechts *Die Rolle der Photographie* (Nr. 46, 1931). Weiterhin werden die Beiträge *Die Photographie in Geschichte und Politik*, *Reproduktion* und *Neue Photobücher* in der *Buch-Chronik der Woche* gedruckt, unmittelbar neben diversen Verlagsanzeigen für Fotobildbände.

Raschke, der sich mit dem Thema Fotografie bis zum *Tagebuch der Gedanken* (1941) auseinandersetzen wird und hierbei Formulierungen verwendet, die auf Karl Bloßfeldts Bildbanderfolg *Urformen der Kunst* (1928) zurückgehen, schreibt in Nr. 46 (1931) eine Rezension unter dem Titel *Neue Schaubücher* zu Veröffentlichungen des Orell-Füßli Verlages Zürich.[154] Erwähnung finden darin *Das Gesicht des Tieres*, einge-

---

[150] Die literarische Welt 7 (1931), Nr. 48, 14.

[151] Siehe die entsprechenden Artikel bei Könneker (2001), 160, bzw. (2002), 62f.

[152] Die literarische Welt 8 (1932), Nr. 34, 3-4.

[153] Die literarische Welt 6 (1930), Nr. 51/52, 6.

[154] Gemeint ist damit folgende Bezeichnung in Raschkes *Tagebuch der Gedanken*, Leipzig 1941, 126: „Beschaut man sich vergrößerte Abbilder von Pflanzenteilen, von sich aufrollenden Farnwedeln zum Beispiel,

leitet von Adolf Koelsch, sowie der von Karl Döhmann eingeleitete Band *Durchleuchtete Körper*. Dieses Buch informiert über Technik und Entwicklung des Röntgenverfahrens und präsentiert im Hauptteil Fototafeln, auf denen Pflanzen, Tiere und Alltagsgegenstände nebeneinander abgebildet sind.[155] Auch hier lässt sich die Motivation für eine Besprechung durch Raschke unschwer ableiten: die Faszination an der technisch realisierbaren Einsicht in die Natur, welche einer zweiten Entdeckung derselben gleichkommt und den Gebrauch der Technik als Form der Abgrenzung gegenüber der neusachlichen „Einebnung der Erfahrungen" deutlich machen soll.[156] Vor allem aber publiziert Martin Raschke in Heft Nr. 5 der *Literarischen Welt* unter der Überschrift *Der kosmische Snob* die Rezension eines Bildbandes des bekannten Astronomen Robert Henseling (1883-1964), Herausgeber von *Die Sterne. Zeitschrift für alle Gebiete der Himmelskunde*, der zeitgleich auch in der *Literarischen Welt* schreibt. Sein Band trägt den Titel *Der neu entdeckte Himmel* (1930).[157] Parallel dazu erfolgt der Abdruck zweier Spiralnebelbilder in Heft Zwei der *Kolonne* (1931), die Raschke dem Bildteil des Buches entnimmt. Raschke veröffentlicht die Aufnahmen dabei nicht zufällig ohne Kommentierung. Denn der Gehalt der Bilder soll aus der Gesamtlektüre der Zeitschrift erschlossen werden, in der Dichtung, Wissenschaft und Fotografie miteinander korrespondieren. Entgegen diesem Anspruch nimmt es Raschke beim Abdruck der Aufnahmen mit der fotografischen Präzision nicht so genau und lässt beide Fotografien gegenüber der Originalvorlage bei Henseling spiegelverkehrt setzen. Ergänzend veröffentlicht die *Kolonne* in der selben Nummer eine Anzeige des Verlages zu Henselings Band.[158]

Um auch hier die Präsenz des entsprechenden Materials zu verdeutlichen und die Einbindung des *Kolonne*-Programms in den Kontext anderer periodischer Publikationen aufzuzeigen, genügt ein repräsentatives Beispiel: Allein die bekannte Zeitschrift *Kosmos*, hinsichtlich der Vermittlung von Naturwissen von Döblin in seinem Beitrag für die *Neue Rundschau* als „sehr zu loben" bezeichnet, veröffentlicht im entsprechenden Zeitraum mehrfach Beiträge zur Astrophysik mit Spiralnebelbildern

---

um eine allen vertraute Erscheinung zu nennen, ersieht man leicht die Verwandtschaft dieser Naturformen mit gewissen Kunstformen, in unserem Vergleichsfalle im besonderen der Krönung eines gotischen Bischofstabes." Siehe dazu das Vorwort bei Bloßfeldt von Karl Nierendorf. Darin werden „edle Säulenschafte", „goldgetriebene Bischofstäbe, schmiedeeiserne Gitter, kostbare Zepter" angeführt. Hier zit. nach der 3. Aufl. (1941), IX. Der Begriff der Kunstformen geht in diesem Zusammenhang auf Ernst Haeckels Bildband *Kunstformen der Natur*, Leipzig 1899-1904, zurück, der ein eindrucksvolles Dokument für die Popularisierung der Biologie im 19. Jahrhundert darstellt. Haeckel präsentiert darin Bildtafeln und nimmt eine an Goethe geschulte Parallelisierung von Kunst und Natur vor.

155 Durchleuchtete Körper (Röntgenbilder). 81 Bilder eingeleitet und erläutert von Karl Döhmann (1931), Schaubücher des Orell-Füßli Verlages 39, Zürich/Leipzig 1931, 5. Raschkes Hinweis auf den Band findet sich in der Sammelrezension zu Neuerscheinungen des Verlages. MR: Neue Schaubücher, 8.

156 Hans Dieter Schäfer (1986): Oskar Loerke: „Die Vogelstrassen", in: Oskar Loerke. Marbacher Kolloquium 1984, hg. von Reinhard Tgahrt, Mainz, 55-66, 65.

157 Robert Henseling (1930): Der neu entdeckte Himmel. Das astronomische Weltbild gemäss jüngster Forschung, Stuttgart.

158 Die Kolonne 2 (1931), Nr. 2, 23.

des neuartigen Hooker-Spiegelfernrohrs.[159] Auch wenn *Kosmos* dabei Fotovorlagen des bereits zuvor erschienenen Bandes *Der Himmel im Bild* von Peter Stuker (1927) verwendet, Raschke hingegen auf Robert Henseling (1930) zurückgreift: In beiden Fällen haben die Bilder den selben Ursprung, das kalifornische Mt. Wilson Observatory.[160] Neben der thematischen Ausrichtung verschiedener Presseformate (*Unsere Welt, Frankfurter Zeitung, Vossische Zeitung, Literarische Welt, Kolonne*) ist hierin ein weiterer Ausdruck der Verflechtung der naturwissenschaftlichen Berichterstattung um 1930 zu sehen, welche unabhängig vom Leserprofil der jeweiligen Zeitung oder Zeitschrift besteht. Die Naturwissenschaften, insbesondere die theoretische Physik und die Astrophysik, werden danach nicht als Angelegenheit der Fachwissenschaftler oder wissenschaftsbeflissener Laien behandelt, sondern als Ereignisse von übergreifender Bedeutung. Die Fotografien von Spiralnebeln in der Zeitschrift *Kosmos* belegen zudem, dass entsprechende Visualisierungen naturwissenschaftlicher Ergebnisse auch dort vorgenommen werden, wo man sich an einen vollkommen anderen Leserkreis wendet als *Die Kolonne*: in populärwissenschaftlich ausgerichteten Periodika.[161]

Wie diese Themenkorrelation konkret auf die Gestaltung der *Kolonne* gewirkt haben könnte, soll eine weitere Beobachtung darlegen. Der in Raschkes Essay *Der kosmische Snob* (1930 und 1931) rezensierte Robert Henseling veröffentlicht ein Jahr nach Erscheinen von *Der neu entdeckte Himmel* (1930) ein Buch, das ebenfalls im Stuttgarter *Kosmos*-Verlag erscheint und den Titel *Welteninseln* (1931) trägt.[162] Es handelt sich bei dieser Formulierung um einen Terminus, den Raschke in *Der kosmische Snob* leicht abgewandelt verwendet, indem er von „Weltrauminseln" spricht. Im Zusammenhang mit der Darstellung des publizistischen Umfeldes Raschkes wird diese sprachliche Parallele betont, da sich in der terminologischen Anlehnung ein dritter Anhaltspunkt für die Verknüpfung von Raschkes Arbeiten mit der zeitgenössischen Wissenschaftsliteratur findet. Neben der Berichterstattung über spezifische Ergebnisse der modernen Physik und dem Abdruck von Fotovorlagen stellt die Verwendung einer spezifischen Terminologie somit ein Indiz für die mediale Kohärenz dar, die sich bis in den Gebrauch einzelner Begriffe zurückverfolgen lässt. Auch der *Welteninseln*-Band von Henseling beinhaltet überdies Aufnahmen von Spiralnebeln, die aus der *Kolonne* vertraut sind, und es spräche als Bestärkung für die Auswahl des Spiralnebels M 51 in den Jagdhunden bzw. eines diskusförmigen Nebels durch

[159] Döblin (1923a), 1134.

[160] Peter Stuker (1927): Der Himmel im Bild. Ein astronomischer Bilderatlas, Stuttgart.

[161] Die entsprechenden Beiträge in *Kosmos* sind: Paul Kirchberger (1931): Sternnebel und Weltanschauung, H. 6 (1931), 201-208, mit Aufnahmen des Spiralnebels im Großen Bären, des Spiralnebels im Sternbild Haar der Berenice sowie des Andromeda-Nebels. Weiterhin Kasimir Graff (1931): Gegenwartsaufgaben der Himmelskunde, H. 12, 422-425, mit Aufnahmen eines kugelförmigen Sternhaufens im Schützen bzw. des Spiralnebels in den Jagdhunden. Die Bilder werden Peter Stukers *Der Himmel im Bild* entnommen. Zusätzlich bringt Kosmos in Heft 1 (1931), 32f., einen Artikel Stukers mit dem Titel *Ein Stern, der in jeder Sekunde 500 Millionen Tonnen Stoff verliert.* Heft 2 des Jahres 1932, 41-44, schließt mit einem Artikel Paul Kirchbergers (1932) an: Der neue Weltäther. Gibt es Stoff zwischen den Sternen? Darin wird wiederum die Aufnahme eines Spiralnebels im Sternbild Haar der Berenice gedruckt.

[162] Robert Henseling (1931): Welteninseln, Berlin.

Raschke, dass Henseling das im Jahr der *Kolonne*-Veröffentlichung erschienene Bändchen mit eben jenen Aufnahmen des Nebels M 51 bzw. eines diskusförmigen Spiralnebels beschließt, die auch Raschke auswählt.

Zeitgleich zum Abdruck der Spiralnebelbilder bekundet Raschkes Mitherausgeber Artur Kuhnert sein Interesse an einem intensiveren Einsatz von Fotomaterial, wie ein Brief an Raschke vom 29.5.1931 unterstreicht. Auch darin wird der Wunsch zum Ausdruck gebracht, mit Hilfe der Fototechnik eine Unmittelbarkeit und Authentizität des Sehens zu proklamieren, die sich vom Gestus der Sachlichkeit in Fotografie und bildender Kunst abzugrenzen versucht.[163] Mit Hilfe der Fotografie sollen die Gegenstände nicht *abgebildet*, sondern Aufbau und Formenvielfalt der Natur sichtbar werden. Neben dem Abdruck der Spiralnebelbilder und einer Verlagsanzeige zu Henselings *Der neu entdeckte Himmel* veröffentlicht *Die Kolonne* zudem zwei Vergrößerungen von Pflanzen auf einer Doppelseite. Raschke entnimmt sie dem 1930 erschienenen Fotoband Ernst Fuhrmanns *Die Pflanze als Lebewesen*, den er unter seinem Pseudonym Peter Anders in Heft Nr. 4 (1931) bespricht. Herbert Volwahsen schreibt in der *Kolonne* unter dem Titel *Über Tierfotografie*.[164]

4. Ergebnisse

Die Aneinanderreihung der einzelnen Titel der *Literarischen Welt* dokumentiert, dass die Anzahl von Beiträgen zu den Themenbereichen Naturwissenschaft und Fotografie im untersuchten Zeitraum hoch ist. Sie erreicht in den Jahrgängen Sieben und Acht (1931/32) – jenen Jahren, in denen Raschke seinerseits auf eine Vielzahl von Veröffentlichungen in der *Literarischen Welt* kommt und in der *Kolonne* zum ersten Mal Wissenschaftsmeldungen und Fotografien druckt – eine Präsenz, der sich das Lesepublikum kaum entziehen kann. Diese Entwicklung führt Raschke die mediale Beachtung der Naturwissenschaften vor Augen und kann als eine Ursache für den 1931 einsetzenden Versuch gedeutet werden, dem Thema Naturwissenschaft in der *Kolonne* selbstständig Rechnung zu tragen. Die Anführung spezifischer Ergebnisse der Biologie oder Physik als Konzession an das Erscheinungsbild der *Literarischen Welt*, der Zeitschrift *Kosmos* oder einzelner Ausgaben der *Vossischen Zeitung* zu beschreiben, beschränkte Raschkes Programm fraglos auf einen kurzfristigen Wissens- und Bildtransfer. Dennoch liegt auf der Hand, dass Raschke im Kontext seiner publizistischen Arbeit externe Einflüsse aufnimmt, um *Die Kolonne* dem Erscheinungsbild etablierter Zeitschriften anzunähern. Eine konkrete Vorlage, wie sich Literatur

[163] „Was hast Du für Kolonnenpläne?“, fragt Kuhnert Raschke. „Wollen wir nicht Jess auch bitten besonders gute Bilder von Herbert [Volwahsen, A. M.] mit in die Kolonne zu legen, Aufnahmen aus dem Gebirge, Portraits vielleicht auch, und Herbert etwas über Photographieren schreiben lassen, nicht wie man sonst davon schreibt, sondern eben von der Kolonne und dieser merkwürdigen ‚Sachlichkeit' her? Ich denke da an Schneeaufnahmen, an Brennberg und Koppe über dem Nebel, an Wolkenaufnahmen [...].“ Brief im Nachlass Raschkes, SLB. Mscr. Dresd. App. 2531, Nr. 778.

[164] Die Kolonne 2 (1931), Nr. 5, 59-60.

und Naturwissenschaft in einem Presseerzeugnis erfolgreich verbinden lassen, liefert mit der *Literarischen Welt* dabei eine der renommiertesten der über 90 literarischen Zeitschriften und Revuen am Ende der Weimarer Republik, die sich dem Wissenskomplex mit Autoren wie Hans Reichenbach oder Arthur Koestler stellt.[165] In der *Literarischen Welt* findet zudem eine Doppelpräsentation von naturwissenschaftlichen Artikeln und modernen Naturgedichten statt; auch von solchen Lyrikern, die zeitgleich in der *Kolonne* veröffentlichen. Wissenschaftliche Berichterstattung und Zeitungsgedicht bilden aus der Sicht der Redaktion keine vom Layout zu berücksichtigenden Gegensätze und gehen in der Wahrnehmung des Lesers eine – wenn auch nicht angelegte, so doch zumindest nicht unterbundene – Allianz ein. Wer will, kann daraus den Anspruch ablesen, Kunst und Forschung als aufeinander beziehbare Größen zu präsentieren.[166]

Das Anliegen Martin Raschkes ist ein ganz ähnliches und mit dem Anspruch beschreibbar, die Universalität und Unteilbarkeit der Welt durch die Synthese von Dichtung, Wissenschaft und Fotografie zu symbolisieren. Anders als *Die literarische Welt*, die vor allem über die Informationsbreite Einfluss auf den Leser nimmt, begrenzt Raschke das naturwissenschaftliche Wissen von vornherein auf einzelne Elemente, die er für anschlussfähig erachtet. Hierin besteht daher auch der entscheidende Unterschied in der ‚Berichterstattung' beider Zeitschriften, der bereits im Redaktionskonzept angelegt ist oder durch dieses befördert wird, auch wenn die Größe der Verlagsbudgets die Wahlmöglichkeiten eingeschränkt haben dürfte. Während die *Literarische Welt* ihre Beiträge in der Reihe *Der gegenwärtige Stand der Wissenschaften* vornehmlich durch Fachautoren schreiben lässt und eine Darstellung der Inhalte vom Tenor der literarischen Aufsätze entkoppelt, wählt Raschke die naturwissenschaftlichen Kurzmeldungen selbst aus bzw. betätigt sich als Autor. Auf die Instrumentalisierung der Wissenschaften, nicht auf die Vermittlung wissenschaftlicher Ergebnisse, die zumindest eine Facette der Berichterstattung in der *Literarischen Welt* bildet, ist dabei sein Augenmerk gerichtet. Eine andere Facette soll im Folgenden in Anlehnung an Klaus Hentschel vorgestellt werden.

5. Kompetenzansprüche

Es ist anhand der Beiträge in der *Literarischen Welt* deutlich geworden, dass nicht allein die populärwissenschaftliche Presse Gegenstand des wechselseitigen Spiels aus Umwerben und Funktionalisieren ist, das den Umgang der Physik mit den Medien

---

[165] Angabe bei Norbert Weiß (2002): Umgebung einer Jugend, in: Martin Raschke (1905-1943), 15-24, 15.

[166] Die Redaktion der *Literarischen Welt* unterstützt dieses Anliegen explizit durch den Leitartikel am 15.1.1926, in welchem sie *Männer der Wissenschaft über moderne Literaturprobleme* [Titel des Beitrags, A. M.] sprechen lässt. Der hier interviewte Mediziner Wilhelm His jun. (1863-1934), 1928 zum Rektor der Berliner Universität berufen, antwortet auf die Frage, ob die moderne Wissenschaft auf die Kunst einwirke, ablehnend. Bemerkenswert erscheint das Gespräch jedoch hinsichtlich der Möglichkeit zur Diskussion entsprechender Fragestellungen in diesem Rahmen. Die literarische Welt 2 (1926), Nr. 3, 1.

und dieser mit der Physik kennzeichnet. Autoren wie Reichenbach drängen in einem verstärkten Maße auch in das Feuilleton und suchen den Weg zu einem fachfremden Publikum. Vorbehaltlos lässt sich für dieses Engagement der Wunsch unterstellen, die Ergebnisse der Fachwissenschaft einem größeren Interessentenkreis nahe zu bringen und hierbei den Anspruch des Feuilletons zu nutzen, Ort der Reflexion von Erkenntnisproblemen zu sein, welche im Zusammenhang der modernen Naturwissenschaft auftreten. Ziel dieser Popularisierung ist es, dem Laien die Orientierung im Wissenskontext der Zeit zu erleichtern und über die entsprechende Literatur, aber auch Vorträge, Ausstellungen, das Medium des Films und des Rundfunks weite Kreise anzusprechen und für die Wissenschaft zu begeistern. Zweitrangig sind dabei die emanzipatorischen Implikationen des Popularisierungs- und Wissensbegriffs etwa im 19. Jahrhundert, welche im Sinne einer Wissenschaft als ‚Gemeingut' auch in den 1920er Jahren nachweisbar sind und eine fortschrittsoptimistische Tendenz aufweisen, gegen die sich die Argumentation Raschkes wendet.[167]

Um die fachwissenschaftlichen Informationen vor einem größeren Publikum auszubreiten, ist es unabhängig von der Wechselseitigkeit des Verhältnisses zwischen Fachwissenschaft und Öffentlichkeit unabdingbar, diese aus dem Zusammenhang rein wissenschaftlicher Erkenntnisprobleme zu lösen und in ein Interessenfeld von übergeordneter Bedeutung einzubinden. Entscheidend für die Popularisierung des Wissens, die in den meisten Fällen als Grundlage einer Auseinandersetzung der Autoren mit den Naturwissenschaften anzusehen ist, erscheint deshalb nicht der Wahrheitsgehalt, den die Texte besitzen. Wichtiger dürfte in den Worten Carsten Kretschmanns die Frage sein, wie effizient das Wissen verbreitet wird, was zugleich

---

[167] Etwa in der Tradition der Zeitschrift *Urania.* Siehe dazu den frontseitigen Artikel *Zum Geleit!* in Heft 1, Oktober 1924, o. Jg.: „Die menschliche Gesellschaft wird ihre politischen, wirtschaftlichen und kulturellen Krisen nur dann überwinden können, wenn möglichst weite Kreise ihr Zusammenleben und -wirken bewußt nach den durch Erkenntnis gewonnenen Gesetzen von Natur und Gesellschaft gestalten. Die Grundbedingung hierfür ist, zu wissen: wir stehen inmitten der Natur und wir sind in einer bestimmten Epoche der menschlichen Gesellschaft Lebende und zu einer bestimmten Gruppe Zählende. [...] Dieses fundamentale Wissen von Natur und Gesellschaft will die ‚Urania' in einer für weiteste Kreise verständlichen Weise vermitteln. [...] ‚Urania'-Veröffentlichungen und ‚Urania'-Vorträge wollen auch zwischen den interessierten Kultur-Organisationen verbindende Brücken schlagen helfen. Das ist in der Gegenwart besonders deshalb wichtig, weil reaktionäre Kreise immer wieder Recht und Freiheit der vorwärtsstrebenden Menschen gewalttätig bedrohen."
Zur begriffsgeschichtlichen Klärung der Popularisierung als Verknüpfung von naturwissenschaftlichem Denken und liberalem Bildungsverständnis siehe die Studie von Andreas W. Daum (1998): Wissenschaftspopularisierung im 19. Jahrhundert. Bürgerliche Kultur, naturwissenschaftliche Bildung und die deutsche Öffentlichkeit 1848-1914, München. Einen Überblick über die Veränderungen des forschungsgeschichtlichen Umgangs mit der Wissenschaftspopularisierung, d. h. die Entwicklung der Vorstellung eines einseitigen Wissenstransfers hin zu wissenschaftssoziologischen Modellen, die eine interaktionistische Bewegung zwischen Experten und Publikum beschreiben, bieten die zitierten Aufsätze von Carsten Kretschmann (2003) und Angela Schwarz (2003). Die Autorin betont, dass gerade für deutsche Autoren ein wichtiger Hintergrund der Popularisierung das hierarchische Verhältnis von Wissenschaft und Öffentlichkeit gewesen sei, das es zu überwinden gegolten habe. Siehe ferner Christian Hünemörder: Einführung zum Thema Popularisierung, in: Gudrun Wolfschmidt, Hg. (2002): Popularisierung der Naturwissenschaften, Berlin, 15-20.

Rückschlüsse auf den erhobenen Vermittlungsanspruch zulässt.[168] Die Formel eines ‚Weltbildwandels' der Physik oder der ‚Revolutionierung' der Annahmen über Raum und Zeit stellen entsprechende Versuche dar, die Wirkung der fachwissenschaftlichen Forschung rhetorisch zu optimieren. Mit der Entspezialisierung des Wissens läuft die Physik hierbei Gefahr, die Deutungshoheit über ihre Gegenstände aus der Hand zu geben und Verfremdungen zu tolerieren. Aus diesem Grund, so lässt sich spekulieren, ist sie auch aus der Sicht Reichenbachs auf Sachverständige angewiesen, um „nicht, wie es jetzt so häufig geschieht, mit den primitiven Mitteln des Laien eine Kritik der Relativitätstheorie zu versuchen".[169] Ein bemerkenswertes Zitat für einen Fachwissenschaftler und Popularisator der Relativitätstheorie, der sich in unzähligen Beiträgen und Buchveröffentlichungen in der Folgezeit vor allem an wissenschaftliche Laien wenden wird. Auf der einen Seite ist die Fachwissenschaft demnach an der Möglichkeit der Publizierung ihrer Ergebnisse in auflagenstarken Foren interessiert, wobei es eine nicht zu übersehende Demonstration des Selbstvertrauens darstellt, das Feuilleton als Lackmustest der eigenen Autoritätswirkung zu begreifen. Auf der anderen Seite hat sich die Physik mit Fehldeutungen und dem Problem der Interpretationskonkurrenz auseinander zu setzen, das mit der Popularisierung zunimmt.

Als ein solcher Versuch, den eigenen Einfluss gegenüber der Presse geltend zu machen, ist auch der bei Hentschel angeführte Brief Reichenbachs an die Schriftleitung des *Berliner Tageblatts* (13.12.1926) zu verstehen, in dem bereits Döblin 1923 *Die abscheuliche Relativitätslehre* veröffentlicht hatte. Reichenbach insistiert in seinem Schreiben darauf, vor dem Hintergrund eines dort erschienenen Artikels zur modernen Physik eine eigene Darstellung verfassen zu dürfen. Denn der entsprechende Beitrag stelle die Problemlage „in durchaus falschem Licht" dar, heißt es sachorientiert, und enthalte „grobe Irrtümer":

> Ich möchte Ihnen deshalb vorschlagen, eine Berichtigung zu bringen, da Sie sicherlich Ihre Autorität als einer der hervorragendsten Berliner Zeitungen nicht in den Dienst dilettantischer Auffassungen stellen möchten. Ich wäre grundsätzlich bereit, eine berichtigende Darstellung für Sie zu schreiben.[170]

Die Reaktion der Schriftleitung fällt anders aus, als von Reichenbach erhofft: Man empfiehlt ihm, sich mit dem Autor des geschmähten Aufsatzes privat auseinander zu setzen und auf diesem Wege zu einer Einigung zu kommen. An dieser Form der Auseinandersetzung unter Ausschluss der Öffentlichkeit hat Reichenbach jedoch verständlicherweise kein Interesse. Aufschlussreich ist die Briefstelle auch hinsichtlich ihrer Rhetorik. Reichenbach verwendet in diesem Zitat gleich zwei Begriffe, die im Zusammenhang der Frage von Bedeutung sind, in welchem Maße die fachliche Kompetenz für den Umgang der Literatur mit den Naturwissenschaften und der Technik entscheidend ist, um diese als Mittel der Distinktion einzusetzen: Autorität und Dilettantismus. Das Autoritätsargument, das nicht selten mit dem öffentlichen

---

[168] Kretschmann (2003), 16.

[169] So Reichenbach bereits 1920, zit. nach Hentschel (1990), 178.

[170] Reichenbach an die Schriftleitung des *Berliner Tageblatts*, hier zit. nach ebd., 191f.

Rang von Personen oder Institutionen gleichgesetzt wird, gewinnt im Sinne eines Vertrauensvorschusses gegenüber dem *Verstehen* an Gewicht, während die Zuschreibung „dilettantische Auffassungen" die Inanspruchnahme einer Deutungshoheit offenbart. Reichenbach besteht auf den Alleinvertretungsanspruch der Fachwissenschaft bei der Interpretation physikalischer Ergebnisse, wobei er den eigenen Expertenstatus anklingen lässt, um diesen Status im Gegenzug zur Popularisierung der Physik und zur Öffnung ihrer Wissensbestände zu nutzen. Aus seiner Sicht scheint es dabei um nicht weniger als die Entscheidung zu gehen, ob die Presse noch externer Sachverständiger bedarf, wenn sie ihre Leser über Grundzüge der Relativitätstheorie informieren möchte. Das Beharren der Schriftleitung einer Tageszeitung auf einem entsprechenden Beitrag zeigt demgegenüber, dass man sich das mittlerweile selbst beherrschbare Thema der Relativitätstheorie nur noch ungern aus den Händen nehmen lässt; auch nicht durch prominente Wissenschaftler. Gleichzeitig wirken die Vertreter der Fachwissenschaft als Autoritäten, die in der Regel eine Attraktivitätssteigerung entsprechender Presse-Artikel bewirken. Beide Seiten tragen somit zur Präsenz der Naturwissenschaften im öffentlichen Raum bei. Auch wenn sie wie in diesem konkreten Fall über die Darstellungshoheit naturwissenschaftlicher Themen streiten.

6. Überblick zu den Aufsätzen und Kurzmeldungen Raschkes

Mit der öffentlichen Aufmerksamkeit für wissenschaftliche Themen und Einzelpersönlichkeiten kann sich der Eindruck verstärken, insbesondere die Physik sei ein kaum zu umgehender Bestandteil der modernen Lebenswelt, der durch die Presseberichterstattung über Gebühr wahrgenommen werde. So bemerkt Benn im Jahr 1933 konträr auch zu Reichenbach, man habe mit der Physik „ein solches Wesen" getrieben und diese zu einem „Balg aus angeblich weltanschaulicher Bedeutung und ruhmvoller Erkenntnis" aufgeblasen, dass „der Zeitungsleser in der Morgen- wie in der Abendausgabe seine Atomzertrümmerung verlangte".[171] Aufschlussreicher als die Verifizierbarkeit wissenschaftlicher Äußerungen ist deshalb die Ausstrahlung der Wissenschaft, für deren Beurteilung qualitative Kriterien zweitrangig erscheinen. Auch am Beispiel Raschkes kommt es weniger darauf an, ob dieser die zeitgenössische Wissenschaft sachgemäß wiedergibt, sie *versteht* oder nicht, als darauf, dass er sie zitieren zu müssen glaubt. Die Gegenstände der Meldungen sind für das Programm der *Kolonne* deshalb nur bedingt als essentiell zu betrachten. Die Argumentation mit Hilfe naturwissenschaftlicher Forschungsergebnisse lenkt den Verdacht hingegen auf die standortbestimmende Dimension der Verwendung spezifischer Begriffe im Sinne eines Nachschreibens des implizit Vorgeschriebenen.

Die staffagenartige Verwendung einzelner Wissensbausteine verdeutlicht sich, wenn man Raschkes literarische Texte der 1930er Jahre vergleichend auf spezifische

[171] Benn: Bekenntnis zum Expressionismus, in: Ders. (1997), 269.

Aussagen hin liest, die durch die Evozierung von Wissensansprüchen in der *Kolonne* nahe gelegt werden. Dazu zählen die Auflösung der Ordnungsfunktion von Raum und Zeit, der Gegensatz von Kausalität und Zufall, die Gegenüberstellung von Subjekt und Objekt, der Verzicht auf mimetische, wirklichkeitsverhaftete Erzählformen. So weisen die von Haefs verzeichneten Beiträge, die nach 1933 erscheinen, weder diese indirekten noch namentliche Bezugnahmen auf die modernen Naturwissenschaften mehr auf. Um einen Eindruck davon zu geben, wie solche terminologischen Bezugnahmen aussehen können, bietet sich ein Seitenblick auf die Erzähler Musil und Broch an. Bei beiden Autoren finden sich über die als solche interpretierbaren Parallelitäten zwischen der Auflösung fest umrissener Zuordnungen und Fixpunkte im Erzählwerk als Ausdruck von Dezentrierung, Entfremdung und Kontingenz als konstituierenden Moderne-Kategorien und Charakteristika eines relativistischen oder probabilistischen naturwissenschaftlichen Wirklichkeitsbildes hinaus Nennungen, welche das Wissen für den Leser unmissverständlich signalisieren sollen.[172] In Musils *Mann ohne Eigenschaften* sind dies etwa der namentliche Hinweis auf die Relativitätstheorie oder den Gebrauch der Bohrschen Atomistik.[173] Ein Beispiel für die Einbeziehung physikalischen Wissens liefert Brochs *Unbekannte Größe* (1933). Neben Fachnamen („der zweite Hauptsatz der Wärmelehre") wird hier das statistische Element der modernen Physik in die Erzählsituation wie folgt integriert:

> Daß die Temperatur in einem Raume stets zu einem Gleichmäßigkeitszustand hinstrebt, daß nicht ein Punkt des Raumes glühend heiß, der andere weltallskalt ist, daß der zweite Hauptsatz der Wärmelehre gilt, daß die Welt nicht plötzlich explodiert, daß die Sonne morgen wieder aufgehen wird, daß uns das Fleisch nicht mit einem Male grundlos von den Knochen fällt, daß unser Gehirn heute noch nach Gesetzen arbeitet, die immerhin als normal zu bezeichnen sind (soferne wir uns ein Urteil darüber erlauben dürfen): dies alles ist Ergebnis eines ungeheuren Zufalls, dies alles ist nicht sicher, sondern bloß nach dem Gesetz der großen Zahlen halbwegs wahrscheinlich, wobei das Gesetz der großen Zahlen auch nur wahrscheinlich ist und jederzeit von einem andern Gesetz abgelöst werden könnte, denn auch dieser Satz ist bloß von Menschenhirnen entdeckt worden, über deren Normalität nichts sicheres auszusagen ist.[174]

Lediglich im *Tagebuch der Gedanken* (1941) wird Raschke auf die wissenschaftshistorisch vormoderne Annahme eines Äthers zurückkommen und im Zusammenhang der Pflanzenphysiologie auf Gustav Theodor Fechner und Maurice Maeterlinck

---

172 Zum Phänomen der Dezentrierung und den Gegenwartsdiagnosen bei Musil und Broch über eine Welt „ohne stabiles Zentrum, ohne gesicherten Ausgangspunkt" siehe unlängst Simon Jander (2004): Die Ästhetik des essayistischen Romans. Zum Verhältnis von Reflexion und Narration in Musils „Der Mann ohne Eigenschaften" und Brochs „Huguenau oder die Sachlichkeit", in: Zeitschrift für deutsche Philologie (ZfdPh) 2004, H. 4, 527-548.

173 Musil (1978), Bd. 1: Der Mann ohne Eigenschaften, 214.

174 Hermann Broch (1995): Die unbekannte Größe [1933], Frankfurt am Main (Kommentierte Werkausgabe Bd. 2, hg. von Paul Michael Lützeler), 47f.

eingehen.[175] Den meisten Reflexionen des *Tagebuchs*, beispielhaft *Beim Betrachten von Pflanzenvergrößerungen*, haftet das Moment der Kontemplation und Zeitversunkenheit an, in der es mit Ausnahme von *Die irrationale Zahl* keine Inbezugsetzung von Wissenschaft, Individuum und Welt gibt.[176] In seinem Tagebuchblatt zu *Schwanensee* (1941) registriert Raschke „mathematische Verwandtschaften" zwischen den Bewegungen im Tanz, den „Kreisbewegungen der Leiber" und den „Parabeln der Flüge", und liefert einen Eindruck von der metaphorischen Produktivität einzelner Begriffe, die bereits an früheren Beispielen aus dem Bereich der Astronomie zu Tage tritt.[177] Dieser Eindruck erscheint umso aussagekräftiger, da Raschkes Publizistik um 1930 mit naturwissenschaftlichen Querverweisen angereichert ist. Dazu können auch solche Anspielungen gezählt werden, die eine kritische Haltung gegenüber den Naturwissenschaften erkennen lassen, indem sie wie bei der Erwähnung Dacqués mit spezifischen Positionen assoziierte Namen aufrufen. Hieran ist ablesbar, wie eng der Rekurs auf die Naturwissenschaften an die Herausgeber- und Rezensententätigkeit gebunden ist, die von der Wissenschaftsberichterstattung um 1930 beeinflusst wird. In den Rezensionen und Aufsätzen, die zwischen 1929 und 1932 in der *Literarischen Welt* und der *Kolonne* publiziert werden, lassen sich neben den Kurzmeldungen zu (1.) Werner Heisenberg und der Unbestimmtheitsrelation, (2.) Robert Andrews Millikan und der Erforschung der kosmischen Strahlung, (3. und 4.) Otto Warburg und der Erforschung der Zellatmung bzw. (5.) der Meldung über die Entstehung einer Kaninchenrasse sieben Beiträge benennen, in denen Raschke entsprechende Wissenselemente oder Namen anführt.[178] Diese Beiträge sind die Aufsätze und Rezensionen: (6.) *Gottfried Benn*[179], (7.) *Der kosmische Snob*[180], (8.) *Eine Geschichte der Erde*[181], (9.) *Die*

---

[175] *Äther*, 116-121, *Beim Betrachten von Pflanzenvergrößerungen*, 126-127, *Die Intelligenz der Pflanzen*, 127-130, in: MR (1941): Tagebuch der Gedanken, Leipzig.

[176] MR (1941), 84-87. Als irrational werden Zahlen bezeichnet, die sich nicht als Bruch darstellen lassen. Dazu gehören algebraische Zahlen, etwa die Wurzel aus 2, und so genannte Kreiszahlen, etwa die Eulersche Konstante. *Die irrationale Zahl* kann als eine späte Referenz an den Verzicht auf eine letztgültige Logik der Dinge verstanden werden, indem sie ein mathematisches Ausschlusskriterium anzeigt. In Raschkes Beitrag wird auf einen Schiff fahrenden Mathematiker abgehoben, der einer antiken Sage nach von Bord gestoßen worden sei, da er eine bis dahin geschlossene Vorstellungswelt zur Erschütterung brachte.

[177] MR: Im Schatten der Front. Aufzeichnungen, zit. nach: Hinweis auf Martin Raschke. Eine Auswahl der Schriften, hg. und mit einem Nachwort versehen von Dieter Hoffmann, Darmstadt 1963, 71.

[178] *Eine Zeitungsmeldung* zu Heisenberg, in: Die Kolonne 2 (1931), Nr. 6, 69; *Die unaufhörliche Schöpfung* zu Millikan, in: Die Kolonne 2 (1931), Nr. 6, 72. Unter dem selben Titel erscheint auch die Meldung zur Entstehung einer Kaninchenrasse, in: Die Kolonne 3 (1932), Nr. 2, 27. Die Forschungen Otto Warburgs werden in zwei Artikeln Raschkes abgehandelt: Die Kolonne 3 (1932), Nr. 2, 22, ohne Titel, bzw. unter Raschkes Pseudonym Peter Anders: *Über die Anfänge des Lebens*, in: Die Kolonne 3 (1932), Nr. 2, 26.

[179] Die Kolonne 1 (1930), Nr. 6, 35-36. Der Beitrag erwähnt die Deszendenztheorie Darwins.

[180] Die Kolonne 1 (1930), Nr. 9, 59-60; Die literarische Welt 7 (1931), Nr. 5, 5-6. Die Rezension von Henselings zitiertem Band *Der neu entdeckte Himmel* geht auf die Ergebnisse der Spiralnebelforschung ein und verwendet eine Reihe einschlägiger astrophysikalischer Begriffe.

[181] Die Kolonne 2 (1931), Nr. 2, 22f. Diese Rezension von Eugen Georgs Buch *Verschollene Kulturen* (1930) greift Vorstellungen einer Universalwissenschaft auf und spricht im Zusammenhang der Gleichgewichtsstabilisierung der Erde von der Kraft eines gewaltigen Sternenfelds. „Da wäre klar und ohne magisches Wortgepränge zu schreiben, wie die Erde sich allmählich formt und dahindreht, im Gleichgewicht gehal-

Pflanze als Lebewesen[182], (10.) *Über die Aufgabe der „Kolonne"*[183], (11.) *Zu den Gedichten Elisabeth Langgässers*[184], (12.) *Friedrich Schnack: Der Lichtbogen*[185].

Wenn sich Raschke wie in den zuletzt angeführten Beiträgen mit Hilfe entsprechender Fachbegriffe oder Einzelnamen äußern will, ist er auf die Aufbereitung wissenschaftlicher Resultate angewiesen. Anhand der Übernahme bestimmter Sprachkonstruktionen und Interpretationsmuster ist nachweisbar, dass die populärwissenschaftlichen Beiträge für ihn keinen Aufhänger zum Eigenstudium darstellen, sondern bereits als Quellen des Wissens behandelt werden. So sind es die von Raschke selbst bezichtigten „stoffhungrigen Zeitungen", die in der Hoffnung rezipiert werden, entsprechende Aussagen oder Begriffe für die eigenen Beiträge destillieren zu können.[186] Damit repräsentiert Raschke nicht den Typus des naturwissenschaftlich interessierten Literaten, der um eine Reflexion des Wissens bemüht ist, sondern den Autor, der über den medialen Hintergrund zu seinen Deutungen und Redewendungen gelangt. Modernes Wissen zu akkumulieren, bedeutet für ihn deshalb nicht nur das Angewiesensein auf massenmediale Informationsquellen. Es steht zugleich für ein Inkaufnehmen empirisch nicht abgesicherter Informationen, die den Eindruck der eigenen Abhängigkeit verstärken.

Obgleich die Angebotsbreite populärwissenschaftlicher Darstellungen einen entsprechenden Schluss evoziert, ist die Präsenz der Wissenschaften im öffentlichen Raum nicht gleichbedeutend mit dem Informationsgrad des Lesers. Das Wissen des Einzelnen hält mit der Dynamik der fachwissenschaftlichen Entwicklung keineswegs Schritt. Mit der Zunahme der Presseberichterstattung kann sich im Gegenteil die Befürchtung steigern, einer Entwicklung informationstechnisch hinterher zu laufen. Gerade der Leser der Tagespresse kann dabei der Empfindung unterliegen, kurzfristigen Entwicklungen gegenüber zu stehen, die der Expertise ebenso kurzfristiger Erläuterungen bedürfen. Nicht allein das Informationsbedürfnis des Laien ist es

---

ten von einem gewaltigen Sternenfeld [...]." Es handelt sich bei dieser Formulierung um die bereits von Newton beschriebene Wirkung von schweren Körpern (etwa der Sonne), deren Masse hinreichend groß ist, um einen anderen Körper im Orbit zu halten.

[182] Die Kolonne 2 (1931), Nr. 4, 42. Hierbei handelt es sich um eine Rezension unter Raschkes Pseudonym Peter Anders von Ernst Fuhrmanns gleichnamigem Bildband, dem auch zwei Aufnahmen von Pflanzen für den Abdruck in der *Kolonne* entnommen werden. Raschke greift die Vorstellung einer Pflanzenbeseelung auf, die nach den Forschungen des indischen Physiologen Jagadis Cunder Bose neu diskutiert werden.

[183] Die Kolonne 3 (1932), Nr. 3, 32. Der Beitrag spricht von den Umrissen einer neuen Universalwissenschaft unter Berufung auf die moderne Biologie.

[184] Die Kolonne 3 (1932), Nr. 2, 20. Der Beitrag bezieht sich auf die Ergebnisse der modernen Astronomie und verwendet den Begriff der Spiralnebel. Hierbei greift Raschke – wissentlich oder nicht – das Phänomen der so genannten Hubbleschen Rotverschiebung auf, nach der sich der Weltraum in Ausdehnung befindet und die Spiralnebel sich auf Grund der Proportionalität von Geschwindigkeit und Entfernung mit steigender Distanz zunehmend schneller von der Erde wegbewegen.

[185] Die literarische Welt 7 (1932), Nr. 7, 5-6. Auch dieser Beitrag verwendet Begriffe der klassischen Physik, indem Raschke – wie in seinem Aufsatz *Eine Geschichte der Erde* – auf die Wirkung eines Sternes eingeht, der „im Gleichgewicht zwischen vielen Schwerefeldern gehalten wird oder durch Jahrmillionen um sein Zentrum wandert in einem unendlichen Raume".

[186] MR: Reisen des Auges, in: Die Kolonne 2 (1931), Nr. 2, 13.

allerdings, welches die Physik am Ende der 1920er Jahre zur Popularisierung ihrer Resultate veranlasst, sondern auch fachinterne Entwicklungen. Wie Hentschel gezeigt hat, nimmt der Raum, den physikalische Zeitschriften wie die *Zeitschrift für Physik* – Heisenberg veröffentlicht hier 1927 seinen Artikel *Über den anschaulichen Inhalt der quantentheoretischen Kinematik und Mechanik*, der die Unbestimmtheitsrelation formuliert – den Diskussionen über Interpretationen theoretischer Arbeiten einräumen, gegenüber den physikalischen Forschungsbeiträgen ab. Die Periodika, so ein Vorwurf, der sich im Zusammenhang mit der Veröffentlichung entsprechender Arbeiten regt, sollen nach der Zunahme von Beiträgen zur Relativitätstheorie wieder ihrer ursprünglichen Bestimmung zugeführt werden, um eine Grenzziehung zu Aufsätzen zu markieren, die als halbwissenschaftlich, „minderwertig" oder „überflüssig" betrachtet werden.[187]

Autoren wie Reichenbach interessieren sich nicht deshalb für die auflagenstarke tagesaktuelle Presse oder den Rundfunk, weil Fachjournale wie die *Zeitschrift für Physik* entsprechende Debatten vermeiden. Dennoch können und müssen in den Massenmedien, vom Aspekt des Leser- oder Hörerschnitts abgesehen, Fragen der philosophischen Interpretation in den Mittelpunkt gerückt werden. Es scheint aus der Sicht einiger ihrer Vertreter somit auch darauf anzukommen, die Physik im öffentlichen Gespräch zu halten, welches nicht zuletzt über ihr Prestige und ihre Förderung gegenüber anderen Wissenschaftszweigen entscheidet. Jedem Physiker ist hierbei die symbolische Bedeutung bewusst, die von Forschertreffen ausgeht, wie sie die *Vossische Zeitung* zum Gegenstand einer Bildmeldung über Einsteins Reise nach Pasadena im Jahr 1931 macht, auf die in Kürze eingegangen wird.

Einer sich rasant entwickelnden Physik gelingt es allem Anschein nach zudem nicht mehr, ihre Kontroversen fachintern erschöpfend zu diskutieren und mithin konsensuell zu schlichten. Stärker als die Relativitätstheorie, die im Wesentlichen in zwei Etappen und in einem zumindest so wahrgenommenen personellen Alleingang entwickelt wird, betrifft dies die Quantentheorie bzw. die Auseinandersetzung zwischen ‚konservativen' Interpretationen der Quantentheorie, wie sie von Einstein oder Schrödinger vertreten werden, und der so genannten Kopenhagener Deutung Bohrs und Heisenbergs am Ende der 1920er Jahre. Hierin ist nicht nur eine erkenntnistheoretische Weichenstellung zu sehen, sondern der Versuch, strittige Fragen zunehmend einer philosophischen Lösung zu überantworten. Über die Publikationen in der Massenpresse ist es daher möglich, Positionen zu diskutieren, die den Leserkreis auflagenschwacher Fachperiodika um ein Vielfaches übersteigen und den Adressatenkreises zu erweitern. So hat auch Reichenbach, der als Verteidiger Einsteins auftritt, weniger ein pragmatisches Interesse daran, dass sich die öffentliche Meinung gegenüber der Relativitätstheorie nicht zur Interesselosigkeit entwickelt, obwohl er von der Nachfrage von Verlagen oder Rundfunkanstalten nach entsprechenden gemeinverständlichen Darlegungen profitiert, solange Einstein und seine rätselhafte Lehre von den unterschiedlichen Zeitmaßen und der Krümmung des

[187] Hentschel (1999), 183.

Raums die Faszination der Öffentlichkeit hervorrufen. Entscheidender ist, dass ein profundes physikalisches Wissen als Eintrittskarte für ein zeitgemäßes philosophisches Verständnis der Welt proklamiert werden kann. Reichenbach ist es daher möglich, gegenüber den „allzu billigen philosophischen Interpretationen der Relativitätstheorie“ einzuwenden, dass er angesichts der Herausforderung der Wissensbestände seiner Zeit nicht verstummen muss, sondern ebenso wie andere logische Empiristen, aber auch wie der religiös motivierte Bavink aufgrund seiner hohen Sachkenntnis vor bestimmten Interpretationsfehlern im Zusammenhang der modernen Naturwissenschaften gefeit ist, die anderen Philosophen unterlaufen.[188] Hierdurch zieht er eine Demarkationslinie gegenüber den nichtempirischen oder weniger wissenschaftsorientierten Strömungen innerhalb der Philosophie.

Bei dem Versuch, eine kleine physikalische Welt zu extrapolieren und deren Relevanz auch für den Nichtphysiker zu unterstreichen, sinken mit den Sprachbarrieren die Konturen der Theorien. Eine esoterische, eine an einen Kreis von Eingeweihten gerichtete Kommunikation, wird zu einem universalen oder exoterischen Kommunikationsvorgang, indem die Inhalte einer Expertenkultur nun einen vergrößerten Interessentenkreis in der Öffentlichkeit finden. Nicht weniger bemerkenswert als die Ergebnisse der Physik sind daher die Instrumentarien der Wissensvermittlung und die Bedeutung der Naturwissenschaften auf dem literarischen Markt und als Thema der Presse. Dabei spielt auch die Personalisierung der Wissenschaften eine Rolle, um dem Wissen der Spezialisten den Weg zum Laien zu bahnen.

7. Der Wissenschaftler als öffentliche Person

Dem Leser der *Vossischen Zeitung* bietet sich am 25. Januar 1931 ein eigenwilliges Bild. In der Redaktionsbeilage *Zeitbilder* finden sich zwei Fotografien, die nur durch kurze Unterzeilen getrennt sind. Bei dem ersten Foto handelt es sich um eine Aufnahme der *60-Jahr-Feier der Reichsgründung im Reichstag*, wobei eine Reihe politischer Prominenter und der Chef der Heeresleitung, Kurt von Hammerstein-Equord, zu sehen sind. Auf dem anderen Foto sind die Physiker Einstein, Albert Michelson, Walter Adams und Robert Andrews Millikan zu erkennen, die im Rahmen der Amerika-Reise Einsteins in Pasadena über die Kosmologie des Raums debattieren. Wenn der Seitenaufbau deshalb an dieser Stelle richtig interpretiert wird, dann werden beide Fotos hinsichtlich ihrer Attraktivität für den Leser als ebenbürtig eingestuft, was bemerkenswert erscheint. Die Feier zum 60. Jahrestag der Reichsgründung, die nach dem Versailler Vertrag eine kaum zu steigernde Symbolwirkung im Weimarer Bewusstsein besitzt, wird durch die Redaktion einer führenden deutschen Tageszeitung zusammen mit einem Foto abgedruckt, auf dem einige (mehrheitlich amerikani-

[188] Zu dieser Einschätzung Bavinks Hentschel (1993), 2; Reichenbach zit. nach Hentschel (1990), 187.

sche) Astrophysiker zu sehen sind, die der Frage der – theoretischen – Veränderlichkeit des Universums nachgehen.[189]

Die Zusammenstellung der *Vossischen Zeitung* verdeutlicht den Stellenwert, den die Physik als ‚Thema' der Öffentlichkeit besitzt, obgleich ihre Ergebnisse im Zusammenhang mit Theorien, Hypothesen oder Gedankenexperimenten auftauchen. Dabei erscheint es für die Vermittlung der Physik als Bestandteil eines bunten Nachrichten- und Unterhaltungsspektrums bezeichnend, dass diese mit Einzelpersonen verbunden wird, welche mitunter stellvertretend für spezifische wissenschaftliche Inhalte Beachtung finden. Wie gesehen, ist es neben Reichenbach kein Geringerer als Erwin Schrödinger, Nobelpreisträger des Jahres 1933, der sich in der *Vossischen Zeitung* zu Fragen von *Naturwissenschaft und Ethik* äußert. Der ebenfalls an der Entwicklung der Quantentheorie beteiligte Physiker Louis de Broglie, 1929 Nobelpreisträger, veröffentlicht in Bavinks Zeitschrift *Unsere Welt* im Jahr 1930 einen mehrseitigen Artikel mit dem Titel *Naturnotwendigkeit und Ursächlichkeit in der Physik*.[190]

Repräsentanten des Wissens besitzen vor allem dann eine autoritätsfördernde Funktion, wenn sich das Wissen der individuellen Nachprüfbarkeit entzieht. Das Phänomen des Personenkults geht dabei über Fragen der wissenschaftlichen Empirie hinaus und offenbart die vertrauensstiftende Wirkung einer inszenierten ‚Nähe', die der Soziologe Richard Sennett als Gegenprinzip zur tatsächlich vorhandenen Anonymität beschrieben hat, die auch eine Anonymität des Wissens sein kann. Mit der Ideologie der Intimität bezeichnet Sennett hierbei die Suche nach Symbolfiguren, deren Leben zum medial transportierten Schauobjekt des Massenindividuums wird, wie das Interesse an allen Aspekten der Einsteinschen Biografie bis in die Gegenwart hinein verdeutlicht.[191] Die Sehnsucht nach Medialität kann im Kontext der Wissenschaftswahrnehmung dahin gehend ergänzt werden, dass bei der Aneignung des Wissens Personen als relevant erachtet werden, um den Abstrakta der Fachwissenschaft ein Gesicht zu verleihen. Das Interesse an der Wissenschaft gilt darum auch vertrauten Einzelakteuren, die in erster Linie Figuren des öffentlichen Lebens sind und erst in zweiter Linie Vertreter einer spezifischen Wissenschaft. Diese Tendenz lässt sich auch am Beispiel der *Kolonne* studieren, wobei es vor allem die Zuordnungsfunktion der Fachvertreter ist, auf die durch Raschke spekuliert wird. Die Anführung von Verfassernamen im Zusammenhang naturwissenschaftlicher Kurzbeiträge macht deutlich, dass Raschke dem informationsbeladenen Leser Orientierungspunkte mit Hilfe populärer Einzelpersonen anbietet, von denen er möglicherweise schon Fotos gesehen oder spezifische Begriffe aufgenommen hat, ohne sich für wissenschaftsbezogene Aspekte interessiert zu haben. Seien es Warburg, Millikan oder aber Heisenberg als Bezugsinstanz einer Meldung zur Unbestimmtheitsrelation:

---

[189] Vossische Zeitung (Beilage Zeitbilder) Nr. 4 (25.1.1931), 2.
[190] Unsere Welt 22 (1930), H. 3, 65-70.
[191] Richard Sennett (2002): Verfall und Ende des öffentlichen Lebens. Die Tyrannei der Intimität, Frankfurt am Main, hier zit. nach der 13. Aufl., vor allem 329ff.

Die Namen, die Raschke als Autoritätsargument aufruft, besitzen durch die Berichterstattung einen hohen Wiedererkennungswert.

Die Wissenschaft selbst ist an dieser personengebundenen Wahrnehmung ihrer Ergebnisse nicht unbeteiligt. Obgleich sie das öffentliche Gespräch nicht kontrollieren kann, stehen namhafte Physiker für den Versuch, die Verbreitung einzelner Resultate über den Steigbügel der Popularisierung und Personifizierung voranzutreiben und jenes „berüchtigte Zuschneiden des Rockes der Wissenschaft auf den Leib des ‚gemischten Publicums'" vorzunehmen, das Nietzsche attackierte, als er den Gelehrten vorwarf, selbst Teil dieses Publikums zu sein und daher seine Bedürfnisse zu kennen.[192] Sie bezeugen damit den Wunsch, über charismatische Einzelfiguren den Weg zu einem nach den Gesetzen des Buch- und Pressemarktes zunehmend breiter aufgestellten Lesepublikum zu finden. Die Arbeitsteiligkeit der Wissenschaften wird dabei mitunter nicht ungern zu Gunsten wissenschaftlicher Geniestreiche aus einer Hand unterschlagen, wozu es insbesondere im Hinblick auf die Relativitätstheorie keiner Belege bedarf.

Die Personalisierung der Wissensansprüche stellt kein Phänomen der Moderne dar. Sie findet vor allem im 18. Jahrhundert in den Lobgesängen auf Newton einen historischen Vorläufer. Dieser Verehrung kommt die Einstein-Begeisterung im frühen 20. Jahrhundert nahe, wie auch die bei Julius Springer erschienene Monografie Max Borns über *Die Relativitätstheorie Einsteins und ihre physikalischen Grundlagen* (1920) beweist. Das Buch fällt in einen Zeitraum, in dem die wissenschaftlichen Veröffentlichungen über die Relativitätstheorie im europäischen Kontext ihren Höhepunkt erreicht haben. Born zeichnet durch den Verzicht auf den Wissenschaftskontext jenes Bild eines isolierten Denkers, das symptomatisch für die Rezeption der Relativitätstheorie als Werk geradezu geniegleichen Charakters ist. Einstein entsteht in den Ausführungen nicht nur als Schöpfer der Relativitätslehre, die mit der Bedeutungseinschränkung der Begriffe Raum und Zeit das Gebäude des naturwissenschaftlichen Weltbildes kröne. Der ehemalige Patentbeamte wird als ein ikonengleich anmutender „Mittelpunkt der physikalischen Welt" gefeiert, der immer „seine eigenen Wege" gegangen sei und durch „prophetisches Vorhersagen" der Naturerscheinungen auch das physikalische Begriffssystem verändert habe. „Wir Physiker verehren in ihm den Führer in eine neue Epoche der Forschung."[193] Abgerundet wird die Monografie mit einem Einstein-Porträt im Halblicht, das ab der zweiten Auflage fehlt.[194]

Born wirkt an der Generierung eines personengebundenen Wissenschaftsbildes mit, indem er einen Protagonisten weiter in das Scheinwerferlicht der Öffentlichkeit rückt und den kooperativen Charakter der Forschung unterbetont. Zugleich ist diesem Urteil die von Hentschel vertretene Einschätzung hinzuzufügen, dass es sich

---

[192] Nietzsche (1988), Bd. 1, 301.

[193] Born (1920), 238.

[194] Born bezeichnet das Werk, das er in der Erstausgabe noch mit dem Titel „gemeinverständlich" klassifiziert hatte, nun zudem mit „elementar". So heißt es im Vorwort zur zweiten Auflage (1921), IX: „Um den Anschein zu vermeiden, daß persönliche Teilnahme sich in meine wissenschaftliche Überzeugung eindränge, habe ich das Bild und den Lebenslauf Einsteins in der neuen Ausgabe fortgelassen."

gegenüber den Popularisierungsversuchen der Physik mit einem zum Teil verfremdenden Charakter beim Beispiel Borns um den Versuch einer seriösen Wissensverbreitung handelt. Dem Buch kann weiterhin das Anliegen einer Historisierung zu Gute gehalten werden, welche das Wissen weniger abstrakt erscheinen lässt und dem Leser über eine exponierte Persönlichkeit die Möglichkeit der Einordnung bietet. Die Einstein-Kritiker, dies wäre hinzuzufügen, verfahren in gewisser Weise spiegelbildlich, indem sie eine herausragende wissenschaftliche Leistung *ad personam* bestreiten. Die Vorgehensweise Philipp Lenards, der 1921 in den *Annalen der Physik* einen Hinweis auf die Voraussage der Lichtablenkung durch den deutschen Naturforscher und Geodäten Johann Georg von Soldner lanciert, aber auch die Physik in der Zeit des Nationalsozialismus dokumentieren, dass man die Ausnahmeleistung Einsteins *als Person* in Frage stellt. Der Hinweis auf wissenschaftsgeschichtliche Vorläufer ist deshalb ein wirkungsvolles Mittel der Desavouierung.[195] Ein anderes Mittel

[195] Lenard schreibt die Vorbemerkung zu Soldners Bericht über die Ablenkung des Lichts, um den Prioritätsanspruch der Raumkrümmung durch massereiche Körper in der allgemeinen Relativitätstheorie zu zerstören. Ders. (1921): Vorbemerkung zu: Über die Ablenkung eines Lichtstahls von seiner geradlinigen Bewegung durch die Attraktion eines Weltkörpers, an welchem er nahe vorbeigeht; von J. Soldner, 1801, in: Annalen der Physik 15 (1921), 593-604, hier 594ff.: „*Soldners* Berechnung gründet sich auf die bloße, sehr einfache und klar hingestellte Annahme von Masse und dieser proportionalen Schwere des Lichts. 110 Jahre später hat Herr *Einstein* dieselbe Ablenkung auf einem anderen, aber keineswegs einfacheren noch auch einwandfreien Wege hergeleitet, nämlich mittels seiner, bekanntlich Raum- und Zeitbegriffe umwälzenden Relativitätstheorie, und zwar einer erweiterten Form derselben. Die Relativitätstheorie ist viel beachtet worden; es verdient demgegenüber auch *Soldners* so viel ältere Leistung der allgemein zugänglichen Hervorhebung, um so mehr als – wie stets in solchen Fällen – niemand sagen kann, in welchem Maße die ältere Leistung Anlaß und Stütze für spätere Beschäftigung mit demselben Gegenstand gewesen war [...]. Eine Bestätigung von *Soldners* einfacherem Gedanken ist es also, wenn eine Lichtstrahlkrümmung in dem von *Soldner* zuerst berechneten Betrage bei der Sonne nachgewiesen wird und nicht etwa eine Bestätigung der Relativitätstheorie wie man ganz ungerechtfertigter Weise allgemein annimmt." [Hervorhebungen i. O.] Dasselbe Argument liegt auch dem Wink auf den im Ersten Weltkrieg gefallenen österreichischen Physiker Friedrich Hasenöhrl zu Grunde. Ebd., 595.
Der Hinweis auf Soldner als Beweis eines wissenschaftsgeschichtlichen Vorläufers zum Zwecke der Autoritätskritik an Einstein wird durch Ludwig Klages (1960) im *Geist als Widersacher der Seele* wiederholt. Klages schreibt dort auf Seite 791: „Zwar konnte sich der Verfasser dieser Zeilen bisher nicht überzeugen, daß die *physikalische* Relativitätstheorie in der Physik auch schon etwas *geleistet* hätte, und noch weniger wollte ihm der Beweiswert derjenigen Phänomene einleuchten, die der Relativismus zu erklären beansprucht. Die berühmte Ablenkung von Lichtstrahlen durch die Gravitation z. B. wurde nach einer ‚Mitteilung' *Lenards* im 15. Heft der ‚Annalen der Physik', 4. Folge, Band 95 (1921), S. 593, bereits vor 120 Jahren von dem deutschen Mathematiker *Soldner* nicht bloß behauptet, sondern auch *richtig berechnet*, ohne daß dabei im mindesten relativistische Erwägungen mitgespielt hätten. Allein solche Zweifel mögen an der physikalischen Unbildung des Verfassers liegen; und jedenfalls ist die physikalische Relativitätstheorie eine Angelegenheit, welche die Physiker unter sich ausmachen müssen. Den *Metaphysiker* beschäftigt etwas anderes." [Hervorhebungen i. O.] Zur Aufnahme der Relativitätstheorie und der Kritik an Einstein allgemein siehe die Aufsätze Hubert Goenners (1992): The Reception of the Theory of Relativity in Germany as Reflected by Books Published Between 1908 and 1945, in: Jean Eisenstaedt und Anne J. Knox (Eds.): Studies in the History of General Relativity, Boston, 15-38; Ders. (1994): The Reaction to Relativity Theory in Germany: "A Hundred Authors against Einstein", in: John D. North (Ed.): The Attraction of Gravitation, Basel/Boston/Berlin, 248-273. Weiterhin Lewis Pyenson (1987): The Relativity Revolution in Germany, in: Thomas F. Glick, Ed. (1987): The Comparative Reception of relativity, Dordrecht/Boston/Lancaster/Tokyo, 59-111; Richard Stanley (1998): On the Histories of Relativity. The

ist die Argumentation, dass Theorieentwicklungen als notwendig erachtet werden und daher die Annahme besteht, dass sich bestimmte Erkenntnisse unabhängig von den personalen Eigenschaften der Träger durchsetzen und über kurz oder lang jemand anderes zu den selben Ergebnissen gekommen wäre wie Einstein.

Propagation and Elaboration of Relativity Theory in Participant Histories in Germany, 1905-1911, in: Isis 89 (1998), 263-299; Elton Lewis (1986): Einstein, General Relativity and the German Press, in: Isis 77 (1986), 95-103.

IV. Das Wissen um das Ganze. Vorstellungen von Ganzheitlichkeit um 1930

Obgleich die Popularisierung die Physik zunehmend in das Blickfeld der Öffentlichkeit rückt, kann sie bestimmte Vorbehalte nicht ausräumen. Das Befremden gegenüber einer abstrakten oder spekulativen Wissenschaft kann im Gegenteil als ein verstärkendes Moment für die Attraktivität ganzheitlich-morphologischer Konzepte angesehen werden, die auch um 1930 untrennbar mit dem Namen Goethes verbunden sind. Die Vorstellung, dass hinter den Erscheinungsformen in der Natur ein urbildhafter Bauplan stecke, der sich vom Spiralnebelbild bis in den kleinsten Insektenflügel zurückverfolgen ließe, erfährt deshalb nicht allein im Rahmen typologischer oder gestalthafter Wissenschaftskonzepte seit der Jahrhundertwende eine Akzeptanzvergrößerung, deren Gemeinsamkeit aus der Ablehnung eines mechanistischen Naturbilds und der Suche nach Alternativen zu Quantifizierung und Formalisierung als den Signaturen der modernen Wissenschaftsentwicklung erwächst.[196] Aus dem Bekenntnis zu Ganzheit, Plastizität und dem Wunsch nach Integrationsfähigkeit ist nicht zuletzt der Unmut über den Anschaulichkeitsverlust abzulesen, der Kritiker zum Sturmlauf animiert. „Zurück zu Goethe" ist dabei eine der Forderungen, die als Antwort auf das vermeintlich nicht-synthetische Weltbild der Physik erhoben werden und in der Zwischenkriegszeit eine Blütezeit erleben.[197]

Die Goethe-Begeisterung der ausgehenden 1920er Jahre, die im Jubiläumsjahr 1932 einen Höhepunkt erreicht und Raschke zu einem Leitartikel in der *Literarischen Welt* verhilft, ist im Zusammenhang der Untersuchung daher hinsichtlich folgender Überlegungen aufschlussreich.[198] Es handelt sich dabei um die Idee einer Überwindung der wissenschaftlichen Kompetenz durch das Moment der Eingebung oder Intuition, dem bereits die Wissenschaft des ausgehenden 19. Jahrhunderts gehuldigt hatte, etwa Hermann von Helmholtz in seiner Rede mit dem verheißungsvollen Titel *Goethes Vorahnungen kommender naturwissenschaftlicher Ideen*. Hierbei steht das Argument der Methodenfreiheit für die Entdeckung naturwissenschaftlicher Ideen im Vordergrund, die Helmholtz am Beispiel Michael Faradays als eine „wunderbare Spürkraft

---

[196] Zum Gestalt-Aspekt, der Renaissance morphologischer Wissenschaftskonzepte nach 1933 und der beglaubigenden Rolle Goethes siehe Ralf Klausnitzer (2000): Fallstudien der interdisziplinären Wissenschaftsforschung. Am Beispiel der disziplinübergreifenden Rezeption des Gestalt-Konzepts in den 1930er/1940er Jahren, in: Jörg Schönert, Hg. (2000): Literaturwissenschaft und Wissenschaftsforschung, Stuttgart/Weimar, 209-256, bzw. zuvor Ders. (1999): Blaue Blume unterm Hakenkreuz. Die Rezeption der deutschen literarischen Romantik im Dritten Reich, Paderborn/München/Wien/Zürich, 420ff. Zur integrativen Funktion eines kontingenten Gestalt-Begriffs in den Wissenschaftsdiskursen der 1930er und 1940er Jahre ebenfalls Klausnitzner (1999), 414ff.

[197] Die Äußerung geht auf den Biologen Ludwig v. Bertalanffy zurück, zit. nach Harrington (2002), 72, Anm. ebd., 396.

[198] MR: Noch eine Aufgabe zum Goethe-Jahr, in: Die literarische Welt 7 (1931) Nr. 43, 1-2.

in der Auffindung neuer Phänomene" beschreibt.[199] Nicht von ungefähr weist Helmholtz im Zusammenhang mit Goethes Morphologie darauf hin, dass zu der analogen Lehre von der Metamorphose der Blätter im Pflanzenreich ein Künstler den Anstoß gegeben und die wesentliche Richtung vorgezeichnet habe, welche die vergleichende Anatomie seit jener Zeit nehme.[200] Goethes Doppelbegabung wird als wegweisend empfunden, indem sie das Geniemoment des Künstlers für eine Erkenntnisweise der Natur produktiv macht, die nicht faktengläubig ist.

Nicht minder entscheidend für die Inanspruchnahme erscheinen zwei andere Argumente. Wie im Zusammenhang mit der Ausstrahlung Goethes auf die Naturwissenschaft des 19. Jahrhunderts angesprochen, erheben sich die disziplinären Gegensätze zwischen Natur- und Geisteswissenschaft in Goethe zu einer höheren Entität. Mit der Anschaulichkeit als Kategorie seines Wissenschaftsverständnisses steht Goethe zudem gegen einen als solchen nicht selten titulierten ‚entwirklichenden' Rationalismus. Anders als die Konstruktion eines mechanistischen Naturbildes ist das anschauliche Erfassen gleichbedeutend mit der notwendigen Wahrnehmung eines Ganzen, indem etwa die Gestalt nicht analytisch zerlegt und ursächlich erklärt werden kann, sondern nur in seiner Einheit zu fassen ist. Angesichts aufklaffender innerdisziplinärer Erklärungslücken nimmt Goethe daher nicht nur im Rahmen von Typologien und die Gestalt betonenden Wissenschaftskonzepten in der Biologie eine Beglaubigungsfunktion ein, sondern dient auch in der Physik als Loyalitätsbeweis im Hinblick auf einen bestimmten Wissenschaftsbegriff.

Der Gegensatz, der Goethe abgestoßen habe, hatte Helmholtz 1892 bemerkt, sei gegen die „Abstraktionen anschauungsleerer Begriffe" der damaligen Physik gerichtet gewesen.[201] Vergleichbare Einschätzungen, die den Begriff der Schau als zentrales Element der Goetheschen Wissenschaft kennzeichnen, finden sich auch in der Folgezeit. „Diese monströse Wissenschaft", schreibt Benn vierzig Jahre nach Helmholtz, „in der es nichts gibt als unanschauliche Begriffe, künstlich abstrahierte Formeln, das Ganze eine im Goetheschen Sinne völlig sinnlose konstruierte Welt".[202] Mit dem Hinweis auf die Unanschaulichkeit und den Konstruktionscharakter der Naturwissenschaften führt er dabei zwei Stichworte an, die für die wissenschaftskritische Haltung einer Reihe von Autoren in Raschkes ideeller Nachbarschaft bezeichnend sind und den Gedanken einer „Abstraktion, vor der wir uns fürchten", aufnehmen, den Goethe im Vorwort seiner Farbenlehre benennt.[203] Das

[199] Hermann von Helmholtz: Goethes Vorahnungen kommender naturwissenschaftlicher Ideen [1892], in: Ders. (1971): Philosophische Vorträge und Aufsätze. Eingeleitet und mit erklärenden Anmerkungen hg. von Herbert Hörz und Siegfried Wolgast, Berlin, 337-364, 354.

[200] Helmholtz: Über das Verhältnis der Naturwissenschaften zur Gesamtheit der Wissenschaften [1862], in: Ders: (1971), 79-108, 97.

[201] Helmholtz (1971), 352. Zum Einfluss Goethes auf Helmholtz siehe die Studie von Partenheimer (1990).

[202] Benn: Bekenntnis zum Expressionismus, in: Ders. (1997), 269.

[203] Siehe dazu Goethes Werke in 14 Bänden (Hamburger Ausgabe), München, Bd. 13: Naturwissenschaftliche Schriften I. Textkritisch durchgesehen und kommentiert von Dorothea Kuhn und Rike Wankmüller. Mit einem Essay von Carl Friedrich von Weizsäcker, 317.

Wissen um das Ganze, von dem bei Raschke die Rede sein wird, ist deshalb nicht Ausdruck einheitswissenschaftlicher Vorstellungen, sondern des Glaubens an die Nicht-Abstrahierbarkeit, Nicht-Separierbarkeit und Nicht-Isolierbarkeit der Natur.

1. *Vom Sinn des Naturerkennens*

Bei der Betrachtung des Benn-Zitates fallen zwei Überschneidungspunkte unmittelbar ins Auge, die zwischen der Beurteilung von Goethes Wissenschaft und zitierten Äußerungen zur modernen Physik, etwa in Döblins Artikel über *Die abscheuliche Relativitätslehre* bestehen: die Kritik an Abstraktheit und Zuordnungslosigkeit des Wissens. Als die *Neue Rundschau* des S. Fischer Verlages 1932 eine Reihe namhafter Autoren bittet, am Heft zum 100. Todestag Goethes mitzuwirken, beteiligt sich auch Benn. In seinem vielbeachteten Aufsatz *Goethe und die Naturwissenschaften* beschreibt er den Goetheschen Affront gegenüber Newtons Physik als eine Auseinandersetzung mit dem Intellektualismus und der instrumentell oder formelhaft erzeugten Welt überhaupt, die anders als Goethes Natur-Begriff auf einer Mathematisierung beruht. Obwohl auch Benn den Unterschied zwischen Goethes Farbenphysiologie und Newtons physikalischer Lichttheorie als Hinweis auf die Unvergleichbarkeit beider Auffassungen deutet, nimmt er eine nicht zu verkennende Hierarchisierung vor. Goethes Vorgehensweise, heißt es, sich die Natur wahrnehmend anzueignen, sei „für uns heute von so enormer Aktualität“, da sie den programmatischen Gegensatz zum mathematisch-physikalischen Prinzip darstelle – den „Gegensatz von Natur, Kosmos, Bild, Symbol oder Zahl, Begriff, Wissenschaft; von Zuordnung der Dinge zum Menschen und seinem natürlichen Raum oder Zuordnung der Begriffe in widerspruchslose mathematische Reihen“. Oder aber mit

> einem Wort, es ist die Problematik, die uns aus jedem Vortrag in jedem Hörsaal, in jeder Akademie, in jedem Institut heutigentags entgegentritt, uns, mitten, wie wir hören, im Zusammenbruch des zweiten großen rationalistischen Erfassungsversuchs der Welt, Parallele zum Ausgang der Antike, uns, vor deren Augen die Relativitätstheorie durch Auflösung des physikalischen Raums den idealen, den aus den ästhetischen Kategorien Kants, doppelt beschwört, die Philosophie thematisch wie in ihren repräsentativen Dialektikern sich zur reinen Ontologie wendet, die Quantentheorie aus dem Munde Plancks in seinem Vortrag im vorigen Jahr in der Kaiser-Wilhelm-Gesellschaft: „Der Positivismus und das physikalische Weltbild“ den Begriff der Realität, diesen, wie er selber sagt, metaphysischen Begriff in hoher Inbrunst ehrt, mit einem Wort uns, in deren Gegenwart die geistig-wissenschaftliche Gesamtvernunft das komplizierte, zerfaserte, hybrid gesteigerte Begriffsnetz der modernen induktiven Naturexegese beiseite schiebt und eine neue, die alte, Wirklichkeit durch Wiedergewinnung eines natürlichen Weltbildes sucht.[204]

[204] Benn: Goethe und die Naturwissenschaften [1932], in: Ders. (1997), 175-205, 193f.

Benn leitet die Sendung von Goethes Naturwissenschaft aus den Fragen und Erkenntnisproblemen des modernen Wissenschaftszeitalters ab, welches nach der Wiedergewinnung eines nicht-mechanistischen Weltbildes trachte. Dabei wird er mit dem Hinweis auf Plancks Berliner Rede konkret und versucht, dem eigenen Standpunkt mit Hilfe eines Kenntnisnachweises Glaubwürdigkeit zu verleihen. Aus seiner Sicht hat in Goethe eine Tradition überwintert, die als Alternative zum „komplizierte[n], zerfaserte[n], hybrid gesteigerte[n] Begriffsnetz" der mathematischen Naturwissenschaft empfunden wird und den methodischen Gegensatz zwischen Kunst und Wissenschaft aufhebt. Exemplarisch setzt Benn das anschauliche Denken, „von dem Goethe meinte, daß es die bedeutendste Hinterlassenschaft seiner Epoche an das neunzehnte Jahrhundert" darstelle, mit dem „von diesem Jahrhundert tatsächlich entwickelten mathematisch-physikalischen, also gänzlich unanschaulichen Weltbild" kontrastiv ins Verhältnis.[205]

Benn liegt mit seinem Aufsatz, der einerseits auf die Inkommensurabilität von Farbenlehre und physikalischer Optik abhebt, andererseits eine nicht zu übersehende Vorteilsnahme darstellt, im Stimmungstrend der Zeit. Goethes Denken beginne „zu uns zu sprechen", orakelt auch Gunther Ipsen in einem Beitrag für die *Literarische Welt* im selben Jahr, denn es helfe, sich der eigenen historischen Situation bewusst zu werden. Dabei benennt Ipsen drei Argumente, die im Zusammenhang der Darstellung von Horst Langes Aufsatz *Landschaftliche Dichtung* (1933) in Kürze auftauchen werden: die Abkehr von einer vorurteilsfreien Wissenschaft, die Gegenständlichkeit des Denkens, der Glaube an die Ganzheitlichkeit der Welt. Ipsen, der zeitgleich Goethes Schriften zur Natur- und Farbenlehre herausgibt, schreibt:

> Wir halten den Gedanken des neunzehnten Jahrhunderts von der Vorurteilslosigkeit der Wissenschaft für einen Köhlerglauben: man mag sich die Vorurteile der Wissenschaft zum Bewußtsein bringen und bewußt in die Resultate mit einsetzen, man mag sie in die axiomatischen Voraussetzungen abschieben – immer bleibt eine Vorbestimmtheit und Vorgeformtheit der Wissenschaft, die ihr als „philosophische Ingrediens" wesentlich ist. [...] Wir haben erkannt, daß der Blick nach innen in einem bloßen Zwischenreich von Schatten und abgeleiteten Erscheinungen verweilte, daß er sich in einem Binnenkreise umtrieb und darin fruchtlos oder schamlos wurde. [...] Endlich jene Entdeckung, die Goethe zumeist als organische Bildung bezeichnete, die wir heute als Ganzheit, Gestalt und Sinn neu gefunden haben: in allen Dingen eine eigene Tiefe und Rang und Ordnung zwischen ihnen; Maß, Einheit und Gesetz, das unterscheidet und vereint, sondert und bindet, das aus der Einfalt echte Mannigfaltigkeit erzeugt und jede Vielheit zum gegliedert Ganzen sammelt.[206]

In seiner Darlegung lässt Ipsen keinen Zweifel daran aufkommen, dass die genannten Punkte der „abendländischen Wissenschaft fremd" seien. Gerade deshalb, glaubt der Autor, sprächen sie „unser metaphysisches Bedürfnis vernehmlich und verlo-

---

[205] Ebd., 196.

[206] Gunther Ipsen (1932): Was bedeutet uns Goethes Wissenschaft?, in: Die literarische Welt 8 (1932), Nr. 14, 1-2, 2.

ckend an". Gegenüber einer Zeit, die „an sich selbst irre" werde und das „Verhängnis ihres Weges" erfahren habe, offeriert er die Sammlung der „Vielheit zum gegliedert Ganzen" und nimmt eine zweideutige Rhetorik auf.[207]

Sowohl Benns als auch Ipsens Zuschreibungen drücken mehr als ein individuelles Misstrauen gegenüber den Wissenschaften aus. Mit der Kritik an der wissenschaftlichen Abstraktion nehmen beide die Erkenntnisformen der Moderne ins Visier.[208] Dieser nicht unproblematischen Inanspruchnahme Goethes bedienen sich auch der Anthroposoph Rudolf Steiner und der Paläontologe Edgar Dacqué, dessen Schriften auch für Raschke einen hohen Akzeptanzgrad besitzen. Steiners Aphorismus, Goethe beginne dort, wo die Physik aufhöre, liegt die Vorstellung eines Primats der Anschauung über die Theorie und das Experiment zu Grunde, wobei den Wissenschaften unüberwindbare Verständnisgrenzen auferlegt werden und die Möglichkeit einer supralogischen Erkenntnis suggeriert wird.[209] Dacqué rechnet in seinem Band *Natur und Seele* mit dem Siegeszug der Wissenschaft wie folgt ab:

> „Das Zeitalter der Naturwissenschaft ist zu Ende" heißt vor allem nicht, daß man jetzt gerade aufhören werde, in der bisherigen Weise die Welt um uns, die „Natur" zu erforschen. Der ganze Erdball ist im Begriff, die technische, auf der bisherigen Art der Naturforschung beruhende Kultur des Abendlandes sich anzueignen. Und solange es diese Art Kultur, d. i. europäische Zivilisation und Technik geben wird, wird es auch diese selbe intellektualtechnische Naturforschung auf allen Gebieten des Lebens bis in die Heilkunde hinein geben, und zunächst wohl noch angestrengter und ausgebreiteter als heute. Wenn man es so und nur so sieht, darf man mit Sicherheit auch vom Untergang der abendländischen Kultur [...] reden.[210]

Vom Untergang der abendländischen Kultur im Zusammenhang mit einer „intellektualtechnische[n] Naturforschung" zu sprechen, vertraut auf die Wirkung eines Bildes der Dominanz von Technik und Logos. Auch Spengler, der seine Geschichtsschreibung bezeichnenderweise als „Morphologie" betrachtete, hatte als Ursache eines verbreiteten neuen Zugs von Innerlichkeit die Formalisierung der Erkenntnis und die zunehmende Anfälligkeit der Wissenssysteme charakterisiert.[211] Um über den Sinn des Naturerkennens ins rechte Licht gesetzt zu werden, heißt es in dem gleichnamigen Beitrag Dacqués für die Zeitschrift *Corona* mit dem Titel *Vom Sinn des Naturerkennens* (1932), werde man sich daher „nicht an die Naturwissenschaft heutiger Art wenden können", sondern müsse „zu ganz anderen Quellen hinabgehen, zu

---

[207] Ebd., 2.

[208] Goethes feindselige Haltung gegenüber der Newtonschen Mechanik wird dabei bereits in Emil Du Bois-Reymonds legendärer Berliner Antrittsrede mit der Vorstellung eines antiwestlichen Geistes verbunden, die insbesondere nach 1933 eine gängige Interpretation von Goethes naturwissenschaftlichen Arbeiten darstellt. Siehe Du Bois-Reymond (1882): Goethe und kein Ende. Rede bei Antritt des Rectorats der koenigl. Friedrich-Wilhelms-Universitaet zu Berlin am 15. October 1882, 17.

[209] Rudolf Steiner (1962): Goethes naturwissenschaftliche Schriften [1926], hier zit. nach der Ausgabe Stuttgart, 216.

[210] Dacqué (1926): Natur und Seele. Ein Beitrag zur magischen Weltlehre, München/Berlin, 15.

[211] Spengler (2000), 548.

ganz anderen Höhen hinaufsteigen".[212] Aus diesem Grund fordert er seine Leser dazu auf, nicht bei den Naturwissenschaften in die Lehre zu gehen, da diese lediglich nach dem Körperhaften der Erscheinungen fragen und ein Durchfahren und Beschreiben auf der „Außenseite der Natur" bleiben würden:

> Die heutige Naturforschung kennt nur die mechanisch-körperhafte Naturerkenntnis durch Vermittlung des von außen her angreifenden rationalen, des mechanisch zerlegenden und so wieder zusammensetzenden Geistes. Aber wenn wir mit ihr noch so tief in die körperlichen Erscheinungen eindringen werden; wenn wir mit den feinsten Mitteln die feinsten Atome – wie wir es uns vorstellen – wahrnehmen werden; wenn wir die Materie bis in ihre feinsten Teilchen und deren Bewegungen zerlegen und dadurch den mechanischen Gang der Bildungen und Umbildungen wahrnehmen werden, so bliebe alles dies nur ein äußerliches Durchfahren und Beschreiben, wir blieben auf der „Außenseite der Natur".[213]

Wie bei der Verwendung des Sinn-Begriffs im Artikel für die *Corona*, der die Wertneutralität des Wissens in Frage stellt, ist diese Wortwahl kein Zufall und spielt augenscheinlich auf den zentralen Einwand Goethes gegen Newton und die Methodik der Naturwissenschaft an: das Auseinanderfallen der Begriffe ‚Richtigkeit' und ‚Wahrheit'. Bereits in den historischen universitären Auseinandersetzungen zwischen Geistes- und Naturwissenschaften um die Jahrhundertwende taucht dabei die Dichotomie von ‚äußerer' und ‚innerer' Erkenntnis auf, wobei den Naturwissenschaften bescheinigt wird, „niemals mehr als ein äußerliches mathematisches Begreifen von Erscheinungen" leisten zu können, wie es in einem Beitrag des Philosophen Friedrich Paulsen (1906) heißt.[214] Mehr und mehr sei die rationalistische Schulwissenschaft gezwungen, schreibt Dacqué zwanzig Jahre später, ihren Anspruch aufzugeben, die Welt vollständig erklären zu können. Als Argument führt er an, dass die Lehre der modernen Naturwissenschaft „stets äußere Beschreibung" bleibe.[215] Dabei ist Dacqué bemüht, die Unterlegenheit der „bisher allein angewendeten äußerlichen rationalen, rein raumzeitlichen Denkrichtung" gegenüber einer animistischen Naturauffassung zu unterstreichen, die er als Ausweg aus dem Dilemma der Wissenschaftsentwicklung ansieht.[216]

Es bleibt offen, von welchen Prämissen eine Lektüre genannter Quellen im Einzelfall bestimmt ist und inwieweit bestimmte Aussagenbestandteile durch Raschke Aufnahme finden. Fest steht, dass Raschke um 1930 zu Dacqués Lesern gehört

---

212 Dacqué (1932): Vom Sinn des Naturerkennens, in: Corona 3 (1932), H. 2, 173-191, 173. Der Beitrag erscheint im folgenden Jahr als Zusammenfassung in: Ders. (1933): Natur und Erlösung (Schriften der Corona IV), München/Berlin, 7-25.

213 Dacqué (1932), 173ff.

214 Friedrich Paulsen (1906): Die geisteswissenschaftliche Hochschulausbildung, in: Wilhelm Lexis et al. (1906): Die allgemeinen Grundlagen der Gegenwart, Berlin/Leipzig, 284-311, 289.

215 Dacqué (1928): Leben als Symbol. Metaphysik einer Entwicklungslehre, München und Berlin, 16f.

216 Ebd., 16f. Siehe vom selben Autor auch: Der Mensch im unendlichen All (o. J., Münchner Lesebogen Nr. 17, Hg. Walter Schmidkunz), 8f.

und in seinem persönlichen Umfeld entsprechend darauf hinzuweisen scheint.[217] Vor allem dessen Symbol-Lehre nutzt Raschke mehrfach zur Explikation seines Weltverständnisses, indem er Dacqués *Leben als Symbol* als Ausdruck der Gleichnishaftigkeit von Einzelnem und „Ganzen" bzw. der „Schicksalszusammenhänge zwischen Volk und einzelnem" deutet, wie es in Raschkes Aufsatz über Johannes R. Bechers *Der grosse Plan* mit dem Titel *Ein Epos des sozialistischen Aufbaus?* heißt.[218]

> Vielleicht darf man einmal in voller Sicherheit seines Glaubens sagen: nur dann, wenn der Einzelne sich als Gleichnis des Ganzen begreifen lernt und sich derart rettet aus seiner erdrückenden Isolierung in das Allgemeine, wenn der Mensch im Sinne Dacqués sein Leben als Symbol zu verstehen sucht und alle Unterschiede in der Welt nur zu Unterschieden zwischen Intensitäten werden, kann es gelingen, die Stagnation in einer gültigen Form zu überwinden.[219]

Wie das „Allgemeine" als ontologische Instanz über dem „Einzelnen" steht, soll auch die in der *Kolonne* vorgenommene Synthesis von Wissenschaft, Technik und Dichtung den Anschein einer Universalität der Wahrnehmung und Repräsentation erwecken, die einem fragmentarischen Wirklichkeitsbild – sei es in der Wissenschaft oder in der Dichtung – kritisch den Spiegel vorhält. In welcher Weise Raschke den Leser über diesen Programmpunkt in Kenntnis setzt, ist anhand eines anonym abgedruckten redaktionellen Beitrags aus dem Jahr 1932 demonstrierbar.

2. Die Universalität des Wissens

Es stellt einen bemerkenswerten Umstand dar, dass auch der Naturlyriker Oskar Loerke in seinem Poetik-Vortrag *Das alte Wagnis des Gedichts* im Jahr 1928 namentlich auf die moderne Physik eingeht und von der Irrwitzigkeit des Unterfangens spricht, die „Quantentheorie in Rhythmen und Reime bringen" zu wollen.[220] Das öffentliche Gespräch über die Naturwissenschaften scheint hierbei wie eine unsichtbare Bezugsgröße zu wirken, die zur Sprache gebracht wird, sobald das Vorhandensein grundlegender Wissenszusammenhänge in Abrede gestellt zu werden droht. Wäh-

---

[217] Siehe dazu die folgenden Briefstellen: „Hast Du den Deutschen Almanach von Reclam schon gelesen?", fragt Kuhnert Raschke in einem Brief vom 15.9.1930. „Ich bin platt. Klages, Dacqué, Ziegler, Beheim Schwarzbach – als wenn die Kolonne schuld wäre." Nur eine Woche später (am 21.9.1930) wiederholt er seine Nachfrage, wobei sich Kuhnert Raschkes Interesse am Almanach gewiss ist, „schon der Aufsätze von Klages, Ziegler und Dacqués [sic.] wegen". Am 6.10.1931 findet sich in einem Schreiben Kuhnerts an Raschke folgende Passage, welche die exponierte Stellung Dacqués auch im Zusammenhang alternativer wissenschaftlicher Konzepte unterstreicht: „[...] sage mir, alter Biologe, ob Du bei Dacqué oder wie so Deine Leute heissen noch etwas Wissenschaftliches Zoologie [sic.] gefunden hast." Alle drei Briefe unter SLB. Dresd. Mscr. App. 2531, Nr. 770, 772, 787.

[218] MR: Ein Epos des sozialistischen Aufbaus?, in: Die literarische Welt, 7 (1931), Nr. 44, 5. *Leben als Symbol* ist der Titel des gleichnamigen Bandes Dacqués.

[219] MR: Der kosmische Snob (1930), 60.

[220] Loerke (1935): Das alte Wagnis des Gedichts, Berlin, 12. Der Vortrag wird auf Veranlassung der Preußischen Akademie der Künste am 26.11.1928 an der Berliner Universität gehalten.

rend Loerke einen defensionistischen Standpunkt einnimmt, indem er einer Erwartungshaltung an die zeitgenössische Literatur begegnet, wendet Raschke eine anders gelagerte Strategie an: Er gebraucht Einzelbegriffe oder Begründungszusammenhänge, um sich deren Bildwirkung zu bedienen bzw. sich neben der Autorität von Wissenschaftlerpersönlichkeiten selektive Ergebnisse der modernen Forschung zur Erkenntniskritik an den Wissenschaften zu eigen zu machen. Diese Vorgehensweise liegt auch dem unkommentierten Abdruck einer längeren Passage aus Albert Schweitzers Autobiografie *Aus meiner Kindheit und Jugendzeit* (1928) zu Grunde, in der Schweitzer sein Unbehagen am naturwissenschaftlichen Schulunterricht symptomatisch für Raschkes Kritik an einem mechanistischen Naturzugang wiedergibt. Wenn Schweitzer darin von einem „absoluten Geheimnis der Natur" spricht, das von der Wissenschaft nicht anerkannt werde, und gegenüber dem rationalistischen Erklärungsansatz der Wissenschaften die Begriffe „Kraft" und „Leben" hervorhebt, so ist diese Einschätzung für Raschke weit mehr als eine biografische Sentenz, sondern kommt der Aufforderung aus berufenem Munde gleich, Abstand von einem naiven wissenschaftlichen Positivismus zu nehmen. Der in der *Kolonne* abgedruckte Auszug lautet vollständig:

> Der naturwissenschaftliche Unterricht hatte für mich etwas eigentümlich Aufregendes. Ich wurde das Empfinden nicht los, daß man uns nicht genug sagte, wie wenig man von dem, was in der Natur vorgeht, auch wirklich versteht. Gegen die naturwissenschaftlichen Schulbücher hatte ich geradezu einen Haß. Ihre zuversichtlichen auf das Auswendiglernen zugeschnittenen Erklärungen – die, wie ich schon merkte, bereits auch etwas veraltet waren – befriedigten mich in keiner Weise. Es erschien mir lächerlich, daß der Wind, der Regen, der Schnee, der Hagel, die Entstehung der Wolken, die Selbstentzündung des Heues, die Passatwinde, der Golfstrom, Donner und Blitz ihre Erklärung gefunden haben sollten. Ein besonderes Rätsel war mir immer die Bildung des Regentropfens, der Schneeflocke und des Hagelkornes. Es verletzte mich, daß man das absolute Geheimnis der Natur nicht anerkannte und zuversichtlich von Erklärung sprach, wo man es in Wirklichkeit nur zu tiefer eindringenden Beschreibungen gebracht hatte, die das Geheimnisvolle nur noch geheimnisvoller machten. Schon damals wurde mir klar, daß uns das, was wir als Kraft und als „Leben" bezeichnen, seinem eigentlichen Wesen nach immer unerklärlich bleibt.[221]

Sowohl in diesem Beispiel als auch bei einem Teilabdruck aus Goethes Tiefurter Fragment über die Natur im ersten *Kolonne*-Jahrgang oder von David Herbert Lawrences *Kosmischem Ritual*, in dem Lawrence die Rückkehr in eine „lebendige und nährende Verbindung mit dem Kosmos und dem Weltall" fordert, nutzt Raschke die Möglichkeit von Fremdzitaten.[222] Dabei kann er dem Leser seine Auffassungen

---

[221] Die Kolonne 2 (1931), Nr. 4, 43. Raschke bespricht Schweitzers Band *Aus meinem Leben und Denken* im Folgenden auch in der *Literarischen Welt* 8 (1932), Nr. 2, 5.

[222] Goethe: Über die Natur, in: Die Kolonne 1 (1929), Nr. 4/5, 23f.; David Herbert Lawrence: Kosmisches Ritual, in: Die Kolonne 2 (1931), Nr. 2, 16f. Der Abdruck erfolgt nur wenige Seiten vor der Veröffentlichung der Spiralnebelfotografien aus dem besprochenen Band Robert Henselings.

gewissermaßen durch die Blume vermitteln, ohne selbst argumentativ vorzugehen oder in eine Abwehrhaltung zu verfallen. Raschkes Strategie – und hierin liegt gegenüber der Argumentationsweise Loerkes, Benns, Döblins ein zentraler Unterscheidungspunkt – ist die einer Affirmation und Indienstnahme, indem die jeweilige Position als positives Wissen behandelt wird. Durch die integrative Verwendung einzelner Wissensbestandteile ist es ihm möglich, Wissenslücken zu überdecken, wobei auch hier ein entsprechendes Unterscheidungsmerkmal zur Vorgehensweise seiner „Autorität und Orientierungsfigur" Benn sichtbar wird.[223] Indem Benn in *Bekenntnis zum Expressionismus* auf Theorien verweist, die nur von wenigen Spezialisten verstanden würden, erweckt er den Eindruck eines Kompensationsbedürfnisses. In Raschkes Programmkommentar *Über die Aufgabe der „Kolonne"* heißt es hingegen selbstbewusst, *Die Kolonne* wolle den Gesetzen einer „biologischen Metaphysik" von neuem Ausdruck verleihen, wozu es sich als notwendig erweisen werde, „dem Unwissen zu steuern", das vielerorts bestehe:

> Soweit das der Rahmen der ‚Kolonne' erlaubt, wollen wir über den augenblicklichen Stand vor allem der biologischen Wissenschaften unterrichten und zugleich aufzeigen, wo Wissenschaft wieder beginnt, von dem lange verlorenen *Wissen um das Ganze* geleitet zu werden, und wo sich bereits Umrisse einer neuen Universalwissenschaft abzeichnen. Das soll nicht geschehen, um die Dichtung zu einem Diener wissenschaftlicher Ergebnisse zu erziehen oder um die Wissenschaft ‚dichterisch' zu verwässern, sondern um dem Irrglauben Allzuvieler entgegen zu treten: wir lebten geistig noch immer im neunzehnten Jahrhundert und in einer rational erfaßbaren Welt, die der Dichtung nicht mehr zu ihrer tiefsten Ordnung und Deutung bedürfte.[224]

Der Text zählt zu den aufschlussreichsten Quellen, die sich zur Erhellung von Raschkes Umgang mit der Wissensherausforderung seiner Zeit finden lassen, da er zwei programmatische Eckpfeiler der *Kolonne* direkt aufeinander bezieht. Die Synthese, Mikro- und Makrostrukturen in Eins zu setzen, wird durch die Integration der Wissenschaften einerseits zu einem Polyhistorismus erweitert. Zugleich findet der Hinweis auf die Biologie als heraufziehender naturwissenschaftlicher Leitdisziplin mit integrativer Weltbildfunktion statt[225], über deren „augenblicklichen Stand" – die

---

[223] Sylvia Schlenstedt, Hg. (1986): Wer schreibt, handelt. Strategien literarischer Arbeit vor und nach 1933, Berlin und Weimar, 56.

[224] Anonym: Über die Aufgabe der „Kolonne", in: Die Kolonne 3 (1932), Nr. 2, 32. [Eigene Hervorhebung, A. M.]

[225] Insbesondere nach 1933 sind eine Reihe von Versuchen institutioneller Natur zu beobachten, die Wissenschaften auf Grundlage ganzheitlicher oder morphologischer Modelle zu stellen. Wie Ralf Klausnitzer (1999), 442, unterstreicht, besitzt die Suggestivkraft organologischer Vorstellungen nicht nur für die vom Verlust ihrer Weltbildfunktion erschütterte mathematisch-physikalische Wissenschaft Relevanz, sondern auch für die Gesellschafts- und Geisteswissenschaften. Die Bedeutung der Biologie als einer weltanschaulich extrapolierbaren und damit auch ‚staatstragenden' Grundlagenwissenschaft erwächst aus der Vorstellung einer weltbildstiftenden Ganzheit, auf die nicht zuletzt Bernhard Bavink 1933 unmissverständlich hinweist. Bavink, der sich der bahnbrechenden Bedeutung der Biologie für das weltanschaulich-ideologische Befinden bewusst ist, versucht in einer Reihe von Aufsätzen, die Biologie als ein wissen-

Literarische Welt nennt ihre Rubrik *Gegenwärtiger Stand der Wissenschaften* – die *Kolonne* als Ausdruck ihrer Informationsaktualität berichten möchte. Die Forderung nach einem „Wissen um das Ganze" geht einher mit der Sehnsucht nach einer „Universalwissenschaft" und der im Schweitzer-Zitat vorweg genommenen Bekämpfung des „Irrglaubens", „wir lebten geistig noch immer im neunzehnten Jahrhundert und in einer rational erfaßbaren Welt".

Wohl keine andere Wendung dürfte nach der Jahrhundertwende häufiger zitiert worden sein, um den Bruch mit dem rationalistischen Wissenschaftszeitalter und der Vorstellung lösbarer *Welträtsel* zu dokumentieren. Die Infragestellung einer mechanistischen Naturauffassung meint dabei vor allem die Begrenzung des wissenschaftlichen Erkennens auf Attribute wie Reduktion, Analyse und Beweis und den Verzicht auf nicht-rationale Erkenntniselemente wie Intuition oder Einfühlung.[226] Warum Raschke die Biologie explizit hervorhebt, ist daher nahe liegend und zum einen in der Positionierung von Umweltlehren gegenüber der darwinistischen Evolutionslehre zu sehen. Das Leben wird danach nicht mehr ausschließlich als eine Anpassung an externe Faktoren verstanden, sondern aus einem den Arten inhärenten ‚schöpferischen' Lebenselement heraus erklärt, das auch zu Veränderungen der äußeren Erscheinungen führe. Denn obwohl bereits zu diesem Zeitpunkt Vorstellungen existieren, das Leben auf Grundlage der Physik oder Chemie zu bestimmen, fehlt jene Entschlüsselung des Erbguts, welche die biologischen Wissenschaften später entscheidend verändern wird. Raschkes Rede von einer „biologischen Metaphysik" ist deshalb ganz wörtlich zu nehmen als ein Rest an Geheimnis und Nichtschematisierbarkeit und ebenso als Ausdruck einer Pietät des Wissens, da die Biologie noch keine formelhaften Modelle für den Ursprung des Lebens liefert und sich damit nicht zur Schreiberin der Schöpfungscharta aufschwingt.

Wie relevant dieser Punkt für Raschke ist, lässt sich anhand von zwei *Kolonne*-Beiträgen unter seinem Pseudonym Peter Anders zeigen. Raschke berichtet darin über die Arbeiten Otto Warburgs und kommt zu dem Fazit, dass der Mensch einmal mehr wissender in der *Beschreibung* des Lebens geworden sei, ohne um die letzte *Herkunft* des Lebens wissender geworden zu sein. Die moderne Biologie und ihre Betonung eines schöpferischen Entwicklungsprinzips, aber auch ihre Öffnung gegenüber holistisch-morphologischen Erkenntnismethoden, kann deshalb in gewisser Weise als Gegenprinzip zu einer mechanistischen, die Ganzheit zerlegende Physik angesehen werden. Die im selben Heft wie die Beiträge über Warburg angekündigten

schaftliches Fundament des neuen Staates zu profilieren. Seine Argumentation lautet dabei, dass der Aufbau des Individuums aus Zellen bzw. die übergreifenden Bildungen von Tierstöcken, Tierstaaten, Symbiosen den Grundsatz vor Augen führe, dass alle lebendigen Einheiten immer zugleich wieder Teile einer höheren Einheit seien. Bavink (1933c): Die Aufgabe der Naturwissenschaften, in: Volk im Werden 1 (1933), H. 3, 67-70, 68.

[226] Anne Harrington (2002) hat für die Biologie-Diskussion der 1920er und 30er Jahre zusammengetragen, wie die Begriffe der Ganzheit und der Gestalt ihren festen Platz im Begriffsraum von Wissenschaft und Öffentlichkeit erlangten und instrumentell gegen Rationalität, Intellektualismus und Diversifizierung der modernen Lebenswelt gestellt wurden.

Meldungen über den Stand „vor allem der biologischen Wissenschaften" werden im übrigen nicht mehr geliefert, wofür nicht allein die Einstellung der *Kolonne* verantwortlich sein dürfte. Raschkes Plan einer Wissenschaftsberichterstattung ist Ausdruck eines ehrgeizigen Projekts, bei dem es nicht um die integrative Behandlung der Wissenschaft im Sinne eines wissenschaftsgestützten Naturverständnisses geht. Die Wissenschaften werden nicht neutral behandelt, sondern sind dann willkommen, wenn sie mehr als die Summe der verstandesgemäß durchdringbaren Einzelteile zu liefern vermögen. „Das Wissen um das Ganze" ist somit auch Ausdruck einer gesuchten Einflussbeschränkung insbesondere der nicht-biologischen Wissenschaften, indem eine Ebene der Erkenntnis suggeriert wird, die mit den Möglichkeiten der Vernunft allein nicht erklommen werden kann. Der bereits für Nietzsches Wissenschaftskritik zentrale Begriff des ‚Lebens' erfüllt in diesem Zusammenhang eine wichtige Funktion, da er das Wissen in Verbindung zu einem Träger setzt, im Sinne eines mechanistischen Wissensbegriffs jedoch unausdeutbar bleibt. Symptomatisch für Raschkes Auffassung kommt dieses Konnotat in Schweitzers Äußerung zum Ausdruck, dass „uns das, was wir als Kraft und ‚Leben' bezeichnen, seinem eigentlichen Wesen nach immer unerklärlich bleibt."[227] Raschkes Begriff der „Universalwissenschaft" ist aus diesem Grund nicht quantitativ motiviert (im Sinne von polydisziplinär) und mitnichten als eine Reminiszenz an zeitgenössische Vorstellungen einer wissenschaftlichen Universalsprache auf Grundlage der Physik zu verstehen. Er stellt vielmehr den Versuch einer Belebung jener Traditionen dar, Forschung und Künste im Sinne einer romantischen Einheit zu verschwistern und der Diversifizierung der Welt durch Synthesis entgegen zu treten. Raschkes „Umrissen einer neuen Universalwissenschaft" zu Grunde gelegt ist daher das Optieren für eine Auseinandersetzung, welche die Erkenntnis der Natur als eine „Zurückführung aller kosmischen Vorgänge auf ein Letztes und Schließliches" begreift und „die Erklärung aller chemisch-physikalischen Prozesse durch ein großes und einigendes Prinzip" herbeizuführen sucht, auf die bereits Benn Jahre früher in seiner *Geschichte der Naturwissenschaften* (1911) hinweist.[228]

Benns Rhetorik ist insofern beachtenswert, als sie das Gefühl eines Sinnvakuums beschreibt, das die moderne wissenschaftliche Welt und ihre Verneinung transzendenter Kategorien hinterlassen hat. Wenn die Trennung zwischen Naturwissenschaft, Religion und Philosophie seit der Neuzeit auch als ein Weg angesehen werden kann, sich aus gegenseitiger Abhängigkeit und Bevormundung zu lösen, so ist die Suche nach einem verbindenden transzendenten Prinzip unübersehbar, das von den Wissenschaften sukzessive eliminiert wurde. Dadurch entsteht bereits vor der Jahrhundertwende, um 1920 jedoch an wenigen Stellen so prägnant wie in Max Webers *Wissenschaft als Beruf*, eine als solche schonungslos konstatierte Leerstelle, welche die Wissenschaften herbeigeführt haben und nun selbst nicht mehr ausfüllen

[227] Die Kolonne 2 (1931), Nr. 4, 43.

[228] Benn: Zur Geschichte der Naturwissenschaften [1911], in: Ders. (1997), 19-23, 22.

können oder wollen.[229] Weber wertet dieses Ergebnis um, indem er die Bewegung der Wissenschaft nicht als eine des qualitativen Fortschritts beschreibt, sondern als eine des Fortschritts an sich, womit er jedwede Leitfunktion der Wissenschaft für den lebensweltlichen Bereich beschneidet und einem positivistischen Wissenschaftsbegriff das Hauptargument entzieht, dass Wissenschaft allein dadurch gerechtfertigt sei, dass sie wahre Erkenntnis sei bzw. sich durch ihre Anwendungsorientierung rechtfertige. Eine Wissenschaft, die Wissen mit letztgültiger Erkenntnis gleichgesetzt und darüber hinaus eine Lebenspraxis zu vermitteln im Stande ist, gehört bereits um 1920 unwiederbringlich der Vergangenheit an und belegt die durch die Wissenschaften *selbst* einflussreich geübten Zweifel an einem fest gefügten positiven Wissensideal, die Raschkes Vorhaben einer Rationalismuskritik mit Hilfe der Wissenschaften als obsolet erscheinen lassen.

Raschkes Begriff der „Universalwissenschaft" zielt auf einen Zusammenhang, der den Einzelnen im Allgemeinen und den Teil im Ganzen als Kompensation des Verlusts sinnstiftender Instanzen in einer entgötterten Welt aufgehen lässt und den gerissenen Faden einer Zweckbestimmtheit und teleologischen Funktion des Wissens aufzunehmen versucht. Aus dem von Weber institutionalisierten Argument einer Fortschrittsbewegung ins Unendliche und zeitlichen Überholtheit jedweder Forschung heraus, führt Raschke an, dass die Welt der Dichtung zu ihrer „tiefsten Ordnung und Deutung" bedürfe. Seine Universalität des Wissens basiert daher nicht allein auf einer Universalität, die Kunst und Wissenschaft als Synthese begreift und die „Unkenntnis des Wesens der Natur" zu beseitigen trachtet, das „Manierierte und Künstliche gegen das Natürliche ausspielen zu wollen", wie er noch 1942 schreibt.[230] Wie Benn sieht Raschke im ‚überzeitlichen' Wesen der Dichtung die entscheidende Möglichkeit einer künstlerischen Selbstemanzipation gegenüber der prozessualen technisch-wissenschaftlichen Welt. Das *Wissen um das Ganze* wird somit zur Chiffre für die Allverbundenheit der Dinge, in welcher die „Einheit der Wissenschaft" gleichsam als ein „Spiegel der Einheit der Welt" erkennbar ist.[231] Die Forschung als Produzentin von neuen Erkenntnissen wird damit relativiert. Denn ‚Wissen' bedeutet in diesem Zusammenhang immer die Sicherheit einer „uralten Wiederkehr", von der Raschke im Zusammenhang mit Benn spricht, und ist mithin streng genommen nicht ‚erneuerbar'.[232] Als Autor des zitierten Beitrags kann Raschke darum betonen, dass er die Dichtung nicht zu einem „Diener wissenschaftlicher Ergebnisse" zu machen gedenke, sondern als Möglichkeit einer Einordnung des Wissens begreife. Damit nimmt sich Raschke eines Gedankens an, der für die kritische Rezeption der Wissenschaften Schlüsselfunktion besitzt. Es handelt sich hierbei um den Einwand gegen einen wissenschaftlichen Hegemonialanspruch auf Grundlage einer faktengestützten und somit rekonstruierbaren Vorwärtsbewegung der Forschung.

---

229 Vgl. zu diesem Komplex Lauer (1994), 218ff.
230 MR, unbetitelter Eintrag, zit. nach: Hinweis auf Martin Raschke, 177.
231 Lauer (1994), 244.
232 MR: Der kosmische Snob (1930), 59f.

3. Wissen als Bedrohung

Auf der argumentativen Ebene muss sich die Kritik an den Wissenschaften nicht auf Phänomene wie Unanschaulichkeit, Abstraktion, Mathematisierung bzw. Indeterminismus, Relativismus, Wahrscheinlichkeit gründen und damit qualitativ argumentieren. Bereits die immense Außenwirkung der Physik kann Anlass sein, diese als bedrohlich oder „monströs“ (Benn) zu empfinden. Wenn Döblin in seinem Aufsatz *Die abscheuliche Relativitätslehre* von „Kubikwurzeln“, „Gleichungen“, „sonderbaren geheimnisvollen Figuren“ und „infamen kabbalistischen Zeichen der Mathematik“ spricht, durch die er sich als „freier Europäer“ durcharbeiten musste, manifestiert sich hierin ein entsprechendes Gefühl des oktroyierten Wissens, das wesentlich mit dem Verlust der eigenen Souveränität gegenüber den Darstellungsformen der Wissenschaft zu tun hat.[233] Dabei ist die Befürchtung nicht zu übersehen, durch den Prozess einer Assimilierung sukzessive einer Geltungseinschränkung anheim zu fallen. Aus keinem anderen Grund baut Döblin ein Verschwörungsszenario auf, das die Auseinandersetzung mit dem Weltbild der Physik als Zwang und Bedrohung verständlich machen soll, obgleich jenes nichts mit der substanziellen Erkenntnis „des Lebens“ gemein hätte. „Wir werden durch die Scheinweisheiten, den Papierfortschritt der Mathematiker von den wichtigsten Quellen des Lebens abgedrängt“, schreibt Döblin an benannter Stelle und evoziert eine Unterscheidung zwischen der wissenschaftlichen Befragung der Natur, die er als scheinrelevant einstuft, und einem tatsächlichen Wissen um die Zusammenhänge des Lebens.

Es handelt sich bei dieser Zuschreibung um den plakativen Gegensatz zwischen dem physikalischen Anspruch, ein nicht an die Grenzen der Wahrnehmung und Anschauung gebundenes Naturbild zu schaffen, welches als „reines Begriffsgebäude“ die Summe aller Erfahrungen mit Hilfe der Mathematik widerspruchslos darzustellen im Stande ist, und das Festhalten am Subjekt und seinen individuellen Wahrnehmungs- und Ausdrucksmöglichkeiten.[234] Anhand der Gegenüberstellung von „Papierfortschritt“ und „Quellen des Lebens“ wird deshalb auch ein Interpretationsmuster sichtbar, das im Rahmen der wissenschaftsprogrammatischen Überlegungen ein knappes Jahrzehnt später einen als blutleer oder substanzlos empfundenen wissenschaftlichen Intellektualismus im Sinne eines feindlichen Paralleluniversums ansehen wird. Auch bei Döblin ist das Wissen an eine Rezeptions- oder Bezugsinstanz gebunden, während es auf der abstrakten Stufe des „Papierfortschritts“ als wertneutral und „Scheinweisheit“ betrachtet wird. Aus diesem Grund argumentiert Döblin normativ, indem er die Relativitätstheorie in ein Verhältnis zur Anzahl derer setzt, denen entsprechende Verständnisgrundlagen fehlten. Dabei wertet er die eigenen Verständnisprobleme ab, indem er sie durch einen ironisch-infantilen Imperativ („Ach Gott, liebe Kinder“) zu überspielen versucht:

---

[233] Döblin (1923b), 5.
[234] Born (1920), 2.

> Die Relativitätslehre etwa wird von Millionen Gebildeter teils nicht begriffen, teils wissen sie nicht, was sie damit anfangen sollen. Wer aber ist es, der sie dazu drängt, die Lehre so überaus ernst und wichtig zu nehmen? Die Hierarchie der Wissenschaftler, der Geheimbund, die Verschwörung und Freimaurerei der Mathematiker. Ach Gott, liebe Kinder, laßt die Damen und Herren ihre Verschwörung machen. Mögen sie Formeln und Bücher allein lesen. Es gibt andere bessere, tiefere, reichere Wege sich der Natur zu nähern. Wir wollen uns unsere einfachen Gedanken und unseren graden Gang von niemandem nehmen lassen.[235]

Döblin befindet sich hier offenkundig – um ein auf die Essays Gottfried Benns gemünztes Wort Bruno Hillebrands zu verwenden – im Widerstand.[236] Er bekräftigt die historische Unterscheidung zwischen einer theoretischen Erklärbarkeit der Welt und ihrem tatsächlichen Verständnis in der Erwiderung, die er auf die im *Berliner Tageblatt* gedruckte Kritik Ernst Fulds schreibt. Sein Beitrag, der zwei Wochen nach *Die abscheuliche Relativitätslehre* erscheint, ist mit *Naturerkenntnis, nicht Naturwissenschaft* überschrieben und greift teilweise wörtlich auf die Argumentation seines Beitrags *Blick auf die Naturwissenschaft* in der *Neuen Rundschau* (1923) zurück. Der Tenor ist unmissverständlich: Die Mathematisierung der Physik vertiefe die Kluft zwischen „den Geistigen – den Leuten, die sich um Kunst, Literatur, Philosophie, Geschichte kümmern – und denen, die Naturwissenschaft treiben", wobei sich die Wissenschaftler zu einer „Bruderschaft" zusammengeschlossen hätten und sich „freimaurerischer Zeichen und beinah einer spiritistischen Klopfsprache" bedienten.[237] Döblin hebt mit der Gegenüberstellung der „Geistigen" und „denen, die Naturwissenschaft treiben", somit noch einmal jene überaus problematische Dichotomie zwischen einer literarischen oder geisteswissenschaftlichen und einer naturwissenschaftlichen Erkenntnisweise hervor. Dabei nimmt er eine Typisierung dergestalt vor, dass er nicht von Einzelbeispielen spricht, sondern die Hierarchie „der" Wissenschaftler und die Freimaurerei „der" Mathematiker attackiert.

Diese Typisierung stellt eine Möglichkeit der pauschalen Urteilszuweisung oder besser: Stigmatisierung dar, der sich auch Benn bedient, wenn er verächtlich vom „Prototyp" seiner Zeit spricht, „beauftragt mit der Auffindung der Wahrheit, Wahrheit ist, was bewiesen werden kann, eine bestätigte Berechnung, nachprüfbar, mit Verwertungsspekulation. Zu Hause sammeln sie dann vielleicht Briefmarken."[238] Die mathematische Physik erscheint bei beiden somit *uni sono* rätselhaft – eine jener vier häufig anzutreffenden Gefühlsvarianten, die der Historiker Eric Hobsbawm im Zusammenhang mit dem Misstrauen gegenüber den Wissenschaften ausgemacht hat.[239] Ebenfalls typisierend und einer historisch-materialistischen Sichtweise ge-

---

[235] Döblin (1923b), 5.

[236] Siehe dazu Bruno Hillebrand (1986): Gottfried Benn, Frankfurt am Main, 177.

[237] Döblin (1923c): Naturerkenntnis, nicht Naturwissenschaft, in: Berliner Tageblatt Nr. 575 (13.12.1923), Abendausgabe, 2.

[238] Benn: Saison, in: Ders. (1998), 125.

[239] Neben der Furcht vor ihren praktischen Folgen, der Zerstörung einer natürlichen Ordnung der Dinge und der Beförderung der Hilflosigkeit des Individuums und somit der Untergrabung seiner Autorität. Eric

schuldet, aber nicht ohne wahren Kern, bemerkt der Autor in seiner Monumentalgeschichte des 20. Jahrhunderts dazu, dass die Laien ihr Gefühl der fachwissenschaftlichen Unterlegenheit nur dadurch überwinden konnten, indem sie sich wissenschaftlich nicht erklärbaren Dingen zuwandten oder sich zu weigern glaubten, dass diese Dinge durch die Wissenschaft erklärt werden könnten. Doch Döblin bedient noch ein zweites Argument und verblüfft den Leser ein weiteres Mal. Entscheidend kommt es ihm als „freier Europäer" – bei Nietzsche war gerade der ‚überstolze Europäer' als Chiffre für den positivistischen Menschen des 19. Jahrhunderts zur Zielscheibe geworden[240] – darauf an, die Selbstbestimmung des Subjekts als unbeschränkbar aufzuzeigen, wobei der „grade Gang" des „freien" Individuums einer diffusen „Hierarchie der Wissenschaftler" gegenübergestellt wird. Bestandteil dieser von Feindkomplexen gekennzeichneten Begründung ist die Betonung einer ‚besseren, tieferen, reicheren' Erkenntnismethode, welche das mathematisch-physikalische Wissen als oberflächlich und mechanistisch entlarven soll.

Im Zusammenhang mit einer Wahrnehmung der Wissenschaft als Bedrohung ist davon auszugehen, dass der Relativitätstheorie eine symptomverstärkende Bedeutung für andere Erscheinungen der modernen Lebenswelt zukommt. Dies ist vor allem dann anzunehmen, wenn die Wissenschaftskritik extern, das heißt nicht theoriebezogen erfolgt. Grundlage eines Bedrohungsszenarios scheint in einem bedeutenden Maße daher auch die Feindschaft gegenüber der Technik zu sein. Döblins Beitrag aus dem Jahr 1923 fügt sich hierbei in eine Stimmungslage, die angesichts der Technikfolgen dem Gefühl einer bedrohlichen Verselbstständigung Ausdruck verleiht: „Nur mit der Erzeugung von Gelbkreuzgasen und anderem technischen Komfort gewann die Naturwissenschaft Einfluß auf die Oeffentlichkeit."[241] In seinem zitierten Aufsatz aus der *Neuen Rundschau* schreibt Döblin analog, dass die Naturwissenschaften keinen geistigen Menschen etwas angingen, sondern nur wichtig für die Erzeugung von technischem Fortschritt seien.[242] Es geht ihm um eine Gegenüberstellung von Selbst- und Fremdbestimmung, die er an der Mathematik aufhängt, die jedoch ebenso gut auf die Technik bezogen werden kann. Wissenschaft und Technik, abstrakte Physik und moderne Maschinenwelt, können hinsichtlich ihres Befremdungsgrades daher zumindest in diesem Argumentationszusammenhang als zwei Seiten der selben Medaille behandelt werden.

Benns Argumentation in *Bekenntnis zum Expressionismus* und die Publizität von Dacqué in konservativen Zeitschriften wie der *Corona* oder der *Deutschen Rundschau* verdeutlichen, dass die Etikettierung einer ‚tieferen' Erkenntnis auch ein knappes Jahrzehnt später Konjunktur hat und Wissenschaftsberichterstattung und Wissen-

---

Hobsbawm (2003): Das Zeitalter der Extreme. Weltgeschichte des 20. Jahrhunderts, hier zit. nach der 6. Aufl. der Taschenbuchausgabe, München, 654.

[240] Nietzsche (1988), Bd. 1, 313.

[241] Döblin (1923c), 2.

[242] Ders. (1923a), 1134.

schaftsskeptizismus im öffentlichen Meinungsbild korrelieren.[243] Vor dem Hintergrund der Auseinandersetzung mit Raschke gewinnt der Hinweis auf die Kritik Döblins und Benns zudem auch werkgeschichtlich an Relevanz. Denn zumindest auf Seiten Kuhnerts besteht der Wunsch, beide zur Mitarbeit an der *Kolonne* zu bewegen, wie zwei Briefe an Raschke nahe legen.[244] Als maßgeblicher denn die Popularität beider Autoren werden dafür so erkannte Übereinstimmungen offeriert. Und in der Lesart der bisherigen Ergebnisse erscheint es gerechtfertigt, solche auch im Zusammenhang der Behandlung der Wissenschaften zu erkennen. „Gottfried Benn sind auch wir", bekennt Raschke. Denn wie jeder große Dichter stehe Benn am „Brennpunkt der Ideen, die uns beschäftigen":

> Ein Ich begegnet uns, hervorgegangen aus dem naturwissenschaftlichen Jahrhundert, müde dessen Kategorien und ohne Mut, mit Begriffen gegen ein „allmächtiges Geschehen" anzugehen, aus dem es kein Entrinnen gab – außer in den Traum. Nachdem es den Aberglauben an die Wissenschaft zerstörte, steht es glaubenslos vor uns, richtungslos, „Rauchfang seiner selbst", schwankend zwischen Leiden an einer narzissischen [sic.] Bewußtheit und ihrer Pathetisierung als einziger Gegenkraft des Nichts.[245]

Benn und Raschke stehen zwischen 1930 und 1932 in Briefkontakt.[246] Es ist davon auszugehen, dass die Rezeption von Benns Schriften im Kontext von Wissenschaft und Erkenntnis für Raschke eine Vorformulierung der eigenen Kritik bedeutet bzw. er wesentliche Stichworte übernimmt. Benns Behandlung von Medizin und Evolutionslehre, die der Kritik immer auch eine Kenntnis der Sachverhalte voranstellt, erscheint zugleich als ein Exempel dafür, wie sich der Bezug auf die Naturwissenschaften mit einer Abneigung gegenüber ihrer Verabsolutierung vereinbaren lässt.

---

[243] Siehe hier Dacqués Beitrag *Entwicklung und Fortschritt in der Natur*, in: Die deutsche Rundschau, Bd. CCXXV (Oktober – November – Dezember 1930), 30-37.

[244] Siehe dazu die Briefe Kuhnerts an Raschke im Nachlass unter SLB. Mscr. Dresd. App. 2531, Nr. 768/Nr. 801, vom 21.8.1930, in dem mit Blick auf die Erweiterung des Autorenkreises der Name Döblin fällt, bzw. vom 9.8. (ohne Jahr, auf Grund der angesprochenen wirtschaftlichen Schwierigkeiten wahrscheinlich 1932): „Ach – es wird schon alles klappen, wie – das ist ein Geheimnis! Dass Zernatto noch immer krank ist, finde ich sehr traurig, denn wir müssen doch versuchen die Kolonne möglichst reichhaltig zu gestalten, reichhaltiger als bisher. Jetzt fehlen wieder Beheim-Schwarzbach und Zernatto, das ist übel. Wir müssen mehr Leute haben! Wir wollen auch einmal an Benn denken, an Döblin, an Köppen und versuchen sie zur Mitarbeit zu bewegen, nicht der Prominenz wegen, auf die sei gepfiffen."

[245] MR: Gottfried Benn, in: Die Kolonne 1 (1930), Nr. Nr. 4/5, 35-36, 35.

[246] Raschke bespricht unter besonderer Berücksichtigung der Darwinismuskritik bereits im ersten *Kolonne*-Jahrgang Benns Gesammelte Prosa, was zu einer positiven Reaktion seitens des Angesprochenen führt. Am 4.9.1930 bedankt sich Benn schriftlich: „[...] tausend Dank für Briefsendung [sic.]. Den Aufsatz kannte ich schon. Wollte Ihnen sehr lange danken [...]. Unendlich lieb von Ihnen, sich so eingehend mit mir zu befassen, sich so tief hineinzudenken, wunderbarer Aufsatz." Er bietet Raschke in diesem Zusammenhang an, ihm vorübergehend eine Tätigkeit als Lektor zu verschaffen. „Alles andere mündlich". Brief im Nachlass Raschkes unter SLB. Mscr. Dresd. App. 2531, 527. Auch im Folgenden kündigt Benn seine Unterstützung von Raschkes Zeitschriftenprojekt an und schreibt am 22.11.1932: „[...] hier wäre ein Beitrag für die Kolonne. Ungedruckte Motive, Vorarbeiten und Zurückgestelltes aus jenem Oratorium. Ich stelle es der Kolonne ohne Honorar zur Verfügung." (SLB. Mscr. Dresd. App. 2531, Nr. 531). In diesem Zusammenhang heißt es auch frenetisch: „Sagen Sie dem Verlag Jess: Ovation für Sie persönlich."

Dies betrifft die darwinismusfeindlichen Entwicklungskonzepte Edgar Dacqués oder Semi Meyers, die für Benn eine werkgeschichtlich bedeutende Rolle spielen und von Raschke als Zitat aufgegriffen werden.[247] Benn selbst stößt den Leser in *Goethe und die Naturwissenschaften* auf Dacqué und das auch von Raschke aufgegriffene symbolische Erfassen der Welt als einem *Leben als Symbol*.[248]

> „Die Übereinstimmung des Ganzen macht ja ein jedes Geschöpf zu dem, was es ist, und der Mensch ist Mensch so gut durch die Gestalt der Natur seiner oberen Kinnlade als durch Gestalt der Natur des letzten Gliedes einer kleinen Zehe: Mensch. Und so ist jede Kreatur nur ein Ton, eine Schattierung einer großen Harmonie, die man auch im großen und ganzen studieren muß, sonst ist jedes einzelne ein toter Buchstabe", das bedeutet also, im allermodernsten Sinne, Leben als Symbol.[249]

4. *Am Rande der Wissenschaft*

Wenn oben demonstriert wurde, wie die *Literarische Welt* oder das *Unterhaltungsblatt* der *Vossischen Zeitung* den Themenbereich Moderne Wissenschaften in das jeweilige Programm integrieren, sollen im Folgenden einige Textbeispiele herangezogen werden, welche die Grenzwertigkeit der Erkenntnisfähigkeit oder der wissenschaftshistorischen Entwicklung gezielt thematisieren. Sie spiegeln eine Facette der publizistischen Meinungslage um 1930 wider, welche die Hinwendung zum Spiritismus, zu Mythologie und Naturreligiosität unterstreicht und für die Einordnung von Raschkes Schriften von nicht minder großer Bedeutung ist. Auch hierzu wird mit den Jahrgängen Sechs bis Acht der *Literarischen Welt* (1930-32) ein Zeitraum ausgewählt, in dem Raschke als Autor der Zeitschrift selbst in Erscheinung tritt.

Im August 1931 veröffentlicht die *Literarische Welt* eine Sondernummer unter dem Titel *Am Rande der Wissenschaft*. Typographisch durch die in fett gedruckten Lettern stehenden Begriffe *„Astrologie – Okkultismus – Graphologie – Chiromantie – Hellseherei"* hervorgehoben, widmet sich das Heft genannten Themenkomplexen, wobei jeweils eine Pro- und eine Contraposition präsentiert werden. Das Konzept der Redaktion läuft wie bei der Berichterstattung über die moderne Physik unter Einbeziehung von Gastautoren darauf hinaus, konträre Stimmen zu Wort kommen zu lassen. Der auch Raschke vertraute Astronom Robert Henseling verfasst dabei die Gegenposition zum Themenkomplex *Astrologie*. In einem umfangreichen Aufsatz

---

[247] Zur Dacqué-Rezeption Benns siehe die Studien von Ursula Kirchdörfer-Boßmann (2003): Eine Pranke in den Nacken der Erkenntnis. Zur Beziehung von Dichtung und Naturwissenschaft im Frühwerk Gottfried Benns, St. Ingbert, 48, 269ff., Gerlinde F. Miller (1990): Die Bedeutung des Entwicklungsbegriffs für Menschenbild und Dichtungstheorie bei Gottfried Benn, New York, Bern u.a., 153ff., bzw. Bruno Hillebrands Benn-Monografie (1986), 194f.

[248] Auf die Dacqué-Rezeption Raschkes und der Naturlyriker haben bereits Dolan (1976), 116f., Goodbody (1984), 186, und Wilhelm Haefs (2002a) hingewiesen: „Die götterlose Zeit will enden..." Martin Raschke als Erzähler im ‚Dritten Reich', in: Martin Raschke (1905-1943), 79-106, 97.

[249] Benn: Goethe und die Naturwissenschaften, 187f. Anführungszeichen dort.

unter dem Titel *Wissenschaft und Okkultismus* bezeichnet Ludwig Steinecke die moderne Naturwissenschaft als das „Reindestillat der dissoziierten Gesamtwissenschaft", die während ihrer Entwicklung im 19. Jahrhundert Kriterien gegen alle pseudoreligiösen und pseudomystischen Wissenschaftsformen ausgebildet habe. Die Überwindung der mechanistischen Weltsicht durch die moderne Physik kündige sich daher in undeutlichen Formen als ein Durchbruch von der Faktizität zum Symbolismus an. Gegenstand seines Artikels sind dabei einmal mehr Dacqué, dessen Entelechiebegriff ins Metaphysische, „um nicht zu sagen Okkultische" gerate, und der Biologe Hans Driesch.[250] Raschke kann entsprechende Interpretationen und Namen auch hier problemlos beziehen, denn es ist davon auszugehen, dass er Leser des Heftes ist. Zumindest publiziert er nur zwei Seiten nach dem Steinecke-Aufsatz seine Rezension von Sarah Levys *Henri und Sarah*.[251]

Richard Huelsenbeck schreibt die Gegenposition zum Komplex *Hellseherei*. In seinem Aufsatz nimmt er die Vorstellung einer Beziehung der unterschiedlichen Erscheinungsformen auf, die nicht allein mit Goethes Naturbegriff korrespondiert, sondern an die Kosmologie des Populärphilosophen Friedrich Markus Huebner in seinem Band *Zugang zur Welt. Magische Deutungen* erinnert, mit dem Raschke zu diesem Zeitpunkt ebenfalls in Briefkontakt steht.[252] Es handelt sich hierbei um die Gleichsetzung der Wirkungsprinzipien in „Stern und Eiweißmolekül", die Raschke in seinem Aufsatz *Der kosmische Snob* zitiert und die eine fast wörtliche Entsprechung von Goethes „Dem kleinsten wie dem größten Stern" darstellt, welche Spengler dem *Untergang des Abendlandes* als Motto voranstellt.[253]

> 'Stern und Eiweißmolekühl müssen sich ähneln. Die nach innen und die nach außen schwingende Kraft muß hier wie dort, im unmeßbar Kleinen wie im unmeßbar Großen, gepaart und verkoppelt sein', schreibt F. M. Huebner in einem seiner Bücher.[254]

---

[250] Steinecke (1931b): Wissenschaft und Okkultismus, in: Die literarische Welt 7 (1931), Nr. 32/33, 10.

[251] MR: Sarah Levy: Henri und Sarah, 12.

[252] Friedrich Markus Huebner (1886-1964), wie Raschke aus Dresden stammend, war als Kunsthistoriker und Publizist tätig. „Ihr Interesse an meinen Arbeiten ist sehr erfreulich", schreibt Huebner unter dem Datum des 2.5.1933. „Da ich für die beiden Fortsetzungsbände des Zugangs zur Welt bisher keinen Verleger fand, wäre es mir in der Tat ungemein beglückend, wenn in der Kolonne der eine oder Andere [sic.] Abschnitt aus diesen Bänden zum Abdruck kommen könnte. Ich schicke Ihnen also gleich mit der Post einen Unterteil aus dem Band: ‚Schlüssel zum Selbst', einen Unterteil, der den Schicksalsbegriff in seiner magischen Wirkung behandelt". (SLB. Mscr. Dresd. App. 2531, Nr. 695) Deutlich werden in diesem Zusammenhang die wirtschaftlichen Schwierigkeiten der Zeitschrift: „Ich bin Abonnent und regelmässiger Leser der Kolonne. Ich freue mich, dass es Ihnen gelingt, die Zeitschrift weiter zu erhalten; auch was sie in der Literarischen Welt veröffentlichen, verfolge ich stets und zwar mit einer Zustimmung, die eben wohl aus jenen gemeinsamen Denkgrundlagen kommt, die wir als Gabe und Sonderart unserer gemeinsamen Heimat in uns tragen." Bereits am 27.9.1931 (SLB. Mscr. Dresd. App. 2531, Nr. 694) hatte Huebner von „uns Elbtalleuten" und einem Zusammenschluss sächsischer Dichter gesprochen.

[253] Spengler (2000), o. S.

[254] MR: Der kosmische Snob, (1930), 60. Im Original bei Huebner (1929): Zugang zur Welt. Magische Deutungen, Leipzig, 182f.

Aufschlussreich im Zusammenhang mit der Kritik an einem mechanistischen Verständnis der Natur ist eine scheinbare begriffliche Nebensächlichkeit: Raschke wählt aus Huebners Buch für den Abdruck in der *Kolonne* eine Passage aus, in der zweimal von der *Unmessbarkeit* divergierender Größenbereiche in der Natur die Rede ist. Der Hinweis auf das „umeßbar Kleine" und das „unmeßbar Große" ist dabei nicht allein als Fingerzeig auf die Dimensionen von Mikrokosmos und Weltall zu verstehen, um die Größe und Unteilbarkeit der Lebensgesetze vor dem Hintergrund eines naturtheologischen Anspruchs zu verteidigen. Die Unmessbarkeit der Natur ist willkommener Beleg einer Nichtmathematisierbarkeit der Lebensgesetze. Bei Huelsenbeck ist dieses Wirkungsprinzip die gnostische „Kraft", welche „Elektronen und den Atomkern" treibe und die „Gestirne" bewege bzw. in „Atomen und den Gestirnen die gleiche" sei. Nicht ohne Genugtuung verweist der Autor auf die Unlösbarkeit der Haeckelschen *Welträtsel*, die implizit auch Raschke seiner Formel zu Grunde legt, „wir lebten geistig noch immer im neunzehnten Jahrhundert und in einer rational erfaßbaren Welt". Dabei kommt Huelsenbeck auf Goethes Morphologie zu sprechen, welche gegenüber der experimentell-rationalistischen Betrachtungsweise ein ganzheitliches Erfassen der Natur lehre:

> Die Zeit der Haeckelianer, die alle Welträtsel gelöst hatten, ist vorüber. Heute erscheint uns die aus der Frühzeit des Industrialismus stammende Anschauung – jede Frage lasse sich mit Hilfe des Experiments und der Ratio beantworten – reichlich abgeschmackt. Das, was Goethe morphologische Betrachtungsweise nannte und was wir heute als vergleichende Naturwissenschaft bezeichnen, hat uns dazu geführt, die Ganzheit der Dinge zu sehen. Wir haben erkannt, daß die Kraft, die Elektronen und den Atomkern treibt, die gleiche ist, wie die, welche Gestirne bewegt, und daß mit Schlagworten, wie zum Beispiel „Energie" wenig gesagt ist; weil sich diese Kraft aus einer Art göttlichen Fülle und einer nie begriffenen Zweckmäßigkeit immer die Gesetze schafft, die sie braucht. Obwohl nämlich die Kraft bei den Atomen und den Gestirnen die gleiche ist, ist die Gesetzmäßigkeit, in der sich die Kraft manifestiert, jedesmal eine andere. [...] Damit fängt aber erst eine geistige Naturerkenntnis an. Es handelt sich nicht darum, das Wunder zu ersehnen, sondern die Notwendigkeiten zu erkennen und zu ertragen.[255]

Raschke („Wunder und Sachlichkeit"), Dacqué („Außenseite der Natur") oder Huebner („Erkenntnis eines einzigen kosmologischen Zusammenhangs der in Stern und Mensch gleichmäßigen Schöpfung") hätten ihre Auffassungen nicht prägnanter formulieren können, wobei der Begriff des Geistigen auch bei Huelsenbeck nicht intellektualistisch gemeint ist, sondern die Alternative zu einem verstandesgemäßen Durchdringen der Natur ausdrücken soll. Huelsenbeck insistiert mit der Einheitlichkeit des Kraftbegriffs in „Elektronen", „Atomkern" und „Gestirnen", den er dem assoziationsreichen Ausdruck der „Energie" vorzieht, zudem auf jene Einheit des Lebensbegriffs, die Raschke in *Der kosmische Snob* mit der Gleichsetzung von „Stern

---

[255] Richard Huelsenbeck (1931): Über die Möglichkeit einer Hellseherei, in: Die literarische Welt 7 (1931), Nr. 32/33, 9.

und Eiweißmolekül" und der nach „innen" wie nach „außen schwingenden Kraft" meint. Dabei proklamiert er einen anschaulichen Naturzugang oder das, „was wir heute als vergleichende Naturwissenschaft bezeichnen", als Universalweg, „die Ganzheit der Dinge zu sehen". Diese Ganzheit spielt auch in den Vorstellungen des *Kolonne*-Autors Horst Lange eine Rolle, wie ein Text aus dem Jahr 1933 zeigt.

5. Eine das Gesamte umfassende Schau. Horst Langes *Landschaftliche Dichtung*

Lange lässt im Frühsommer 1933 einen Aufsatz in V. O. Stomps' Zeitschrift *Der weisse Rabe* erscheinen, die als programmatische Erbin der 1932 eingestellten *Kolonne* bezeichnet werden kann und wesentliche Aspekte des Programms weiterführt.[256] Sein Beitrag, der mit dem Titel *Landschaftliche Dichtung* überschrieben ist und die gleichnamige Sondernummer des *Weissen Raben* als Leitartikel begleitet, soll als Beleg für die Verquickung organologischer oder rationalismusfeindlicher Vorstellungen mit naturmagischen Elementen in Raschkes Umfeld herangezogen werden; nicht um eine geschichtliche Bewertung vorzunehmen, sondern um zu demonstrieren, wie fließend die Grenzen sein können, sobald eine begriffliche Nähe zu machtpolitischen Redeweisen hergestellt wird. Wie aus den Aufsätzen Raschkes und der dort vorgenommen Referenz von Einzelnem und Ganzem vertraut, verweist Lange in *Landschaftliche Dichtung* auf die Gleichnishaftigkeit der Natur als einem zu entziffernden System von „Zeichen, die die Jahreszeiten auf die Erde schreiben" und welche die unabänderliche „Wiederkehr des Gleichen in der Landschaft" verkünden.[257] In Kontrastierung dieser zyklischen Ordnung wird die „Umschichtung" der geistigen Grundlagen der Zeit und der Zerfall der Wissenschaften herausgehoben, den Steinecke zuletzt als Dissoziation der Gesamtwissenschaft bezeichnet hatte, die in eine „Epoche allgemeiner Dissoziation des abendländischen Lebens, der Lockerung des nexus fidei" falle.[258] Hierzu nimmt Lange eine Gegenüberstellung von „Rechnungen" und einer „das Gesamte umfassende[n] Schau" vor, der im Kontext bislang diskutierter Auseinandersetzungen zwischen mathematisch-physikalischen und anschauungsbetonenden Wissenschaftsvorstellungen entsprechende Bedeutung beigemessen werden kann. Die „alten Rechnungen gingen nicht auf", schreibt Lange mit Blick auf die Vergangenheit,

> es war überhaupt nichts zu errechnen. Die Wissenschaften, über die noch vor kurzem eine das Gesamte umfassende Schau möglich war, begannen in schneller

[256] Um einen Überblick über exponierte Einzelbeiträge des Blattes zu geben, dessen Schriftleitung Lange übernimmt: Hermann Kasack veröffentlicht in der Dezember-Ausgabe des Jahres 1932 einen Aufsatz über Oskar Loerke; Werner Milch leitet im April 1933 die Sondernummer *Magische Dichtung*, von Wilhelm Lehmann druckt die Zeitschrift 1933 einen Teil aus dem Roman *Die Schmetterlingspuppe* ab; Peter Huchel ist 1933 und 1934 mit mehreren Gedichten im *Weissen Raben* vertreten (keine Erstveröffentlichungen), so *Kinder im Herbst*, *Marie* und *Die dritte Nacht April*.

[257] Horst Lange (1933): Landschaftliche Dichtung, in: Der weisse Rabe 2 (1933), H. 5/6, 21-26, 23.

[258] Steinecke (1931b), 10.

> Entwicklung zu zerfallen und auseinander zu streben. Jedes Einzelergebnis wollte für sich allein wichtig genommen werden. Es war keine einheitliche Planung spürbar, die die Dinge untereinander geordnet und in ein gegenseitiges Verhältnis gebracht hätte.[259]

Langes Hinweis auf die Spezialisierung des Wissenschaftsbetriebs und das Fehlen einer „einheitlichen Planung" fügt sich in einen weithin hörbaren Chor von Stimmen, die vor einem Sinnverlust der Wissenschaften warnen bzw. die Krise der Wissenschaften nicht in den Grenzen ihres Könnens sehen, sondern im Bewusstsein ihres Sinns. Mit dem Zerfall eines Ganzen ist die Unermesslichkeit des Wissbaren daher der Frage unterstellt, ob es des Wissens überhaupt wert sei.[260] Auch in der *Literarischen Welt* kann der Leser ähnlich lautende Einschätzungen finden, wie am Beispiel Steineckes deutlich wird. Die moderne Wissenschaft sei kein in sich einheitlicher Bezirk mehr, heißt es in seinem Beitrag *Wissenschaft und Weltanschauung*, der als Titelüberschrift des dritten Kapitels gewählt wurde; sie sei nach der Aufspaltung in die methodischen Sondergebiete der Naturwissenschaft und der Geisteswissenschaft keiner Totalkonzeption von Welt und Mensch mehr fähig.[261]

Entsprechende Einschätzungen besitzen keineswegs singulären Charakter, sondern werden 1933 zu einem rhetorischen Angelpunkt innerhalb der wissenschaftsprogrammatischen Umgestaltung. Vor allem der Biologie wird dabei zugedacht, den Widerstreit zwischen einem beherrschenden mechanistischen Denken und vitalistischen Tendenzen aufzulösen, wie die Aufsätze des ungemein produktiven Kepler-Bund-Leiters Bernhard Bavink zeigen. Ein Argument ist bei ihm der protestantisch gefärbte Kampf gegen den atheistischen Materialismus Haeckels und für eine neue einheitsstiftende Weltbildfunktion der Naturwissenschaften auf Grundlage der Biologie. Bavink sieht denn auch eine „fast dreihundertjährige Periode fast ausschließlich mechanischen Denkens" am Ende, wobei die grundlegende Umwälzung im wissenschaftlichen Denken von eben jener Disziplin ausgegangen sei, die bislang als Muster naturwissenschaftlichen Denkens gegolten habe: der Physik.[262]

Anders als Bavinks Argumentation einer übergreifenden systematischen Bedeutung biologischer Konzepte und auch gegenüber der nicht unproblematischen Volksmetaphorik Raschkes singulär, erscheint an Langes Äußerung, dass dieser die Assoziierung mit einer gängigen politischen Rhetorik billigend in Kauf nimmt, indem er einen expliziten Seitenhieb auf das Weimarer System – das „demokratische Interregnum" – lanciert.[263] Stellvertretend für dieses chiliastische Bild kann hierbei auf die Formulierung des Herausgebers jener Zeitschrift verwiesen werden, in der Bavink 1933 seinen Aufsatz *Die Aufgaben der Naturwissenschaft* publiziert. Der Volksschullehrer Ernst Krieck (1882-1947), der sich als einer der wissenschaftsprogram-

---

[259] Lange (1933), 21.

[260] Siehe hier Karl Jaspers (1960): Die geistige Situation der Zeit [1931], hier zit. nach dem fünften, unveränderten Abdruck der im Sommer 1932 bearbeiteten 5. Aufl., Berlin, 134f.

[261] Siehe Steinecke (1931a), 1f.

[262] Bavink (1933a): Die Naturwissenschaften im Dritten Reich, in: Unsere Welt 25 (1933), 225-236, 226.

[263] Lange (1933), 23.

matischen Erneuerer sieht und das organische Denken der Biologie als eine Möglichkeit der Überwindung des Mechanismus erkennt, bedient sich einer anthropologisch gesteigerten Sprache und spricht in *Volk im Werden* in einem Lange vergleichbaren Ton vom „Weimarer Zwischenreich".[264] Als Ziel seiner *Zehn Grundsätze einer ganzheitlichen Wissenschaftslehre* formuliert er wie dieser die „eine",

> unteilbare und allgemeine Wissenschaft von der Totalität der Welt und der Menschheit, einschließend also eine allgemeine Biologie oder Anthropologie oberhalb unseres verhängnisvollen Gegensatzes von sogenannten Naturwissenschaften und Geisteswissenschaften.[265]

Nicht nur in diesem Textbeispiel greift Krieck die wissenschaftliche Disziplinenbildung als eine Verkehrung ganzheitlicher Wissensgrundlagen an. Für ihn existiert keine Individualität jenseits kollektiver Ordnungen. So hat der Ausdifferenzierungsprozess der Wissenschaften aus seiner Sicht zu einer trügerischen Annahme über den Fortschrittsbegriff und den Wert der Forschungsproduktivität geführt. Das Kriterium der Voraussetzungslosigkeit und der wissenschaftlichen Freiheit werden daher kurzerhand uminterpretiert:

> Die Entwicklung innerhalb der Wissenschaften im letzten Jahrhundert ist bekannt. Sie wird gekennzeichnet durch die immer weiter getriebene Verzweigung und Aufspaltung in Fächer, durch das Vorherrschen des analytischen Verfahrens, durch das Anhäufen überwältigender Massen von Stoffen und einzelnen Erkenntnissen, durch die stets weiter getriebene Abkapselung der Fächer gegeneinander und das Aufkommen des zugehörigen Spezialistentums. Wissenschaft und Universität sind damit zu Sammelstätten von lauter Einzelheiten geworden; man hat sie nicht zu Unrecht als „Warenhäuser des Geistes" bezeichnet. Wir haben inzwischen des weiteren erkannt, daß die anmaßliche Absolutsetzung des überlieferten Wissenschaftsbegriffs und der vermeintlichen Voraussetzungslosigkeit eine gewaltige Selbsttäuschung des 19. Jahrhunderts gewesen ist.[266]

Obwohl ein nicht zu verkennender Zug der Politikfeindschaft zur Charakteristik der Autoren des *Kolonne*-Umfeldes zählt, welcher Adolf Baden in einem Brief an Raschke im März 1933 eine „Verständigung quer zum Politischen" erhoffen lässt, geht Lange einer Gleichsetzung mit entsprechenden Vorstellungen nicht konsequent aus dem Wege, sondern betont, was an impliziten Übereinstimmungen unübersehbar ist.[267]

---

[264] Ernst Krieck (1933b): Die neuen Aufgaben der Universität, in: Volk im Werden, 1. Jg. (1933), H. 4, 24-29, 24.

[265] Ders. (1933c): Zehn Grundsätze einer ganzheitlichen Wissenschaftslehre, in: Volk im Werden, 1. Jg. (1933), H. 6, 6-9, 6. Zur Rolle Kriecks und den Unterschieden gegenüber Bavink siehe Klausnitzer (1999), 436ff.

[266] Krieck (1933b), 27.

[267] Baden erkundigt sich am 3.3.1933 bei Raschke nach dem Verbleib seines Manuskriptes wie dem der *Kolonne*: „Ist das Manuskript genommen und wird die Kolonne überhaupt noch weiterhin erscheinen? Vielleicht können Sie mir bitte mal kurz auf einer Karte sagen, wie die Dinge im Augenblick stehn. Das Ausfallen der beiden letzten Nummern hab ich tief bedauert, aber dass Ihre Zeitschrift eingehn könnte, diese Kleingläubigkeit bringe ich nicht auf, zumal jetzt, wo jede Verständigung quer zum Politischen

Dabei gelangt er zu dem Fazit, dass aus den „Fortschritts-Lehren eines aus dem 18. Jahrhundert bis zu uns reichenden Bogens flacher, konstruktiver Weltauffassung" nur ein „neues Bild vom Menschen" entstehen konnte, „in dem *das Geheimnis* wieder Raum" habe.[268] Wie Gunther Ipsen (1932) und Edgar Dacqué (1926) greift er die „abendländische Kultur" hierbei als Chiffre für Rationalismus und Positivität an und spricht mit Spenglerschem Zungenschlag von ihrer „jetzigen Späte des Verfalls und der Beunruhigung":

> Ein Zeitalter, in dem der Mensch vom Intellekt her die Welt zu beherrschen versuchte, in dem er sie von Zauber, Gespenstern und Fabelwesen reinigte, in dem er alle Spuren der Götter austilgte, geht unaufhaltsam in einer allmählichen Bewegung zu Ende. Die europäische Zivilisation hatte dem Menschen anscheinend für immer das Bewußtsein eingegeben, er sei ein Vernunft-Wesen, er stünde außerhalb der Natur, nur durch Geburt und Tod zwangsmäßig mit ihr verbunden. [...] Dort, wo es in der künftigen Zeit um eine allgemeine neue Sinngebung gehen wird, die die abendländischen Kulturen aus ihrer jetzigen Späte des Verfalls und der Beunruhigung hinüberführt in eine neue Wirklichkeit, wird jedesmal das Verhältnis zwischen Mensch und Natur in andere Ordnungen gebracht werden müssen.[269]

Langes Aufsatz, der die „Hinkehr der neuen Dichtung zur Natur" ohne jeden Interpretationsspielraum für den Leser mit einer „Wiederentdeckung Deutschlands" in Verbindung bringt, besitzt eine Gelenkfunktion für die bislang behandelten Vorstellungen von Ganzheit und dem Programm der *Kolonne.*[270] Wenn einerseits von einer Überwindung der Kompetenz und Intellektualität durch eine ‚innere' Erkenntnis der Dinge die Rede war, so greift Lange diesen Gedanken auf: „Größere Ziele" gelte es zu erreichen als „überspitzte Psychologie" und die Erfassung jener Dinge, welche man „sich durch Belesenheit und Wissen aneignen könnte".[271] Die Überwindung eines geistigen Partikularismus spielt hierbei eine zentrale Rolle, indem Lange die Beugung unter „jene namenlosen Kräfte" fordert, die „größer sind, als jeder Individualismus".[272] Durch seine Betonung einer vertikalen und regionalen Landschaftsmetaphorik, die das „Einfache und das Unwandelbare" sucht, „die Felder, die Äcker, die Teiche und Flüsse", und mit den stofflichen „Urgründen des Lebens" assoziiert, dokumentiert Lange andererseits, wie schwer entsprechende Zuschreibungen von der Sprache der *Kolonne* zu isolieren sind.[273] Lange kommt in *Landschaftliche Dichtung* zudem auf die Rolle der Technik und ihre Bedeutung für das zivilisatorische Selbstverständnis zu sprechen. Ganz bewusst greift er einen zentralen Abgren-

---

schon ein wenig wie Himmelreich auf Erden darstellt." Brief im Raschke-Nachlass unter der vertrauten Kennung SLB. Dresd. Mscr. App. 2531, Nr. 519.

[268] Lange (1933), 21. Hervorhebung i. O.

[269] Ebd., 22.

[270] Ebd., 23.

[271] Ebd., 23.

[272] Ebd., 23, 26.

[273] Ebd., 23.

zungspunkt ganzheitlicher und neuidealistischer Ansätze auf, die insbesondere in der Nachfolge Spenglers zu einer Verwerfungshaltung führen. Dabei negiert Lange das Wesen der Technik dergestalt, dass er sie den Zyklen der Natur – Geburt, Wachstum, Vergängnis – unterstellt und versucht, eine Bedeutungsrelativierung mit Hilfe des Lebensbegriffs zu praktizieren:

> Die Technik geriet binnen fünfzig Jahren aus der ihr zukommenden Position untergeordneter Nutzbarkeit in jene Machtstellung, deren Auswirkungen heute die historischen Denk- und Sichtlinien ganzer Völker aufs nachhaltigste verzerren. [...] Wo befindet sich auf der ganzen Erde eine Maschine, die neben dem geheimnisvollen Mechanismus eines geringen Saatkorns bestehen könnte, in dem die Ernten vieler künftiger Jahrhunderte verborgen sind? Eine solche Maschine wird nie gebaut werden.[274]

Die Konkurrenzsituation, die Lange durch der Gegenüberstellung von „Maschine" und „Saatkorn" herbeiführt, korrespondiert mit einem früheren Bild Martin Raschkes, das dieser in einer Rezension der Gedichte Richard Billingers verwendet. Raschke spricht in seinem Beitrag für die *Literarische Welt* (1929) davon, dass „ein großer Teil der Deutschen in ländlichen Verhältnissen" lebe und ihm „Regen und Kälte wichtiger" sei als „ein Dynamo, der noch nie das Korn reifte".[275] Das Verfahren, das Lange und Raschke anwenden, besteht in der Gegenüberstellung einander ausschließender Einzelbegriffe wie „Maschine" bzw. „Dynamo" und „Saatkorn", die beim Leser eine Assoziationskette auslösen sollen. In diesem Zusammenhang taucht bei beiden Autoren auch der Begriff des „Bauern" auf, den Raschke hinsichtlich seiner Sprachvorstellungen und der Bedeutung „dingnaher Worte" verwendet.[276] Lange geht jedoch einen Schritt weiter und bezeichnet den Bauern nicht nur als „Vorbild" für eine ganze „Front werdender Dichter", sondern thematisiert die Komplexität der urbanen Lebenswelt. Gegenüber dieser Welt erscheint die naturnahe Existenz des Bauern in einem „festen Kreis von einfachen, unkomplizierten Vorgängen eingeordnet" als beispielhaft. Denn der Bauer könne sich als Sachwalter von Saat und Ernte, Wachstum und ruhiger, nach festen Gesetzen geregelter Unterordnungen unter Größeres nehmen.[277] Augenscheinlich zielt diese Rhetorik dabei auf ein Ordnungsprinzip, das den Einzelnen im Ganzen einzugliedern vermag und sinnstiftend wirkt. Nicht ein „Bauernmuseum" oder einen „Schrank für Altertümer" gelte es deshalb zu füllen, schreibt Lange abschließend. „Nein, es geht darum, auch von dieser Seite her eine Einheit hervorzubringen, die, wenn sie besteht, mit Recht Nation geheißen werden kann."[278]

---

[274] Ebd., 22.

[275] MR: Richard Billinger: Gedichte, in: Die literarische Welt 5 (1929), Nr. 22, 5. Im programmatischen Vorspruch zur Erstlingsnummer der *Kolonne* (Dezember 1929) ist gegenüber dieser Textvorlage „der Deutschen" durch „Menschheit" ersetzt.

[276] MR: Ueber die Sprache, in: Die Kolonne 1 (1930), Nr. 6, 45.

[277] Lange (1933), 23, 25.

[278] Ebd., 26.

Obgleich Raschke zumindest zu diesem Zeitpunkt ähnliche Formulierungen vermeidet und sich kritisch mit jeder Form einer geistigen Reagrarisierung auseinandersetzt, gibt es Parallelen zu einer lebensphilosophisch geprägten Technik-Kritik, die das Denken in Kategorien von Ganzheitlichkeit und Organismus durch das Wesen der Maschine bedroht sieht. Das nachfolgende Kapitel ist deshalb in zweierlei Hinsicht von Bedeutung für den weiteren Verlauf der Untersuchung. Zum einen soll versucht werden, anhand von Raschkes Wahrnehmung der Technik Schlussfolgerungen für die abschließende Analyse der naturwissenschaftlichen Kurzmeldungen in der *Kolonne* herauszuarbeiten. Denn wie die Kritik an der als mechanistisch angefeindeten Wissenschaft stellt die Skepsis gegenüber der Technik selbst eine zu erwartende Befindlichkeit Raschkes und weiterer Autoren in seinem Umfeld dar. Zum anderen ändert sich der Untersuchungsmodus hinsichtlich der verwendeten Quellen gegenüber dem ersten Teil. Während die bisherige Darstellung dazu diente, Raschkes Gedanken aus seiner publizistischen Umgebung heraus zu betrachten und in den Kontext der Veröffentlichungen anderer Autoren zu stellen, bilden Einzelanalysen zu seinem publizistischen Werk den Gegenstand des zweiten Teils. Am Beispiel der kosmischen Strahlung, der Zellatmungsprozesse oder der Verwendung von Fotografien soll gezeigt werden, dass Raschke Themenbereiche aufgreift, die in seinem publizistischen Umfeld als bekannt gelten. Nur noch vereinzelt werden hierbei jedoch externe Textbeispiele herangezogen. Es sei denn, sie sind im konkreten Fall Bezugspunkt der Kritik oder dienen dem besseren Verständnis von Raschkes Äußerungen.

TEIL 2:
Einzeluntersuchungen zum publizistischen Werk Martin Raschkes

V. Verwachsen mit der Maschine. Die Darstellung der Technik

Im Zusammenhang mit der Wahrnehmung der Relativitätstheorie durch Alfred Döblin, aber auch bei der Untersuchung von Horst Langes Aufsatz *Landschaftliche Dichtung*, ist davon die Rede gewesen, dass sich die Ursachen der Wissenschaftsfeindschaft nicht mit begrifflichen Entgegensetzungen wie Vernunft und Irrationalität, Abstraktion und Anschauung, Rationalität und Intuition allein fassen lassen. Eine wichtige Rolle für den Affront gegenüber den Naturwissenschaften spielt eine Entwicklung, welche die zivilisatorische Selbstverortung der Moderne wie kaum eine andere verändert hat und entsprechend kritisch reflektiert wurde: der Siegeszug der Technik. Dabei ist es vor allem das Weltkriegserlebnis, das ein Gefühl der Übermacht von technischer und wissenschaftlicher Produktion parallelisiert und dem Zeitalter ungeteilter Wissenschafts- und Technikbejahung ein sinnfälliges Fiasko beschert; aber auch die Mechanisierung der Lebenswelt im Ganzen.

Georg Simmel hat im Jahr 1916 bemerkt, dass die Technik als Werkzeug des Menschen ein Wachstum erfahre, an dessen Ende sich das einstige Instrument zwischen das Subjekt und den Zweck seiner Verwendung schiebe und diesen zu überdecken beginne.[279] An die Stelle eines Ziels des Gebrauchs der Technik trete das Instrument und werde zu einem autonomen Selbst, das den Benutzer in den Bann seiner Gesetzmäßigkeiten hineinzwinge. Wenn Oswald Spengler von einem „*Satanismus* der Maschine" spricht, die den faustischen Menschen „*zum Sklaven seiner Schöpfung*" mache, dann drückt sich hierin eine entsprechende Wahrnehmung der bedrohlichen Umkehr im Verhältnis zwischen Mensch und Technik aus, indem nicht der neue Mensch die Maschine, sondern die Maschine den Ingenieur, den Unternehmer und den Fabrikarbeiter „*herangezüchtet*" habe.[280] Ludwig Klages schreibt der Technik, die gegängelt vom „alles beherrschenden Mamonismus" und fußend auf genauesten Berechnungen, von Erfolgen zu Erfolgen stürme, schließlich die „Aussicht auf Zerstörung des Erdballs" zu.[281] Es ist, so scheint es, deshalb kaum möglich, technischen und wissenschaftlichen Fortschritt voneinander zu trennen und über die Naturwissenschaften sprechen zu wollen, ohne über die Technik zu reden. Beide stehen in einem wechselseitigen Verhältnis oder werden zumindest als wechselseitige Determinanten der historischen Entwicklung behandelt.

Die Darstellung diente bisher dem Versuch, die Rahmenbedingungen und Einflüsse von Raschkes publizistischer Arbeit zwischen 1929 und 1932 aufzuzeigen. Dabei hat sich angedeutet, dass der Themenbereich Naturwissenschaft möglicherweise deshalb sein Interesse weckt, um einem bis heute gegen die Naturlyrik ins Feld

---

[279] Simmel (2000), 190f.
[280] Spengler (2000), 1190f. Hervorhebungen i. O.
[281] Klages (1960), IX, X.

geführten Vorwurf der Zivilisationsfeindschaft und ideologischen Rückwärtsgewandtheit zuvorzukommen. Wenn sich in der Forschung daher der Hinweis auf die Technik- und Wissenschaftsaffinität des *Kolonne*-Herausgebers findet[282], steht dies nicht zuletzt im Zusammenhang mit der Suche nach rehabilitierenden Momenten für eine mit Attributen wie regressiv oder bukolisch belegte literarische Strömung. Aus diesem Grund drängt sich die Frage nach der tatsächlichen Bereitschaft Raschkes auf, Tendenzen der technisch-wissenschaftlichen Moderne mitzutragen und über den Gebrauch von Schlüsselbegriffen hinauszugehen.

Es wurde am Ende des Kapitels zu Günter Eich weiterhin festgestellt, dass Raschke über die Feindschaft gegenüber Rationalismus und Wissenschaftsverehrung nicht die Bedeutung verkennt, die bestimmte Themen und Sprachbilder besitzen. So stellt auch der technische Fortschritt in gewisser Weise einen zivilisatorischen Eigenwert dar und gehört wie das Bekenntnis zu den Naturwissenschaften zu jenen positiven Leitkategorien, deren Negation leicht einer Selbstbeförderung ins antimodernistische Abseits gleichkommen kann. Mit Hilfe der Darstellung zur Wahrnehmung der Technik soll daher versucht werden, eine grundlegende Vorgehensweise Raschkes in Bezug auf exponierte Themen zu unterstreichen und für die abschließende Untersuchung der Wissenschaftsmeldungen in der *Kolonne* produktiv zu machen. Wenn dabei die Ansicht vertreten wird, Raschke nehme eine technikkritische Haltung ein, stützt sich dieses Urteil nicht auf die Suche nach Belegen für eine Radikalabwehr der Technik. Die Untersuchung soll hingegen helfen, Raschkes Vorstellungen als eine subtile Form der Mechanismuskritik herauszuarbeiten, die sich keinerlei rhetorische Übertretungen erlaubt. Es geht somit nicht um das Ob von Technik und Wissenschaft, sondern um das Wie ihrer Beurteilung.

1. *Das zwanzigste Jahrhundert*

Axel Vieregg hat im Zusammenhang mit seiner Eich-Kritik die Auffassung vertreten, Raschke sei als Autor gegenüber Eich der „Modernere, Urbanere, dem Gedanken einer Versöhnung von Tradition und technologischem Fortschritt gegenüber Aufgeschlossenere". Begründet wird dieses Urteil mit einem Manifest des damals Einundzwanzigjährigen, das zu den ersten Veröffentlichungen Raschkes zählt und ganz unter dem Einfluss der Jugendbewegung steht. „Einen solchen Text hätte Eich in den zwanziger und dreißiger Jahren nicht schreiben können", so das Fazit. „Denn nicht um eine Versöhnung mit den Tendenzen der Moderne ging es ihm [Eich, A. M.] damals, sondern um deren kategorische Zurückweisung."[283] Wer diesem Satz Glauben schenkt, muss den Eindruck gewinnen, dass es Raschke um eine grund-

---

282 Zu dieser Einschätzung Raschkes siehe Hoffmann in: Hinweis auf Martin Raschke, 175, 179, bzw. Haefs (2002a), 88.

283 Vieregg (2002), 122f., bzw. Ders. (1996): „Unsere Sünden sind Maulwürfe". Die Günter-Eich-Debatte, hg. von Axel Vieregg, Amsterdam/Atlanta, 4.

sätzliche Zustimmung zur technisch-wissenschaftlichen Moderne gegangen sein könnte, die anhand des folgenden Textausschnitts verifizierbar sei:

> DAS ZWANZIGSTE JAHRHUNDERT
>
> Heißen wir Vater und Feind zugleich. Ihm
> gehört unsere Liebe, unser inbrünstigster Haß.
>
> Wir lieben die unerbittliche Nüchternheit
> der Maschinen, ohne uns an eine lächerliche
> Romantik, die den peitschenden Nöten von
> Millionen, die an Werkbänken gefesselt ste-
> hen, Hohn spricht, zu verlieren.
>
> Wir lieben die Stadt gleich Tausenden,
> aber nie vergessen wir, daß es Winde, Wol-
> ken, Palmen gibt.
>
> Wir lieben die scharf geschnittenen Leiber
> Junger Automobile, wir bewundern die Kon-
> struktionen neuer Geschäftshäuser, doch
> wissen wir, daß gleichzeitig Vögel, Panther,
> Wale sind.
>
> Unsere Stadt des Hirns kennt den Himmel
> und liebt ihn, wenngleich er nicht zu ihr
> gehört. Wir brauchen und lieben dieses
> kostbare Nebeneinander, sind umfänglich
> genug, Könige zweier Reiche zu sein. [...][284]

Der Auszug entstammt Raschkes 1926er *Zielbekenntnis* und stellt ein Musterbeispiel für die Evokation symbolischer Gegensätze dar, die für Raschkes Rhetorik auch in seinen späteren Aufsätzen charakteristisch ist. Raschke integriert die Symbole der technologischen Modernisierung in die Vorstellung einer Synthese der Gegensätze, die in der Formel „zweier Reiche" eine Entsprechung findet. Zwei Reiche: Das sind urbane Lebenswelt („Unsere Stadt des Hirns") und der Bereich der äußeren Natur („kennt den Himmel"), die im Text voneinander getrennt werden („und liebt ihn, wenngleich er nicht zu ihr/ gehört"). Die Begrifflichkeit erinnert dabei an die naturkundliche Systematik Linnés im Sinne der Abgrenzung von Mineralien, Pflanzen und Tieren als drei Reichen, wie sie auch Goethe beeinflusst hat.[285] Ebenso wie

---

[284] MR (1926a): Wir werden sein. Ein Zielbekenntnis, Berlin, 5f.

[285] Johann Wolfgang Goethe: Der Verfasser teilt die Geschichte seiner botanischen Studien mit, in: Ders. (1964): Die Schriften zur Naturwissenschaft. Vollständig mit Erläuterungen versehene Ausgabe hg. im Auftrag der Deutschen Akademie der Naturforscher Leopoldina von Rupprecht Matthaei, Wilhelm Troll und K. Lothar Wolf, Weimar, Bd. 10: Aufsätze, Fragmente, Studien zur Morphologie, bearbeitet von Dorothea Kuhn, 319-338. Raschke selbst lässt eine entsprechende Lesart durch seine im Nachlass erhal-

„Wunder und Sachlichkeit“ in der ersten *Kolonne*-Ausgabe, stellen auch „Automobile“ und „Geschäftshäuser“ und „Vögel, Panther, Wale“ keine Gegensatzpaare dar, weil sie sich auf ein einigendes Prinzip zurückführen lassen, das hinter den erfahrbaren Phänomenen steht. Wie erwähnt, benutzt Raschke dafür in der Folgezeit den Begriff des Lebens als Protestform gegen das Zutrauen in die Verabsolutierung der Rationalität. Der Gedanke einer Einheit in der Vielfalt lässt die Bewunderung für die Technik das Bewusstsein der natürlichen Lebensgrundlagen einbegreifen: „Wir brauchen und lieben dieses/ kostbare Nebeneinander [...].“ Aus der Vorstellung „zweier Reiche“ in *Das zwanzigste Jahrhundert* wird dabei ein „Reich“, das die Synthese von Mensch und Natur fixiert:

> Die Natur ist nicht etwas „Gutes“ oder „Ewiges“ jenseits unseres Lebens. Die Natur hat sich im gleichen Grade zivilisiert und individualisiert wie der Mensch. Es gibt kein Reich jenseits des Menschen, denn es kann kein Reich jenseits des Lebens geben, das überall, auf jeder seiner möglichen Ebenen, dem gleichen Gesetze gehorcht.[286]

Der Schulterschluss von Technik und Naturerfahrung, der in Raschkes *Zielbekenntnis* vorgeführt wird, zieht durch weitere Textbeispiele. Dabei verfährt Raschke jeweils nach einem vergleichbaren Schema, indem er der Lobpreisung der Technik die Mahnung vor ihrer Verabsolutierung anfügt. So zeichnet er in seinem Aufsatz *„Man trägt wieder Erde“* (1931) das Bild eines Maschinisten, der in einer Arbeitshalle zum Fenster geht und inmitten der Werkrealität den Frühling erfährt, „auch hier, in dieser scheinbar so künstlichen Umgebung“. Die Herrlichkeit des Motors, die Raschke nur wenig später preist, stellt er dabei gezielt in den Nutzen des Menschen:

> Der Motor ist gebaut worden mit den Erfahrungen von Generationen, Tausende gingen an seinen Vorstufen zugrunde, und es brauchte ein Jahrhundert, bevor er so herrlich wurde, wie er sich heute bietet.[287]

Wie alle Instrumente, die sich der Mensch erschaffen habe, diene der Motor jedoch lediglich der Verringerung des physischen Leids und bleibe das

> Instrument des menschlichen Willens, die Wirkung von Naturgesetzen mit Hilfe von anderen Naturgesetzen vorübergehend auszuschalten; er ist ein Instrument, vielleicht ein dereinst überwundenes Instrument dieses Willens [...].[288]

---

tenen Vorarbeiten zu *Himmelfahrt zur Erde* (1930) nicht abwegig erscheinen. Siehe dazu SLB. Dresd. Mscr. App. 2531, 1885, Blatt 18: „Ich versuchte Reihen [überschrieben, A. M.] von Metamorphosen zu überblicken, Verwandtes zu verfolgen durch das Reich der Steine, der Tiere und Pflanzen. Es fand sich wenig unter den Dingen, den Kristallen, das dem Menschen verwandt gesetzt werden konnte. Alle Dinge erschienen älter, reifer als der Mensch, gewöhnter auch an ihre Aufgabe; es gab dort keine Trennung von Inhalt und Form.“

[286] Otto Merz [d. i. MR]: Ernst Glaeser: Das Gut im Elsaß, in: Die Kolonne 3 (1932), Nr. 4, Umschlagseite (Kritisches Beiblatt).

[287] MR: „Man trägt wieder Erde“, in: Die Kolonne 2 (1931), Nr. 4, 48. Der Titel bezieht sich auf einen Artikel Raschkes in der *Literarischen Welt* und wird daher in Anführungsstrichen gedruckt.

[288] Ebd., 48.

Am prädestiniertesten Beispiel für die Dynamisierung der modernen Lebenswelt – der automobilen Verkehrstechnik – demonstriert Raschke seine ‚Faszination' für die Errungenschaften der Zivilisation. Dabei erinnern Diktion und Pathos („Wir lieben die scharf geschnittenen Leiber/ Junger Automobile [...]") an jene Bereicherung der Herrlichkeit der Welt, mit der Marinettis *Manifest des Futurismus* die Geschwindigkeit gefeiert hatte und ein aufheulendes Rennauto für „schöner als die *Nike von Samothrake*" befand.[289] Der heroische Gestus, der dem Futurismus eingeschrieben ist, wird hier gebrochen und unterliegt der für Raschke typischen Bedeutungsrelativierung mit Hilfe der Anführung zweier symbiotisch verbundener Gegensätze. In *„Man trägt wieder Erde"* ist deshalb von Fahrten im dahinrasenden Automobil die Rede, ohne sich jedoch an die Technik zu verlieren.

> [...] ich bin stolz, gemeinsam mit vielen, daß es dem Menschen möglich wurde, schneller zu sein als alle lebenden Geschöpfe. Doch dieser Sieg an der äußeren Front der Menschheit läßt mich die innere Front nicht vergessen, an der die Kunst kämpft und mühsam den Menschen mit seiner Endlichkeit zu versöhnen sucht.[290]

Auch dieses Textbeispiel ist ein Spiegelbild der Ambivalenz. Auf der einen Seite zeichnen sich in der Bejahung des Geschwindigkeitskults als einer Möglichkeit der Wahrnehmungserweiterung, Raumüberwindung und des ekstatischen Lebensgefühls die Umrisse einer frühexpressionistischen Denkumgebung ab. Die Unterteilung in „innere" und „äußere" Front, die Raschke gleichbedeutend mit der Trennung von Kunst und Technik vornimmt, verdeutlicht auf der anderen Seite den Selbstanspruch des Autors gegenüber externen, ‚realitätsverhafteten' Wertzumessungen. Die Begeisterung für die Geschwindigkeit und die Glorifizierung einer Dynamisierung der Lebens, die trotz der Warnung vor dem Verlust der Wahrnehmung nicht verworfen wird, spricht auch aus Raschkes Essay *Reisen des Auges* (1931). Analog zu *„Man trägt wieder Erde"* zeigt sich der Autor darin „stolz" über die Errungenschaften der Technik, da er wisse, um wie viele Stunden sich Länder und Erdteile näher rückten, „vereint durch die wachsende Schnelligkeit unserer Verkehrsmittel, und wir wissen es mit Stolz." Die Relativierung folgt jedoch stehenden Fußes: „Aber vereinte sie nicht schneller noch unser Traum?"[291] Das gleiche Abwägen kennzeichnet die Argumentation im nächsten Absatz. „Wohl gibt es einen Rausch der Schnelligkeit, und es ist herrlich, in großem Tempo über die Erde oder die Luft zu rasen, verwachsen mit der Maschine. Reisen aber ist etwas anderes", und man begehre „kaum nach Raketenflugzeugen".[292]

---

[289] Filippo Tommaso Marinetti: Manifest des Futurismus, zit. nach Thomas Rohkrämer (1999): Eine andere Moderne? Zivilisationskritik, Natur und Technik in Deutschland 1880-1933, Paderborn/München/Wien/Zürich, 225. Hervorhebung i. O. Zum Symbolcharakter der Autotechnik als einem Zentralobjekt der technischen Moderne und Ausdruck von Faszination an Fortbewegung und Dynamik siehe die Untersuchung von Dorit Müller (2004): Gefährliche Fahrten. Das Automobil in Literatur und Film um 1900, Würzburg, mit Blick auf Marinetti insbesondere 61ff.

[290] MR: „Man trägt wieder Erde", 48.

[291] MR: Reisen des Auges, in: Die Kolonne 2 (1931), Nr. 2, 13.

[292] Ebd., 13.

Raschkes Behandlung der Technik lässt sich in diesen Textbeispielen keineswegs als *feindlich* kategorisieren. Gegenüber Technikgegnern, die den Menschen zum Opfer des Maschinenzeitalters erklären oder von einem Zorn des freien Menschen „über die Maschinenknechtschaft" sprechen, wie es zum oben genannten Roman *Eisbrand* von Alfred Brust (1933) heißt, ist in Raschkes Aussagen keinerlei negative Inbrunst erkennbar.[293] Vor allem die Fototechnik wird von Raschke wie von Loerke und einer Reihe anderer Autoren als Grundlage eines neuen realistischen Sehens begriffen und liefert ihm im Falle der Spiralnebelbilder visuelle Eindrücke des Kosmos. Der Versöhnungsgestus mit Technik und Stadt, den *Das zwanzigste Jahrhundert* auszudrücken scheint, ist bei genauer Betrachtung jedoch Ausdruck einer vorausschauenden Wirkungserwartung, der sprachlich Rechnung getragen wird („Wir lieben die Stadt", „Wir lieben die Leiber scharf geschnittener/ Junger Automobile", „Wir brauchen und lieben dieses/ kostbare Nebeneinander"), nicht Beweisstück einer Technologie- oder Moderneaffinität. Eine affirmative Rhetorik („herrlich", „stolz") findet sich auch in der Folgezeit in direkter Nähe zur Technikkritik und lässt die Widersprüchlichkeit von Raschkes Standpunkt umso deutlicher werden. Axel Vieregg kommt in seiner Untersuchung zu Eich hingegen zu dem Schluss, Raschke zeichne gegenüber seinem Intimus Eich nicht nur die Integration der Symbole der technischen Moderne aus, ihm sei auch die Skepsis gegenüber Vernunft und Bewusstsein fremd, die Eich charakterisiere.[294] Problematisch erscheint diese Etikettierung nicht zuletzt hinsichtlich des Verzichts auf eine Kontextbildung innerhalb des Werks. Dass Raschke anders als Eich eine konfrontative Sprache gegenüber der technisch-wissenschaftlichen Moderne vermeidet und seine Kritik vor allem auf ein mechanistisches Naturbild fokussiert, ist nicht in Abrede zu stellen. Dass er hierbei jedoch nicht zögert, mit Bennschem Zungenschlag Abstand von der „Jetztzeit und ihrer Sehnsucht nach dem happy end", den „Segnungen der Technik" und „unbegrenzten Möglichkeiten einer individualpsychologischen Pädagogik" zu nehmen, lässt sich anhand einer Reihe anderer Äußerungen exemplifizieren, die zum Widerspruch für das Argument eines Vernunftvertrauens herangezogen seien.[295] So spricht Raschke von der Zerstörung eines „Aberglauben[s] an die Wissenschaft"[296] und einem Ende von „jeglichem Fortschrittsglauben"[297], den „Grenzen unseres Denkens überhaupt"[298], einer „letzten Gewißheit aus wissenschaftlichen Resultaten"[299] sowie der „Skepsis gegen den Leerlauf moderner Biologie, Skepsis gegen die Tabelle und das ‚es ist erreicht'".[300] Nicht nur in diesem Beispiel präsentiert er sich dabei mit einem

---

[293] Denkler (1995), 267.
[294] Vieregg (2002), 123.
[295] MR: Das Unaufhörliche, in: Die Kolonne 2 (1931), Nr. 6, 61.
[296] MR: Gottfried Benn, in: Die Kolonne 1 (1930), Nr. 6, 35.
[297] MR: Gottfried Benn: Fazit der Perspektiven, in: Die Kolonne 3 (1932), Nr. 2, 31.
[298] MR: Eugen Georg: Verschollene Kulturen, in: Die literarische Welt 8 (1932), Nr. 8/9, 9.
[299] MR: Gottfried Benn, 36.
[300] Ebd., 36. Raschkes Formulierung lehnt sich hier augenscheinlich an Benns Gegenüberstellung von „Tabelle" und „Schöpfung", „Geist" und „Statistik" in *Das moderne Ich* (1920) an [Benn (1997), 33], in dem auch Semi Meyer genannt wird – genau wie in Raschkes zitiertem *Kolonne*-Aufsatz.

rhetorischen Schlenker, den sich auch Vieregg zu eigen macht: „[...] was das Bewußtsein betrifft, so schreibt Raschke einmal [...]: ‚Wir wollen nicht dem Bewußtsein entfliehen. [...] Das Bewußtsein ist unser Stolz und unser Schicksal.'"[301]

2. *„Man trägt wieder Erde"*

Das zuletzt angeführte Zitat entstammt Raschkes Aufsatz *„Man trägt wieder Erde"*, der die Allianz der Gegensätze – „Kräfte des Lebens" vs. „Kulissen unserer Zivilisation", „Gewissheit des Herbstes" vs. „Maschinen und Lampen" – in symptomatischer Weise aufgreift.[302] Die Absage an politische Programme und an eine ländliche Idyllendichtung lässt Raschke spekulieren, dass eine „Abkehr vom zivilisatorischen Denken" nicht notwendig fordere, „hinfort primitive Zustände sehnsüchtig" darzustellen.[303] Nicht ohne Gespür distanziert er sich dabei von Ausdrucksweisen, die an „Bauernromane im Stil des 19. Jahrhunderts", „Siedlergeschichten mit urzeitlichem Gerät"[304] oder an „Heldensiedler [...] mit primitivem Gerät"[305] erinnern könnten:

> Gibt es nicht nahezu Formulare für die Darstellung, wie ein Bauer an das Fenster seiner Stube treten muß, wenn es hagelt, und wie er über die reifenden Felder zu gehen hat?[306]

> Wo früher ein philosophisch fundierter Wille die Rückkehr ersehnte, treibt jetzt die Lebensangst des entwurzelten Städters.[307]

Raschke bezieht mit dieser Polemik pointiert Stellung gegen einen um 1930 verbreiteten literarischen Agrarkult, der den Ausstieg aus dem Maschinenzeitalter mit den Mitteln der Prosa erprobt. Obwohl er sich hierin klar von entsprechenden Äußerungen etwa Horst Langes absetzt, lässt sein Griff nach den Symbolen der Technik und den „Kulissen unserer Zivilisation" allerdings keinen Zweifel an deren „Scheindasein" aufkommen, sowie an der Gewissheit, dass die „Stadt [...] einer künstlichen Welt" angehört.[308] Als Überfrachtung des Menschen mit lebensentfremdenden Einflüssen steht Raschke den Signaturen der Moderne auch in Bezug auf ihren sprachverändernden Einfluss feindlich gegenüber. Der Glaube an ein Ursächliches evoziert daher die Rede vom „Daseinsgrund" oder dem einmal mehr an Benn orientierten „rauschartigen Zustand des Verbundenseins mit dem Urgrund aller Wesen", und führt zum Verlust einer unmittelbaren Bezeichnung der Dinge, „dingnaher Worte".[309] Nicht zufällig sprächen „aufklärerische Zeiten eine nüchterne, begriffliche

---

301 Vieregg (2002), 123.
302 MR: „Man trägt wieder Erde", 47.
303 Ebd., 47.
304 Ebd., 47.
305 MR: Jean Giono: Ernte, 9.
306 MR: „Man trägt wieder Erde", 47.
307 MR: Jean Giono: Ernte, 9.
308 MR: „Man trägt wieder Erde", 47.
309 MR: Ueber die Sprache, 45.

Sprache", heißt es in Raschkes heraushebenswertem Beitrag *Ueber die Sprache*. „Das Wort ist seines Kerns beraubt, und man spricht in Worthülsen."[310] Dabei offenbart gerade der Rekurs auf die Manifestation einer ‚dingnahen' Sprache, wie viel Raschkes Vorstellungen dem Zeitkontext schulden, indem sie ihn zu überblenden versuchen. Das Bekenntnis, „Wir wollen nicht dem Bewußtsein entfliehen", meint daher, „nicht die Gebärden des Naiven" zu wiederholen und mit der Sprache des „Bauern" oder des „Proletariats" zu kokettieren, wie Raschke unterstreicht.[311] Mit dieser Strategie der Abgrenzung geht es ihm jedoch keineswegs um die grundsätzliche Verneinung eines nicht-vernunftgemäßen Moments, sondern um die ebenbürtige Integration, wie bei der vollständigen Wiedergabe des Zitats deutlich wird. Immer dann, wenn Raschke affirmativ zu wirken bemüht ist, wechselt er dabei in einen Gruppen- oder Generationsgestus und gebraucht die Wir-Perspektive. Im betreffenden Textabschnitt heißt es im Manifestcharakter von *Das zwanzigste Jahrhundert*:

> Wir wollen nicht dem Bewußtsein entfliehen, wir wollen nicht die Gebärden des Naiven wiederholen, weder die des Bauern noch die des Proletariats. Das Bewußtsein ist unser Stolz und unser Schicksal. Daß es Grenzen hat, vergessen wir nicht, auch nicht, daß wir aus Fernerem leben. Nach wie vor gilt es nur, den Zusammenhang von Dunklem und Hellem, diese schmerzende Mischung von Freiheit und Bestimmtsein, von Nahem und schon Erwachsendem zu gestalten, die Mensch heißt.[312]

Unmittelbar darauf rückt Raschke dieses Bild wieder gerade, in dem er einer Überbewertung der Technik entgegentritt. Als direkte Gegenüberstellung von Kunst und Technik fügt er hinzu:

> Es ist müßig, dieses Mühen um Ausdruck unserer Zeit in der Kunst mit der Technik zu vergleichen, wie es Spengler tat, und auf die Literaten zu schimpfen, die einen Roman für wesentlicher halten als einen Motor.[313]

Dies heißt nichts anderes, als dass künstlerischer Ausdruck und mechanistisches Technikbewusstsein einmal mehr in ein kategorisches Konkurrenzverhältnis gesetzt werden, wobei Raschke seine Position unschwer erkennbar macht. Dabei verweist Raschke nicht nur auf die „Grenzen" einer dem Bewusstsein verhafteten Sichtweise der Welt und votiert für eine Schicksalhaftigkeit der Existenz („[...] aus Fernerem leben"). Er trennt auch das „Mühen um Ausdruck" durch die Kunst entschieden von der Manifestation der Zeit in ihren technischen Symbolen ab. Diese werden auf den Status von technischem Fortschritt zurückgeworfen und die Trennung von Lebenswelt und einer Erkenntnis und Spiegelung derselben mit Hilfe der Kunst manifestiert. Der Dichter stehe an der Innenseite des Lebens, den Blick nach innen gerichtet, heißt es in seiner Rezension von Benns *Fazit der Perspektiven*; er kämpfe an

---

[310] Ebd., 45.
[311] MR: „Man trägt wieder Erde", 48.
[312] Ebd., 48.
[313] Ebd., 48.

der inneren Front der Menschheit.[314] Mit Recht lehne es Benn daher ab, zu den Vielen an die zerklüftete *äußere* Seite der Menschheit zu treten. Er müsse ein Anwalt des Lebens sei, fährt Raschke fort, vor dem alle Zeiten gleich schwer wögen, „denn er will das Leben und nicht nur den Fortschritt".[315] Nichts anderes meint auch Eich mit seiner Forderung, die „äußeren Erscheinungsformen" der Zeit mit der „Veränderung, die der Mensch durch sie erfährt", zu kontrastieren bzw. nur angemessen „gegen diese Zeit" ankämpfen zu können, indem man nichts über sie aussage.[316] Analog dazu bedient Raschke das gegen die „Funktion von Klassen und Ständen" gerichtete Wort vom „Menschen als Träger der äußeren Geschichte", welches auf die technisch-wissenschaftliche Zeitzeugenschaft übertragen werden kann.[317]

Raschkes Darstellung der Technik ist deshalb weder mit einer radikalen Technikkritik gleichzusetzen, noch kann sie als Ausdruck einer Technikbegeisterung interpretiert werden. Seine Kritik folgt nicht dem Muster regressiver Beharrlichkeit, sondern nimmt Phänomene der Gegenwart bewusst auf. Inwieweit die Konzessionen Ausdruck einer ambivalenten Haltung sind, die Modernität und Modernekritik amalgamiert, kann hierbei nur aus dem Gesamtkontext seiner Äußerungen erschlossen werden, die gerade wegen der vorausschauenden bzw. nicht-kontextbezogenen Evozierung technisch-wissenschaftlicher Begriffe Verdachtsmomente für eine modernekritische Haltung offerieren. Angesichts der Synthese von „Wunder und Sachlichkeit" und dem Glauben an den „Wert des Mysteriums, ohne die Bedeutung des Brotes zu vergessen", ist dieser Spagat keine Ausnahme, sondern wird durch weitere Textbelege bestätigt.[318] So spricht Raschke von „schöpferischer Leistung", „Intuitionen und Gnade" und redet der Autonomie der Kunst das Wort, die er gegen „Dichterlinge, revolutionäre Literaten, Industrieromantiker, Zukunftspropheten, Stückemacher" und die Erniedrigung des Dichters zum „Reporter" verteidigt wissen will.[319] Wie kein anderer *Kolonne*-Autor bekennt er sich zugleich zu journalistischen Stilformen und macht Gebrauch von der Fototechnik. Für die Affinität Raschkes zum Themenbereich Technik erscheint daher treffend, was Hans-Peter Bayerdörfer mit Blick auf den literarischen Zeittrend der Wissenschaftsnähe beschreibt, wenn er anmahnt, Vorsicht walten zu lassen.[320] Denn die bloße Anführung von Wissenschaft und Technik schließt auch hier weder das Moment des Fortschritts noch das Zutrauen zu Diesseitigkeit und verstandesmäßiger Erkenntnis ein.[321] Es ist, so scheint es, vielmehr die Verbindung aus technikkritischen Elementen und dem Wissen um die Notwendigkeit einer Vermeidung eskapistischer Gebärden, die Raschkes Argu-

314 MR: Gottfried Benn: Fazit der Perspektiven, 31.
315 Ebd., 31.
316 Eich (1932), 3f., bzw. der Brief an Raschke unter SLB. Mscr. Dresd. App. 2531, Nr. 590.
317 MR: Ernest Hemingway, In unserer Zeit, in: Die Kolonne 3 (1932), Nr. 3, 46-47, 47.
318 MR (1926a), 9.
319 Ebd., 6, bzw. Vorspruch: Die Kolonne 1, 1929.
320 Hans-Peter Bayerdörfer (2001): Weimarer Republik, in: Walter Hinderer (Hg.): Geschichte der deutschen Lyrik vom Mittelalter bis zur Gegenwart, Stuttgart, 439-476, 466.
321 Zu einem ähnlichen Urteil kommt Michael Scheffel (2002), 61.

mentation leitet. Antimodern, um diesen Vorwurf an Eich aufzugreifen, verhält er sich dabei insofern, als er die Symbole einer technischen Moderne zitiert, um eine gegenwartskritische Denkhaltung zu stabilisieren. Die Technik bleibt für ihn in letzter Konsequenz die Zweckentsprechung menschlichen Willens, ein Instrumentarium mit vorgeschriebenem Wirkungsradius. Raschke wird diesen Gedanken bis zu den *Zwiegesprächen im Osten* (1942) aufrecht erhalten, die zu den letzten Veröffentlichungen des Autors zählen und in Dialogform abgefasst sind. Bemerkenswert ist in diesem Textbeispiel insbesondere die Untergangsmetaphorik, die in die Frage nach der Überwindung („Besiegung') der Technik mündet:

> *Ich:* Auf Kreta – fällt mir ein – schritt vor Jahrtausenden ein riesiger Roboter um die Insel, der jeden Eindringling an seine glühende Brust nahm und versengte.
>
> *Er:* Woran ging dieser Eisenfresser zugrunde?
>
> *Ich:* Er hatte wie jeder Roboter nur eine begrenzte Zahl von Möglichkeiten, zu wirken. Solche Maschinenwesen verfügen ja höchstens über die Erfahrungen von gestern. Allein der Mensch hat alle Möglichkeiten, auch solche, die ihm gar nicht bewußt sind.
>
> *Er:* Haben ihn also die Menschen besiegt?
>
> *Ich:* Man hört nichts von seinem Ende. Bei allen Maschinen bewegt nur die Erfindung, nicht ihr Untergang.[322]

In seinen Tagebuchaufzeichnungen *Im Schatten der Front* (1941) wird Raschke zudem auf eine „jahrtausendealte Holzkultur, die schöne Formen für alle Tätigkeiten ausprägte" im Osten hinweisen, „während wir in der wirren Jugend eines metallischen Maschinenzeitalters stehen".[323] Er zeigt mit diesen Äußerungen nicht nur das ästhetische Bemühen um eine Formvollendung der Gegenstände an, sondern sein emotionales Befremden. Die Technik wird auf den körperhaft mechanischen Ablauf der Naturerscheinungen reduziert und die Trennung zwischen anschaulich-einfühlender und analytischer Verständnisweise der Natur zementiert. Diese Einschätzung erscheint insofern von Bedeutung, da Raschke die wissenschaftlich-technische Welt von vornherein als Beiwerk seiner Stellungnahmen markiert. Bezeichnenderweise, und dies verdeutlicht die Variabilität der Argumentationsmöglichkeiten, ist er jedoch willens, sich am Beispiel der Spiralnebel- oder Pflanzenfotografie der Ergebnisse der Technik zu bedienen. Nicht anders verhält es sich mit Raschkes Behandlung der Naturwissenschaften als Medium der Weltanschauungskritik, die den Gegenstand des nachfolgenden Kapitels bildet. Wenn im Rahmen der Analyse dabei auch anonym gedruckte Kurzmeldungen behandelt werden, so geschieht dies nicht in der Absicht, Raschke zum Autor der Texte zu erklären, obwohl nicht auszuschließen ist, dass er diese selbst verfasst und mit dem Topos „Zeitungsmeldung" versieht. Der

---

[322] MR (1942a): Zwiegespräche im Osten, Leipzig, 11.
[323] MR: Im Schatten der Front, zit. nach: Hinweis auf Martin Raschke, 117.

Abschnitt zum Wissenschaftler als öffentlicher Person hat gezeigt, dass die Behandlung der Naturwissenschaften von einer immensen Vertrauens- und Autoritätsargumentation bestimmt ist. Eine publizistische Praxis, die sich auf andere, selbst anonyme Urheber beruft, erspart sich die inhaltliche Auseinandersetzung mit den jeweiligen Themen, ohne auf die Präsentation aktueller Ergebnisse verzichten zu müssen. Durch die Etikettierung als Zeitungstext, die Raschke im Zusammenhang mit einer weiteren *Kolonne*-Meldung verwendet, ist es ihm möglich, sich dem Vorwurf der Umdeutung zu entziehen. Neben das Autoritätsargument, welches einzelne Persönlichkeiten des wissenschaftlichen Betriebs ausüben, tritt hierbei die Autorität der Öffentlichkeit, die mit dem Hinweis auf den publizistischen Hintergrund der Meldung anerkannt wird. Die Bedeutung, die Raschke institutionalisierten Foren und Quellen als Sicherheitsgarantien einräumt, ist somit als außerordentlich einzustufen. Die Texte, die er in die *Kolonne* integriert, bearbeitet oder verfasst – es finden sich keine Quellenangaben – sollen daher als ein essentieller Bestandteil seines publizistischen Werkes behandelt werden.

VI. Beispiele für die Verwendung populärwissenschaftlicher Quellen in der *Kolonne*

1. Ort oder Impuls. Unbestimmtheitsrelation

In Heft Nr. 6 der *Kolonne* (1931) erscheint unter der Überschrift *Eine Zeitungsmeldung* ein Hinweis auf die so genannte Unbestimmtheits- oder Unschärferelation des Physikers Werner Heisenberg. Neben der Meldung über Robert Andrews Millikan und dessen Forschungsergebnisse zur kosmischen Strahlung handelt es sich hierbei um den einzigen wissenschaftsbezogenen Text der Ausgabe.[324] Obwohl das Heisenberg-Theorem in eine Reihe quantentheoretischer Ergebnisse seit der Jahrhundertwende gehört, ist es als Einzelergebnis im Spiegel der wissenschaftsinteressierten Öffentlichkeit bis in die Gegenwart hinein stärker präsent als die Entdeckung des Wirkungsquantums durch Max Planck oder die Lichtquantenhypothese Einsteins. Die Faszination scheint dabei mit jener Imaginations- und sprachlichen Anschlussfähigkeit zusammenzuhängen, die bereits zum Zeitpunkt der Veröffentlichung greift, weshalb der suggestive Terminus *Unschärferelation* häufiger anzutreffen; aber auch mit einer vergleichsweise guten Vermittel- und Nachvollziehbarkeit.[325] Ausdruck dieser Popularität ist nicht zuletzt die Forschungsliteratur zur *Kolonne* selbst: Der in den Arbeiten Dolans (1976) und Scheffels (2002) vorhandene Vermerk unterstreicht jenen Bekanntheitsgrad, der etwa den Meldungen zum Atmungsferment Warburgs fehlt, auf die einzugehen sein wird.[326]

> EINE ZEITUNGSMELDUNG
>
> Seit einigen Jahren steht die Unbestimmtheitsrelation des Leipziger Physikers Heisenberg zur Erörterung. Sie besagt, daß wir von einem kleinen sich bewegenden Teilchen nur entweder den Ort oder die Geschwindigkeit, aber nicht beide zugleich bestimmen können. Der Satz erregte ungeheures Aufsehen, weil er jede Hoffnung, wir könnten je die Welt genau kennen lernen, endgültig zunichte macht.[327]

Die *Zeitungsmeldung* spricht von der Unmöglichkeit, Größen wie Aufenthaltsort oder Geschwindigkeit eines Teilchens mit beliebiger Genauigkeit zeitgleich bestimmen zu können. Die Gründe dafür sollen erläutert werden, da sie unabhängig von der Fokussierung Raschkes bedeutende Konsequenzen für das moderne Naturbild enthal-

[324] Nicht eingerechnet Raschkes anonymer Hinweis auf neueste Forschungsergebnisse zur Pflanzenphysiologie unter der Rubrik *Für die Redaktion*, in: Die Kolonne 2 (1931), Nr. 6, 73.
[325] Die gefühlsmäßige Dimension einer erkenntnistheoretischen Unsicherheit, die der Rezeption auch der Quantentheorie innewohnt, wird durch die begriffliche Übersetzung der Unbestimmtheitsrelation ins Englische besonders plastisch. Heisenbergs Theorem besitzt dort den Namen *Uncertainty Principle.*
[326] Dolan (1976), 113; Scheffel (2002), 61.
[327] Die Kolonne 2 (1931), Nr. 6, 69.

ten und den Rang der Quantentheorie in der Wahrnehmung der zeitgenössischen Naturwissenschaft unterstreichen. Bei der Betrachtung der Meldung und ihrer Platzierung fällt zunächst jedoch etwas anderes auf. Der Beitrag wird unter einen Auszug aus Johannes R. Bechers *Der grosse Plan* (*Gesang der Kommune „Internationale"*) gesetzt, dessen Aufbruchselan die verstandesmäßige Durchdringung der Natur und ihre Nutzbarmachung wie folgt einschließt:

> VIII
> Saatgut wird geschickt.
> Ein Agronom kommt,
> Den Boden untersuchen,
> Er wird uns zeigen, den Boden
> Richtig zu düngen.
>
> IX
> Eine Antenne haben wir uns
> Aufs Dach gesteckt,
> Damit greifen wir nach den Klängen,
> Die im Weltraum umherirren,
> Und leiten die Worte ab
> In unsere Ohren. [...][328]

1.1 Johannes R. Bechers *Der grosse Plan*

Legt man die Vorstellung eines andächtigen Lesens im Buch der Natur zu Grunde, wie sie auch im naturlyrischen Programm der *Kolonne* zum Ausdruck kommt, so könnte das Widerspruchspotenzial kaum größer sein. Der Naturraum ist im Textbeispiel Bechers nicht Ort der Kontemplation oder Ausdruck einer göttlichen Entäußerung in den Dingen. Dem menschlichen Eingreifen in diese Ordnung kommt vielmehr die Rolle einer Sinnstiftung zu. „Klänge", die im All gleichbedeutend für zu entschlüsselnde Botschaften der Natur „umherirren", lassen sich erst mit Hilfe der Antennentechnik deuten. Der technische Fortschritt, bei Raschke das „Instrument menschlichen Willens, die Wirkung von Naturgesetzen mit Hilfe von anderen Naturgesetzen vorübergehend auszuschalten", ermöglicht es, den Zeichen der Natur eine Bedeutung zu geben.[329] Die geschichtliche Komponente wird zum Merkmal des Naturverständnisses und tritt der Vorstellung eines unveränderlichen Naturraums entgegen. Dabei unterstellt Becher die sinnliche Wahrnehmung der Natur mit der Veränderlichkeit von „Farbe" („blau") und „Geruch" einem weltanschaulichen Zugriff:

---

[328] Ebd., 69.
[329] MR: „Man trägt wieder Erde", 48.

XIII
Als der Mensch die Knechtschaft abtat,
Wurde frei
Auch die Erde:

Die Berge schlossen sich auf,
Die Kraft des Gesteins kam aus den Bergen.

Jetzt ist der Himmel erst richtig blau
Und die Wälder haben einen guten Geruch
Und eine schöne Farbe.

Das Korn in der Erde spürte,
Daß die Luft oben rein war
Und es schossen hoch die Halme
Wachsend wie nie zuvor
In der reinen Luft. [...][330]

Bechers Epos spricht kollektiv im Wir. Der gesellschaftliche Schulterschluss der *Kommune* ist als Bestärkung des Einzelnen gegenüber dem Naturraum zu verstehen, der zur Mitproduktivität animiert wird: „Gebt dem Wind den Befehl,/ Kräftig die Bäume zu schütteln –/ Großes Äpfelfallen!“[331] Der Imperativ schließt die Natur als eine handelnde mit ein, wobei sie Technik und industrieller Fortschritt als Reservoir menschlicher Bedürfnisse kennzeichnen. Obwohl die Beendigung der „Knechtschaft“, von der im Text die Rede ist, auch zur Befreiung der Erde führt, der freie, produzierende Mensch und die befreite Natur als korrelierend angesehen werden, bleibt die Perspektive eine objektivierende. Eine entsprechende Nutzwertorientierung des Naturbildes fokussiert Bechers Versepos auch in den von Raschke nicht in der *Kolonne* zitierten Passagen. Wenn der „Sturm neuer Städte“ über „das Land“ wehen kann, verkehrt dieses Bild nicht nur die Assoziation der Begrifflichkeiten in ihr Gegenteil.[332] Becher bringt zudem den Gedanken einer erst durch den menschlichen Veränderungsprozess zur Gestalt kommenden Natur zum Ausdruck, die mit einer Wertschätzung für die technischen Errungenschaften verbunden wird – jene Errungenschaften, die Raschke in *Der kosmische Snob* (1930/31) zeitgleich mit Attributen wie „Hohn“, „Demut“ und „Bescheidenheit“ bedenkt.[333]

Großes haben die Menschen geschaffen.
Großes ist geschehn,
Seit der Mensch das erstemal

---

[330] Die Kolonne 2 (1931), Nr. 6, 69.
[331] Ebd., 69.
[332] Johannes R. Becher (1931): Der grosse Plan. Epos des sozialistischen Aufbaus, Berlin, 9. Der in der *Kolonne* zitierte *Gesang der Kommune „Internationale“* befindet sich auf den Seiten 31-33.
[333] MR: Der kosmische Snob (1931), 5.

Sich erhob und auf die Erde trat
Und mit seinen langen hängenden Armen
Über den Boden schleifte und sich umsah:
Und die Berge, der Wald und das Meer
Waren *fürchterlich*!

Werkzeuge haben sich die Menschen
Geschaffen für jeden Bedarf,
Maschinen konstruiert,
Die spielend
Ihre Arbeit verrichten.
Der Luft und dem Wasser
Gaben sie eine Festigkeit.

Aneinander rückten die Kontinente.
Gefügig machte den Raum
Die Geschwindigkeit des Verbrennungsmotors
Über hundert Kilometer in der Stunde.
Unsere Arme wurden lang
Wie die Längen- und Breitengrade.
Wir umspannten
Den Äquator. [...][334]

Bemerkenswerterweise hat es den Anschein, dass sich Raschke in seinem oben behandelten Aufsatz *Reisen des Auges*, der ebenfalls 1931 in der *Kolonne* veröffentlicht wird, an Bechers Formulierung in der letzten Strophe anlehnt:

> [...] wir alle wissen, um wie viele Stunden sich Länder und Erdteile einander näher rückten, vereint durch die wachsende Schnelligkeit unserer Verkehrsmittel, und wir wissen es mit Stolz.[335]

1.2 Die Heisenberg-Meldung als Instrument der Weltanschauungskritik

Der Tenor der bislang zitierten Textstellen lässt Raschkes Motivation für den Abdruck der Heisenberg-Meldung neben Bechers Versepos erahnen. Dazu sind noch einmal drei Punkte herauszuheben, die Bechers *Gesang* hinsichtlich des Naturbildes kennzeichnen und die wie ein rotes Tuch auf Raschke wirken müssen: die Vorstellung, dass der Mensch mit Hilfe der wissenschaftlich-technischen Entwicklung zu einer Einsicht in die Gesetzmäßigkeiten der Natur befähigt sei; die Annahme, dass er die Natur nach dem Prinzip der Gewinnoptimierung nutzen könne; der Gedanke, dass der Naturraum erst durch das menschliche Eingreifen Antlitz und Gestalt erhalte. Diese Position einer Durchdringbarkeit und Willfährigkeit der Natur als

---

334 Becher (1931), 20f. Hervorhebung i. O.
335 MR: Reisen des Auges, 13.

Grundlage eines historischen Fortschrittsbegriffs soll durch den Bezug auf das Heisenberg-Theorem ironisiert und zurückgewiesen werden. Der Abdruck der Meldung erfolgt dabei unmittelbar zwischen Bechers *Gesang* und einer kritischen Besprechung des Textes durch Lange, Eich und Raschke, die eine entsprechende Lesart verstärken. Dabei haben ihre Repliken vor allem Bechers Wertschätzung für die „größte Tat der Gegenwart", wie es im Klappentext des Bandes mit Bezug auf den sowjetischen Fünfjahrplan heißt, zum Ziel.[336] So hebt Lange die Schemenhaftigkeit des Entstehens eines „technifizierten Weltteils in Sibirien" im Text hervor, bei dem man „Schlagwörter statt Gestaltung" erhalten habe und „Programme statt Natur".[337] Die Forderung nach der Einheit von Dichtung und politischer Propaganda, befindet Eich, sei auch bei Becher keine Wirklichkeit geworden. Wer dem Dichter mechanistische, aber keine metaphysischen Aufgaben zubillige, spitzt Raschke schließlich zu, werde „nur Kochbücher und Prospekte" schreiben können, „Reiseführer durch das Museum der russischen Leistungen; Kunst aber wächst in anderen Bereichen."[338]

Die ablehnende Haltung dem Becher-Text gegenüber ist symptomatisch für die Agitation, mit der die Trennung von Politik und Kunst in der *Kolonne* restauriert wird. Becher besinge das Kollektiv, die Insel im Strome des individuellen Vergehens, heißt es in Raschkes Aufsatz *Das Unaufhörliche*, wobei der Autor „Statistiker", „alberne Optimisten, Taschenspieler des Werdens" anführt.[339] Im Oktober des selben Jahres bespricht Raschke Bechers Werk auch in der *Buch-Chronik* der *Literarischen Welt* unter dem Titel *Ein Epos des sozialistischen Aufbaus?*[340] Dabei zielt er auf die vorstrukturierte Beziehung des Einzelnen zum Gesamtzusammenhang Volk, die für die Ahnen- und Stammesmetaphorik von Raschkes Romanen in den 1930er Jahren typisch sein wird.[341] Helden und Volk des Becherschen Epos, schreibt Raschke mit Blick auf die „organische Gleichung zwischen der Summe der benannten Einzelnen und dem namenlosen Volke", seien niemals „Teil einer Organisation", die Becher mit dem „Mann in der Reihe" bediene, sondern immer „Glieder eines Organismus".[342] Raschke selbst bedient sich damit der oben angesprochen Rhetorik wissenschaftsprogrammatischer Erneuerer wie Bavink oder Krieck, die ihre Vorstellungen auch sozial- und staatspolitischer Ganzheit auf naturwissenschaftliche Systematiken, insbesondere der Biologie gründen, indem sie die Beschreibung lebendiger Einheiten als Glieder nächsthöherer Organisationsformen auf die Zusammenhänge von „Volk" und „Einzelnem" transferieren, von denen bei Raschke die Rede ist:

---

336 Becher (1931), Klappentext.
337 Stimmen zu Johannes R. Becher, in: Die Kolonne 2 (1931), Nr. 6, 70.
338 Ebd., 71.
339 MR: Das Unaufhörliche, 61ff.
340 MR: Ein Epos des sozialistischen Aufbaus?, 5.
341 Vgl. dazu die Untersuchung „Die götterlose Zeit will enden..." von Haefs (2002a), 79ff.
342 MR: Ein Epos des sozialistischen Aufbaus?, 5. Raschke bezieht sich mit dem „Mann in der Reihe" auf den Dreizeiler, den Becher seinem Versepos voranstellt bzw. auf die Motti im vierten Teil. Becher (1931), 129ff.

> Wie hier der Name Lenins [...] für das ganze Land gesetzt wurde, diese Gleichsetzung hat episches Gewicht, und sie wiegt schwerer als die folgenden Gesänge vom Manne, der seinen Namen auslöscht: denn hier dämmert ein Ahnen um die Schicksalszusammenhänge zwischen Volk und einzelnem, das einmal den Hintergrund für ein wirkliches Epos abgeben könnte.[343]

Vor Bechers Text druckt Raschke zwei Gedichte von Horst Lange und Eberhard Meckel ab. Langes *Loblied auf das Vergängliche* bettet das Wachstum der Pflanzen dabei in den überzeitlichen Zirkel zwischen „Leben", „Tod" und dem Lauf der „Gestirne rund auf ihrem alten Gleise" ein, und es ist nicht zuletzt diese konstante Rhythmik der Naturzeit, die einem linearen Entwicklungsdenken am Beispiel von Bechers *Gesang* gänzlich unversöhnlich gegenübersteht.[344] Das erste Fallbeispiel zur Wissenschaftsbehandlung in der *Kolonne* offenbart somit die Verkettung einer naturwissenschaftlichen Kurzmeldung mit literarischer und weltanschaulicher Kritik. Raschke präsentiert eine Notiz über die moderne Physik, um ein spezifisches Welt- und Naturverständnis angreifen und widerlegen zu können. Dazu verwendet er einen anonymen Beitrag, den er nicht kommentiert, sondern unmittelbar unter Bechers Text setzen lässt. Nicht die klassische Physik, ihr Erkenntnisideal oder ihr Naturbegriff stehen hierbei zur Disposition, gegen die mit Hilfe der modernen Forschung argumentiert wird. Raschke erkennt dem Bericht über die Unbestimmtheitsrelation vielmehr ein übergreifendes Kritikpotential zu, was Bände hinsichtlich der Autoritätswirkung der Physik und der bereitwilligen Indienstnahme ihrer Ergebnisse spricht. Mit dem Hinweis auf Heisenberg nimmt er dabei paradoxerweise Beistand aus jenen Reihen an, die im Beitrag selbst die Einschränkung ihrer eigenen Erkenntnisfähigkeit zu verkünden scheinen. Im Sinne der Interpretation erscheint es jedoch willkommen, dass die Naturwissenschaften, die im historisch-materialistischen Weltbild einen zentralen Stellenwert einnehmen, da sie auf einem Prinzip der kontinuierlichen Entwicklung fußen, einen Dämpfer erhalten.[345] Wenn die Physik als die exakteste Naturwissenschaft gegenüber dem wissenschaftlichen Paradigma von Fortschritt daher Bedenken anmeldet, liegt das ganz auf der Linie der Argumentation gegen das Denken der „nüchternsten kommunistischen Systematiker"[346] oder den „billigen Optimismus marxistischer Utopisten", der „im Gelächter Nietzsches" geendet sei, von denen Raschke andernorts spricht.[347] Denn die Erkenntnis, dass die

---

[343] MR: Ein Epos des sozialistischen Aufbaus?, 5.

[344] Die Kolonne 2 (1931), Nr. 6, 68.

[345] Untrennbar hat die Menschheitsgeschichte danach die Naturgeschichte und den revolutionären Gestus naturwissenschaftlicher Umbrüche zur Voraussetzung. Siehe dazu auch Friedrich Engels' Darstellung seiner Motivation zum naturwissenschaftlichen und mathematischen Selbststudium im Anti-Dühring, hier in der Einleitung zur Dialektik der Natur in: Karl Marx/Friedrich Engels Gesamtausgabe (MEGA), erste Abt., Bd. 26, 23. Engels spricht davon, dass seiner Rekapitulation der Wissenschaften der Gedanke zu Grunde lag, dass sich in der Natur dieselben dialektischen Bewegungsgesetze innerhalb der zahllosen Veränderungen durchsetzten, die auch in der Geschichte die scheinbare Zufälligkeit der Ereignisse beherrschten.

[346] MR: Gottfried Benn: Fazit der Perspektiven, 31.

[347] MR: Das Unaufhörliche, 61.

mikrophysikalische Welt nach Gesetzen funktioniert, die nicht länger als objektiv angesehen werden können, ist dazu geeignet, einem fortschrittsbejahenden Natur- und Geschichtsbild die Basis zu entziehen. Zur Disposition steht deshalb auch die Dialektik von Wissenschaft und Selbsterkenntnis, wie sie Becher in der Parallelisierung von Natur, Gesellschaftsentwicklung und dem Begriff der „Wahrheit" vornimmt. Die Meldung über die Unbestimmtheitsrelation scheint für Raschke darum nicht nur die Einschränkung eines bestimmten Erkenntnisbegriffs zu belegen, sondern eröffnet ihm gleichzeitig die Möglichkeit, gegenüber Becher einen vermeintlich wissenschaftsgestützten Weg der Auseinandersetzung zu beschreiten. Dabei kann Raschke von einer sorgsamen Aussagenprüfung absehen und sich auf ein verbreitetes Deutungsmuster der Quantentheorie in anderen Presseerzeugnissen stützen.

> Wir kamen näher der Wahrheit.
>
> Wir haben kennengelernt
> Die wichtigsten Gesetze
> Der Natur und der Gesellschaft.
> Wir entwurzelten Gott
> Und trieben ihn aus seiner Sphäre.
> Wir haben aufgelöst das „Ding an sich",
> Wir fanden die Lehre vom dialektischen Widerspruch.
>
> Alles war da,
> Um zu *beginnen.* [...][348]

Ebenso wenig, wie sich literarische Texte zum Verständnis wissenschaftlicher Theorien auf eine exakte Wiedergabe entsprechender Inhalte hin überprüfen lassen müssen, da der Prozess der sprachlichen Aneignung und Wiedergabe das Wissen verändert, ist Raschke als Publizist bei der Wahl seiner Argumentationsmittel eingeschränkt. Fragen der Kompetenz bei der Adaption wissenschaftlicher Nachrichten in dezidiert nichtwissenschaftlichen Texten erscheinen gegenüber dem Umstand demnach zweitrangig, dass diese überhaupt zum Gegenstand einer literarischen Zeitschrift werden. Die Quellenforschung entbindet dies jedoch nicht vom Aufzeigen von etwaigen Nachlässigkeiten im Umgang mit dem Wissen. Im konkreten Beispiel wirft dies unwillkürlich die Frage nach dem zu Grunde liegenden Heisenberg-Theorem auf. Inwiefern bietet sich die Unbestimmtheitsrelation hinsichtlich ihrer Geltungseinschränkung der klassischen Physik somit an, für eine Erkenntniskritik herzuhalten und dem von Raschke bekämpften „Irrglauben Allzuvieler entgegen zu treten: wir lebten geistig noch immer im neunzehnten Jahrhundert und in einer rational erfaßbaren Welt"?[349] Wer Raschke im Hinblick auf seine Wissensansprüche ernst nehmen will, muss an dieser Stelle bei den Naturwissenschaften wei-

---

[348] Becher (1931), 21. Hervorhebung i. O.
[349] Anonym: Über die Aufgabe der „Kolonne", in: Die Kolonne 3 (1932), Nr. 2, 32.

tersuchen. Anhand eines Beispiels soll damit detailliert aufgezeigt werden, wie die publizistische Praxis von den auch populärwissenschaftlich verbreiteten wissenschaftlichen Grundlagen abweichen kann. Da die Ergebnisse des nachfolgenden Exkurses anschließend noch einmal ins Verhältnis zur *Kolonne*-Meldung gesetzt werden, ist es deshalb nicht mit einem Hinweis auf eine Funktionalisierung der Wissenschaft zum Zwecke der Weltanschauungskritik getan.

1.3 Exkurs: Unbestimmtheitsrelation und Quantentheorie

Es ist in der *Zeitungsmeldung* der *Kolonne* davon die Rede gewesen, dass von einem sich bewegenden Teilchen entweder Ort oder Geschwindigkeit, nicht jedoch beide zugleich bestimmbar seien. Heisenberg selbst hatte in dem Artikel, der die Unbestimmtheitsrelation formuliert und der 1927 in der *Zeitschrift für Physik* erscheint, ein Gedankenexperiment mit entsprechender Aussage aufgestellt.[350] Um die künftige Position und die Geschwindigkeit des Teilchens vorauszubestimmen, ist es nach klassischem physikalischem Verständnis notwendig, beide Werte exakt festzulegen. Das Teilchen wird daher unter einem Mikroskop platziert und mit Licht geringer Wellenlänge bestrahlt. Ursächlich dafür ist die in der Gleichung von de Broglie festgehaltene Beziehung $p = h/\lambda$, nach der ein Lichtteilchen einen Impuls p besitzt, der umso größer ist, je kleiner die Wellenlänge λ ist, wobei h das Plancksche Wirkungsquantum darstellt, das die Existenz einer kleinsten, unteilbaren Einheit der mechanischen Wirkung ausdrückt.

Bei dem Versuch, das Elektron mit Hilfe eines auftreffenden Photons sichtbar zu machen, tritt jenes Messproblem zu Tage, auf das auch die *Zeitungsmeldung* abhebt: Ort und Impuls lassen sich nur um den Preis einer unpräzisen Kenntnis der jeweils anderen Größe bestimmen. Je stärker die Wellenlänge des Lichtes zum Zwecke einer besseren Ortsbestimmung verkürzt wird, um so energiereicher wird das Licht. Im Augenblick der Bestimmung, in dem das Gammaquant auf das Elektron trifft, um von diesem reflektiert zu werden, stößt es dasselbe an, was im Sinne des Experimentators den ungünstigen Effekt zur Folge hat, dass das zu bestimmende Teilchen seinen Impuls verändert. Umgekehrt schließt die exakte Geschwindigkeitsbestimmung die Ortsbestimmung aus. Die Geschwindigkeit lässt sich analog zum ersten Beispiel umso präziser bestimmen, je langwelliger das benutzte Licht ist, da hierbei die Rückstoßwirkung vernachlässigt werden kann. Dabei nimmt die Ortsungenauigkeit zu. Formelhaft lässt sich die Beziehung wie folgt darstellen: $\Delta x \Delta p \geq h/4\pi$. Das

[350] Heisenbergs Abhandlung *Über den anschaulichen Inhalt der quantentheoretischen Kinematik und Mechanik* enthält sowohl den Terminus der „Ungenauigkeit“ als auch den der „Unbestimmtheit“. Siehe Ders. (1927), in: Zeitschrift für Physik 43 (1927), Nr. 3-4, 172-198. In diesem Zusammenhang sei auf eine geringfügige Abweichung in der Arbeit Emters (1995) hingewiesen: Heisenbergs Artikel wird dort sowohl im Text als auch im Literaturverzeichnis irrtümlich als „Über den anschaulichen Inhalt der quantenmechanischen Kinematik und Mechanik“ zitiert. Siehe ebd., 43, 338.

Produkt der Unsicherheit der Ortsbestimmung Δx und der Impulsbestimmung Δp muss größer als das bzw. gleich dem Planckschen Wirkungsquantum h geteilt durch eine Konstante sein. Die Formel gibt die größtmögliche Genauigkeit an, mit der man beides zeitgleich beobachten kann. Der Urheber der Versuchsanordnung formuliert dieses Verhältnis an anderer Stelle umgangssprachlich:

> Man kann nie die beiden für die Bewegung entscheidenden Bestimmungsstücke eines solchen kleinsten Teilchens – etwa seinen Ort und seine Geschwindigkeit – gleichzeitig genau kennen. Man kann nie gleichzeitig wissen, wo es ist und wie schnell und in welcher Richtung es sich bewegt. Wenn man ein Experiment macht, das genau angibt, wo es sich im Augenblick befindet, so wird die Bewegung in solchem Grade gestört, daß man das Teilchen nachher gar nicht mehr wiederfinden kann. Umgekehrt wird bei einer genauen Messung der Geschwindigkeit das Bild des Ortes völlig verwischt.[351]

Um sich die Brisanz zu verdeutlichen, welche die Unmöglichkeit einer solchen Ort-Impuls-Bestimmung gegenüber dem bisherigen physikalischen Denken herbeigeführt hat, ist es hilfreich, sich einige Grundannahmen der klassischen Physik schlagwortartig vor Augen zu führen: Messresultate in Experimenten gelten als unter gleichen Bedingungen beliebig oft reproduzierbar; die Zustandsberechnung eines Körpers zu einem späteren Zeitpunkt erfolgt auf Grundlage eines Zustandswertes im Jetzt; die Phänomene der Anschauungswelt werden als Abbild der Mikrowelt gedeutet; Mensch und Natur befinden sich in der Rolle von Beobachter und Beobachtungsobjekt, welche in keinerlei Abhängigkeitsverhältnis miteinander stehen. Man fasst eine solche Determinierbarkeit der Natureigenschaften häufig unter dem historischen Bild des *Laplaceschen Dämons* zusammen, welcher aus dem exakten Kenntnisstand einer Weltformel heraus in der Lage ist, die künftigen Geschicke der Welt vorherzusehen – ein Ursache-Wirkungs-Prinzip, das durch den Glauben an den kontinuierlichen Lauf eines einmal in Gang gesetzten Getriebes charakterisiert ist.

Dieses Bild der Natur wurde durch die Entwicklung der Physik seit der Entdeckung widersprüchlicher Lichteigenschaften brüchig. Max Planck postulierte bei seinen Versuchen zur Schwarzkörperstrahlung die Quantifizierung des Lichtes und stellte ein neues Strahlungsgesetz $E = h\nu$ (h = elementares Wirkungsquantum, ν = Lichtfrequenz) auf. Es beinhaltete, dass die Strahlungsenergie des Lichtes, die man bislang als kontinuierlich beschrieben hatte, von den Körpern in stoßweise abgegebenen Energiepaketen, den Quanten, ausgesandt bzw. absorbiert wurde. Mit der Quantelung der Lichtenergie und dem Vorhandensein von ‚Sprüngen' legte er ein diskontinuierliches Geschehen in der Natur offen, das sich nicht in die bestehende Strahlungstheorie integrieren ließ. Das Revolutionäre seines Schrittes – der Einführung eines Wirkungsquantums – lag dabei in eben jener metaphorischen Spitze, dass die Natur ‚Sprünge' mache und ihre Prozesse nicht als kontinuierlich und fließend

---

[351] Heisenberg (1947): Die Physik der Atomkerne, Braunschweig, 29.

aufzufassen seien. Planck brach dabei mit einer Jahrtausende alten philosophischen Grundhaltung, die sich auch in der klassischen Physik glänzend bewährt hatte.

Der Wellennatur des Lichts standen nun Teilcheneigenschaften gegenüber. Diese Dualität wurde zur Grundlage der Einsteinschen Lichtquantenhypothese (1905). Ausschlaggebend war dabei die Beobachtung, dass Licht beim Auftreffen auf Metall Elektronen freisetzte, und zwar unabhängig von der Intensität, sondern allein in Abhängigkeit von der Wellenlänge, seiner ‚Farbe'. 1913 wandte Niels Bohr die Quantenhypothese auf das Rutherfordsche Atommodell an. Anstelle klassisch instabiler und beliebiger Bahnen der den Kern umrundenden Elektronen traten spezifische Bahnen, die auf Basis stationärer Zustände berechnet wurden und nur durch Energiesprünge zu verlassen waren. Die Arbeiten von Louis de Broglie (1923/24) und Erwin Schrödinger (1926) zielten auf die Analogie von Teilchenbewegung und Wellenverbreitung von Licht und Materie und somit auch auf die Ersetzung des kreisenden Elektrons durch eine Materiewelle und die Übertragung der Doppelnatur-Hypothese auf die Materie. Auch Elektronen konnten danach sowohl als Teilchen wie auch als Welle aufgefasst werden – Einschränkungen, die wie gemacht zu sein scheinen, die „Hoffnung" zu Grabe zu tragen, „wir könnten je die Welt genau kennen lernen", wie es im *Kolonne*-Beitrag heißt.[352]

Die Physiker grübelten deshalb darüber nach, wie sie ihre Ergebnisse aus dem Bereich der Mikrophysik mit den Aussagen der klassischen Mechanik in Einklang bringen konnten. Die neuartige Quantenmechanik löste diesen Widerspruch dergestalt, dass sie Abstand von den klassischen Vorstellungen über die Eigenschaften eines Teilchens nahm. Sie fokussierte die tatsächlich beobachtbaren Dinge, indem sie sich nicht länger für den Ort oder die Bewegungsgeschwindigkeit des Teilchens interessierte, sondern den Wechsel der Energiezustände mathematisch darstellte und Matrizen – tabellenartige Zahlenanordnungen – oder Wellenfunktionen an die Stelle der anschaulichen klassischen Bezugsgrößen stellte. Die Physik umging dadurch eine Beschreibung der atomaren Realität, indem sie unbeantwortet ließ, ob es sich im Einzelfall um eine Welle oder ein Teilchen handelte und stattdessen von quantenmechanischen Systemen sprach. Mit Hilfe der klassischen Begriffe sollte es fortan möglich sein, die Erfahrungswerte der Mikrophysik zu beschreiben – als Abstraktionen, die helfen können, Messergebnisse in bestimmten einander ausschließenden Messanordnungen mit den menschlichen Anschauungsformen in Einklang zu bringen.

In der Quantentheorie der zweiten Hälfte der 1920er Jahre spielt der Begriff der Komplementarität daher eine wichtige Rolle, der augenscheinlich sprachkritische Züge trägt. Bohrs Prinzip formuliert deshalb keine neue Theorie oder ein Naturgesetz. Vielmehr stellt es eine gedankliche Stütze dar, die helfen soll, dualistische Größen miteinander vermittelt zu denken, indem diese Größen als ergänzende Aspekte ein und desselben Phänomens behandelt werden. Auch ‚Welle' und ‚Teilchen' sind solche komplementären Erscheinungen, die durch gleiche experimentelle Anord-

[352] Die Kolonne 2 (1931), Nr. 6, 69.

nungen nicht beobachtbar sind, wie das bekannte Doppelspaltexperiment zeigt.[353] Das neuartige Denken der Quantentheoretiker besteht somit darin, dass ein Phänomen von zwei verschiedenen Betrachtungspositionen aus erfasst wird und man zwei divergierende Lichttheorien als gleichberechtigt akzeptiert. Denn die Begriffe ‚Welle' und ‚Korpuskel' entstammen einer anschaulichen Beschreibung und sind folgerichtig nur innerhalb eines Systems mit Anschauungscharakter als gegensätzlich aufzufassen. Das Komplementaritätsprinzip hingegen behandelt sie als sprachliche Abstraktionen, denen die Eigenschaften der Natur nicht Eins zu Eins entsprechen, die aber unumgänglich sind, um gewisse Sachverhalte anschaulich beschreiben zu können. Hierin wird auch die Abweichung vom Selbstverständnis der klassischen Physik erkennbar, die zugleich eine bedeutende interpretatorische Konsequenz beinhaltet: Das Doppelspaltexperiment zeigt, dass der Experimentator selbst über die jeweilige Messanordnung entscheidet. Während die klassische Physik davon ausgeht, dass eine unabhängig vom beobachtenden Subjekt bestehende Wirklichkeit existiert, hebt die Quantentheorie diese Trennung auf und stellt fest, dass jede Beobachtung mit einer Zustandsveränderung oder Störung einhergeht. Jede Information ist damit einmalig. Die Quantenphysik verabschiedet sich zudem von der Vorstellung, der Akt der Beobachtung sei etwas Neutrales, da für den Beobachter invariante Bedingungen

---

353 Die dualistische Natur der Elementarobjekte lässt sich veranschaulichen, indem man monochromatisches Licht auf einen Schirm mit zwei Schlitzen aussendet, hinter dem sich eine Fotoplatte befindet: Die Teilchen lassen sich nach ihrem Durchgang durch den Schirm auf der Platte registrieren, wobei jedes einzelne Lichtteilchen einen Punkt auf der Fotoplatte erzeugt. Dabei entsteht eine Intensitätsverteilung, nach der die Teilchen in einem bestimmten Verteilungsmuster auf die Platte auftreffen, wenn nur der erste Schlitz geöffnet ist bzw. dass sie durch den zweiten Schlitz hindurchgehen für den Fall, dass Schlitz Eins geschlossen ist. Unabhängig davon, ob der zweite Schlitz offen oder geschlossen ist, ist die Wahrscheinlichkeit die gleiche, dass das Lichtquant an einem bestimmten Punkt auf der Platte absorbiert wird, wenn es durch den ersten Schlitz tritt. Lässt man das Licht durch beide Schlitze hindurch treten, bietet sich nach der klassischen Physik ein Addieren der Intensitäten an. Hinter beiden Schlitzen müsste demnach eine Gesamtschwärzung entstehen, die sich aus der Summe der Einzelschwärzungen ergibt.

Demgegenüber stellt sich beim Beobachten des Experimentes ein Interferenzmuster ein, das auf der Fotoplatte abwechselnd Stellen mit stärkerer bzw. geringer Intensität hervortreten lässt. Die Schlussfolgerung, dass zwei verschiedene Lichtteilchen zur gleichen Zeit durch unterschiedliche Schlitze gelangen und zueinander in Beziehung treten, wird zu Gunsten einer widersprüchlich erscheinenden Erklärung zurückgestellt: der, dass das Lichtteilchen als Welle gleichzeitig durch beide Schlitze getreten ist. Die Überlagerung der beiden Teilwellen jedes einzelnen Lichtteilchens ergibt ein Interferenzmuster, das allerdings verschwindet, sobald (z. B. durch Schließen eines der beiden Schlitze) bestimmbar wird, welchen Weg das Teilchen genommen hat.

Mit der Feststellung, dass Lichtteilchen mit sich selbst interferieren können, liegt ein nichtklassisches Phänomen vor. Für die Beurteilung des Doppelspaltexperimentes bedeutet dies, dass keine Aussage über eine Größe gemacht werden kann, wenn eine andere zeitgleich festgestellt werden soll. Damit legt der Doppelspaltversuch die Aussage nahe, dass jeder Versuch, eine Größe festzustellen, eine die Bestimmung der anderen Größe ausschließende Experimentieranordnung erfordert, was hinsichtlich seiner Interpretation gewichtige Konsequenzen hat. Die Problematik einer ‚objektiven' Naturbeschreibung zeigt sich im subjektiven Moment, welches der Beobachter ausübt, indem es zur Beeinflussung der Eigenschaften durch die spezifische Messart kommt. Welleneigenschaften treten demnach bei der Messung als Welle hervor, Teilcheneigenschaften bei der Messung als Teilchen. Abhängig davon, ob man das Licht an der fotografischen Platte oder am Spalt registriert, schreibt man es als Welle oder Teilchen fest.

existierten. Der Experimentator trifft in Anlehnung an Heisenberg nicht allein auf *die* Natur, sondern immer auch auf den eigenen Kenntnisstand bezüglich der Natur. Er muss berücksichtigen, dass er ein Objekt untersucht, das sich durch den Versuch seiner Fragestellung anpasst und verändert. Hieraus folgt, dass die Physik so grundlegend in die Natur ‚eingreift', dass sie deren Eigenschaften in gewisser Weise erst auf den Plan ruft.

1.4 Ergebnisse

Die feindlichen Reaktionen gegenüber dieser Form der Wirklichkeitsbeschreibung kamen nicht nur von Seiten der physikalischen Laien. Selbst an der Entwicklung der Quantentheorie beteiligte Physiker wie Einstein oder Schrödinger versagten sich der probabilistischen Deutung Bohrs und Heisenbergs. Sie beharrten auf der Existenz ‚tatsächlicher' Zustände, die unabhängig von den Messungen und der Beobachterwirkung existierten. Mit Hilfe populär gewordener Gedankenexperimente wie *Schrödingers Katze* oder den *EPR-Experimenten* versuchten sie, eine ‚realistische', d. h. eine die Wahrscheinlichkeitsforderung ausschließende bzw. die Objektivierbarkeit der klassischen Physik restituierende Sichtweise zurück zu erlangen.[354]

Was bedeuten die Aussagen dieses Exkurses für die Einschätzung der *Zeitungsmeldung*? Sie sollen helfen, die Logik der Rezeption verständlich zu machen, wie sie auch Raschke beeinflusst zu haben scheint. Der *Kolonne*-Herausgeber nimmt einen Zeitungsartikel zur Unbestimmtheitsrelation in seine Zeitschrift auf, um die Kritik

---

[354] Schrödinger veröffentlichte mit dem Artikel *Die gegenwärtige Situation in der Quantenmechanik* und dem als *Schrödingers Katze* getauften Paradoxon einen der Aufsehen erregendsten Einwände gegen die Kopenhagener Interpretation: Eine Katze und ein Behälter mit einer geringen Menge an radioaktiver Substanz, der gegen den Zugriff der Katze gesichert ist, werden in eine Stahlkammer gesperrt. Zerfällt innerhalb einer Stunde eines der Atome, wird über ein Relais ein Hämmerchen betätigt, das eine Glasröhre mit Blausäure zerschlägt und den Tod der Katze verursacht. Beide Möglichkeiten sind im Zustand des Systems enthalten, solange die Messung nicht durchgeführt wurde. Somit besteht im Öffnen der Kammer die einzige Möglichkeit, den Zustand der Katze zu bestimmen. Seine Absurdität bezieht das Experiment aus der Einbeziehung der Katze in den Formalismus als Messapparatur, der über den Zerfall des Atoms durch den Zustand ‚tot' bzw. ‚lebendig' informiert. Der Beobachter muss zu gleichen Wahrscheinlichkeitsverhältnissen einen Zustand annehmen, bei dem beide möglichen Zustände in Überlagerung geraten, d. h. dass die Katze vor dem Öffnen des Behälters nach einer Halbwertzeit ‚halbtot' bzw. ‚halblebendig' ist. Die subjektive Beobachtung objektiviert damit einen Zustand. ‚Paradox' an der Versuchsanordnung ist, dass ein Quantenphänomen auf die Makroebene (Katze) übertragen wird. Denn Überlagerungszustände von ‚toten' und ‚lebendigen' Katzen, treten – widersinnig genug – in der Makrophysik nicht auf.
Ziel der nach Einstein, Boris Podolsky und Nathan Rosen (EPR) benannten Experimente war der Nachweis einer Separabilität quantenmechanischer Objekte am Beispiel zweier aus einem Zerfallsprozess stammenden Elektronen. Während die Kopenhagener Interpretation beide sich voneinander wegbewegende Teilchen solange als gemeinsames System ansah, bis durch die Messung eine (trennende) Zustandsfestlegung erfolgte, ging Einstein von so genannten verborgenen Parametern aus – Eigenschaften, die beim Zerfall des Systems auf beide Teilchen übertragen werden, aber im Dunkel bleiben. Zwei Teilchen verhalten sich danach trotz räumlicher Trennung wie eine Einheit und ‚bemerken' die Zustandsänderung des jeweils anderen.

an einem deterministischen Naturverständnis mit Hilfe der modernen Naturforschung zu flankieren. Seine Zweifel an einer entsprechenden Sichtweise der Natur bekommen von berufener Seite Beistand, indem die Erkennbarkeit des Naturgeschehens durch die Physik erstmals mit Attributen wie Wahrscheinlichkeit oder Unbestimmtheit in Verbindung gebracht wird. Das Doppelspaltexperiment und der mehrteilige Charakter des Lichts belegen, dass Phänomene existieren, welche die Physik als gegeben hinnehmen muss, ohne sie anschaulich erklären zu können. Die Wissenschaft muss akzeptieren, dass Licht- und Teilcheneigenschaften zwei sich ausschließende Aspekte einer Wirklichkeit bilden können, die nur selektiv erfassbar ist. Entscheidend ist für die Interpretation dabei, dass nicht verbesserungswürdige Messmethoden einer Erkennbarkeit der Natur Hürden auferlegen, sondern die Eigenschaften der Natur selbst. Hieraus kann ohne Umwege extrapoliert werden, dass es Fragen gibt, die von den Naturwissenschaften ihrem bisherigen Selbstverständnis nach nicht exakt beantwortet werden können. Denn auch Heisenberg zeigt, dass die Forderung einer gleichzeitigen Kenntnis von Lage und Impuls eines Atoms unerreichbar ist, weil die komplementären Messanordnungen das Objekt in seinen Eigenschaften zwangsläufig verändern.

„Die Heisenbergsche Entdeckung hat wie eine Bombe eingeschlagen", konstatiert Bernhard Bavink zwei Jahre nach der Meldung in der *Kolonne*; „sie bringt in der Tat das ganze bisherige Gebäude der theoretischen Physik ins Wanken."[355] Das für Raschke ganz offensichtlich nicht vorhandene Problem einer Übertragung der Mikrophysik auf die Gesetze der Anschauungswelt – und um jene scheint es bei dem Versuch zu gehen, „je die Welt genau kennen [zu] lernen" – liegt jedoch in der Verbindung unterschiedlicher Gültigkeitsbereiche.[356] Die Aussage der Unbestimmtheitsrelation, dass sich Zustände im mikrophysikalischen Bereich nicht exakt festlegen lassen, wird kurzerhand auf die Natur als Ganze und die menschliche Erkenntnisfähigkeit übertragen. Während die Physik auf die Unzulässigkeit der Anwendung klassischer Voraussetzungen für die Quantentheorie insistiert, erklärt die *Zeitungsmeldung* den Unbestimmtheitsgrundsatz hingegen zu einem allseitigen Ende des Erkenntnisprozesses. Diese Botschaft wird dahingehend erweitert, eine Erkennbarkeit der Natur als unumstößlich für beendet zu halten – selbst in solchen Bereichen, in denen die Anwendung der klassischen Mechanik durch die Quantentheorie unangetastet bleibt. Die Diktion der Meldung unterstreicht dabei das Pauschalurteil: Einer postulierten „Hoffnung" auf Deutung der Natur wird dauerhaft („endgültig") und nachdrücklich („je die Welt", „jede Hoffnung") eine Absage erteilt.[357]

Dieser Umstand berechtigt zu der Schlussfolgerung, dass nicht die Auseinandersetzung mit den erkenntnistheoretischen Konsequenzen der Quantenphysik der Hilfskonstruktion Pate steht. Die Zweifel an einer verstandesmäßigen Durchdringung der Welt sind vorgeschaltet und führen zur Adaption einer durch das öffentli-

[355] Bavink (1933b), 149.
[356] Die Kolonne 2 (1931), Nr. 6, 69.
[357] Ebd.

che Gespräch popularisierten Theorie. Der Hinweis auf Heisenberg ist hierbei zentral und dient als Autoritätsargument, das die weitere inhaltliche Auseinandersetzung anstelle der siebenzeiligen Meldung überflüssig zu machen scheint. Diesem Ziel dient auch der Fingerzeig auf die öffentliche Resonanz, der in der Meldung nicht unterschlagen wird und es ermöglicht, den Sachverhalt als vertraut vorauszusetzen („Seit einigen Jahren steht die Unbestimmtheitsrelation des Leipziger Physikers Heisenberg zur Erörterung. [...] Der Satz erregte ungeheures Aufsehen [...]".).[358] Ein entsprechendes Muster wird sich in den folgenden Einzeluntersuchungen fortsetzen, die hinsichtlich ihrer naturwissenschaftlichen Hintergründe überblicksartig behandelt werden. Mit der Erforschung der kosmischen Strahlung durch den amerikanischen Physiker Robert Andrews Millikan (1868-1953) wird dabei zunächst ein Beispiel gewählt, das ebenfalls die Einschränkung der wissenschaftlichen Erklärungsmöglichkeiten im Auge hat. Auch in diesem Fall nimmt Raschke eine Meldung über die zeitgenössische Naturwissenschaft auf, um ein blindes Fortschrittsvertrauen mit Hohn zu überziehen. Und auch in diesem Beispiel bedient sich Raschke der Autoritätswirkung eines preisgekrönten Wissenschaftlers, um seiner Botschaft das Gewicht der öffentlichen Anerkennung mit auf den Weg zu geben.

[358] Ebd.

2. Die unaufhörliche Schöpfung (1). Eine Meldung über kosmische Strahlung

Weniger die enttäuschte Hoffnung angesichts einer Nichterkennbarkeit der Welt, als die grundsätzliche Skepsis gegenüber den Erkenntnismöglichkeiten der modernen Naturwissenschaften spricht aus der zweiten Meldung, die in Heft Nr. 6 der *Kolonne* (1931) abgedruckt wird. Sie betrifft die Forschungsergebnisse des kalifornischen Physikers Robert Andrews Millikan zur kosmischen Strahlung, die heute vor allem in Gestalt von ultraenergetischen Neutrinos Furore macht, welche im Sekundentakt durch jegliche Materie hindurchgehen, als bestünde diese aus Luft. Analog zur *Zeitungsmeldung* über Heisenberg und die Unbestimmtheitsrelation geht der Beitrag dabei mehr oder minder nachrichtlich vor, bevor er zu seiner eigentlichen Aussage kommt. Analog zum Aufbau der *Zeitungsmeldung* erfolgt die Annäherung an den Gegenstand über den wissenschaftsbiographischen Hintergrund des Forschers. Dabei stellt Raschke einem längeren Zitat den Hinweis auf die Nobelpreisvergabe an Millikan für seine Arbeiten über die elektrische Elementarladung und den lichtelektrischen Effekt als Eingangsinformation voran:

> DIE UNAUFHÖRLICHE SCHÖPFUNG
>
> Robert Andrews Millikan erhielt den Nobelpreis für Physik 1923 „für seine Arbeiten über die elektrische Einheitsladung sowie den photoelektrischen Effekt. Der Ruhm dieser Arbeiten wurde noch durch seine 1928 veröffentlichte Entdeckung überboten, daß aus dem Himmelsraum kommende Strahlen im Hochgebirge Wasserschichten bis zu achtzig Meter Tiefe durchdringen können. Diese Strahlen, von einer weit geringeren Wellenlänge als Röntgenstrahlen, beweisen nach Millikans Auffassung die unaufhörliche Bildung von Elementen wie Sauerstoff, Magnesium und Eisen im Weltenraum."[359]

Der anonyme Beitrag, dessen mitgedruckte Anführungszeichen auf die Übertragung eines zur Vorlage genutzten Presse- oder Buchtextes deuten, wird mit *Die unaufhörliche Schöpfung* überschrieben. Wie angeklungen, handelt es sich hierbei um einen von Raschke häufig verwendeten Topos, welcher der Vorstellung einer eigengesetzlichen und sich beständig verändernden Natur gegenüber finiten Deutungsschlüssen der Wissenschaften Ausdruck verleihen soll. Anders als die Meldung über Heisenberg, zielt dieser Beitrag dabei nicht auf einen Erkenntnisrelativismus, das heißt einen Anhaltspunkt für die Revisionsbedürftigkeit bestehender Erkenntnisvoraussetzungen. Wie sich Raschkes Denken und die Bestätigung bislang unbekannter Bildungsprozesse von „Elementen wie Sauerstoff, Magnesium und Eisen im Weltenraum" durch die zeitgenössische Naturforschung dennoch verbinden lassen, soll nach einer kurzen Vorstellung des angesprochenen Phänomens dargelegt werden.

---

[359] Die Kolonne 2 (1931), Nr. 6, 72.

2.1 Hintergrund

Der Text informiert den Leser einleitend über eine Experimentieranordnung, die unter dem Namen Öltröpfchenmethode (1910) in die Wissenschaftsgeschichte eingegangen ist. Dabei war es Millikan gelungen, die Elementarladung eines Elektrons mit Hilfe winziger Öltröpfchen zu bestimmen, die er zwischen zwei horizontale Kondensatorenplatten sprühte. Unter Zuhilfenahme eines Mikroskops wurde die Zeit gemessen, welche die Tropfen brauchten, um eine bestimmte Distanz zurückzulegen. Die kleinste Ladung, so das Resultat, die auf den Tröpfchen messbar war, glich dem größten gemeinsamen Teiler aller Ladungen, die von den Tröpfchen aufgenommen wurden. Das Ergebnis wurde vor dem Hintergrund der durch Planck nur wenige Jahre zuvor angestoßenen Debatte über die Quanteneigenschaften der Natur als ein Nachweis dafür angesehen, dass auch kleinste Elektrizitätsmengen in quantisierter Form auftreten. Denn Millikan zeigte, dass eine beliebige Teilbarkeit der Ladung nicht möglich war.[360]

Nicht die Faszination am Experimentierversuch nimmt Raschke zum Anlass, die Meldung in die *Kolonne* zu integrieren. Sein Augenmerk gilt der namentlich nicht erwähnten kosmischen Strahlung („aus dem Himmelsraum kommende Strahlen"), womit die Gesamtheit aller Materieteilchen bezeichnet wird, die aus dem Weltraum in die äußere Erdatmosphäre mit hohen Geschwindigkeits- und Energiewerten eindringen. Deshalb scheinen aus seiner Sicht vor allem zwei im Text angeführte Eigenschaften für die Integration der Meldung zu sprechen: zum einen der höhere Energiegehalt gegenüber der Röntgenstrahlung als dem technisch erzeugbaren ‚Pendant'. Hierbei ist es möglich, die beständige Bildung von Elementen wie Sauerstoff oder Magnesium im Sinne einer nicht abgeschlossenen, „unaufhörlichen Schöpfung" zu interpretieren. Zum zweiten stellt der ungeklärte Ursprung der Strahlung ein Faszinosum dar, das sich mustergültig zur Demonstration einer Erfahrung und Vorstellungskraft übersteigenden Größe der Natur eignet und die Nichtigkeit einer Suche nach den letzten Ursachen aufzeigt. Denn wo Strahlung ist, so ist anzunehmen, muss auch ein Strahlungsherd vorhanden sein.

Entgegen dieser Annahme hatte die Experimentalphysik im Zusammenhang mit der Erforschung der Radioaktivität eine vollkommen anders geartete Feststellung gemacht. Der österreichische Physiker Victor Franz Hess (1883-1964) fand auf bemannten Heißluftballonfahrten heraus, dass ein Grundstrahlungsniveau unabhängig vom Messort und dem Standort der Sonne existierte. Er bemerkte, dass die elektrische Leitfähigkeit der Luft, welche am Boden durch die Strahlung radioaktiver Zerfallsprodukte in der Erde entsteht, höhenabhängig anstieg. So war bereits ab einer bestimmten Höhe ein deutliches Ansteigen des Strahlungswertes zu beobachten. Ab einer Höhe von fünftausend Metern vervielfachte sich der Wert gegenüber

[360] Siehe Mason (1991), 654. Ausführlich im Folgenden Friedrich Gondolatsch/Gottfried Groschopf/Otto Zimmermann (1979): Astronomie II. Fixsterne und Sternsysteme (Klett Studienbücher Physik), Stuttgart, 521f.

den am Erboden gemessenen Daten. Weil Hess einen Störeffekt bei seinen Messungen ausschließen konnte oder es als unwahrscheinlich empfand, dass die Ionisierung der Luft in großen Höhen oder über dem Meer das Ergebnis eines radioaktiven Zerfallsprozesses am Boden war, zog er die Schlussfolgerung, dass die Quelle der Strahlung im Weltraum zu suchen sei. In Übereinstimmung mit dem amerikanischen Physiker Arthur Compton (1892-1962) ging er davon aus, dass die kosmischen Strahlen aus Systemen fern der Milchstraße kamen. Die von Hess gefundene Strahlung konnte bei weiteren Experimenten bestätigt werden, zu denen auch Millikans Versuche mit unbemannten Ballons und automatisch registrierenden Apparaturen in oberen Atmosphäreschichten zählten. Die Ergebnisse wurden mit den Messresultaten verglichen, die auf Berggipfeln bzw. auf Böden von unterschiedlich hoch gelegenen Gebirgsseen gemacht worden waren. Dabei stellte sich heraus, dass die Strahlen einzelne Elementarteilchen besaßen, die Kernreaktionen hervorriefen. Nach Millikan gab man der Strahlung den Namen ‚kosmische Strahlung'. Bereits Hess hatte jedoch eine Bezeichnung verwendet, die auf den hochenergetischen Charakter der Strahlung hinwies: Ultragammastrahlung. Später konnte der experimentelle Nachweis erbracht werden, dass die kosmische Strahlung nicht als *Strahlung* im Sinne eines kontinuierlichen Flusses von Photonen, sondern als Strom geladener Teilchen mit hoher Durchdringungskraft betrachtet werden müsse.[361]

2.2 Positionierung und Deutung der Meldung

Im Zusammenhang mit der Präsentation von entsprechenden Kurztexten in der *Kolonne* wurde angedeutet, dass Raschke auf die Einrichtung einer Rubrik verzichtet, um die Meldungen dem Leser gegenüber gesondert zu kennzeichnen. Anders als in der *Literarischen Welt*, die sich um Gastautoren bemüht, findet in der *Kolonne* keinerlei grafische oder redaktionell vermerkte Trennung zwischen dem Abdruck von wissenschaftsbezogenen und literarischen Texten bzw. Essays und Besprechungen zeitgenössischer Neuerscheinungen statt. Diese Verbindung zielt darauf, wissenschaftlich begründete Deutungsschlüsse in einen Kontext mit literarischen Positionsbeschreibungen zu stellen, die in der *Kolonne* erfolgen. Wissenschaft, Weltanschauung und Textkritik gehen hierbei eine als forciert zu bezeichnende Beziehung ein.

Dieses Kalkül lässt sich an beiden bislang behandelten Einzelbeispielen demonstrieren. Die Meldungen über Heisenberg und Millikan, die zeitgleich erscheinen, werden im Abstand von nur zwei Seiten präsentiert und umrahmen die Kritiken Eichs, Langes und Raschkes zu Bechers *Der grosse Plan*. Dabei wird Becher attestiert, man nehme sein Werk als eine weitere Stimme der politischen Gesinnungen wahr, wie auch der nebenstehend abgedruckte Beitrag Emil Belzners deutlich macht. Hinter dem Titel *Die Gesinnung der Toren* verbirgt sich dabei ein Seitenhieb auf das politi-

[361] Siehe auch The Oxford companion to the history of modern science, editor in chief, J. L. Heilbron, editors, James Bartholomew et. al., Oxford 2003, 181f.

sche Interesse „aus Sport und Mode", das all jenen zugeschrieben wird, die „erster Klasse im Frühjahr nach Süditalien" reisten und die „spanische Umwälzung" in erster Linie deshalb begrüßten, weil sie sich davon „hohe Aufführungsziffern ihrer Stücke" erhofften:

> Sie stehen links, sie stehen rechts – gemeinsam ist ihnen stets eine gewisse Eitelkeit, mit der sie ihre Gesinnung zur Schau tragen. In Wirklichkeit haben sie keine. Sie beschränken sich auf eine Teilforderung des Lebens [...].[362]

Dieser „Teilforderung des Lebens", die von „Gecken" und „halben Existenzen" betrieben werde, stellt auch Belzner die „Totalität des Lebens und des Daseins-Schicksals" entgegen, für die sich bei Raschke mit der „Unteilbarkeit allen Lebens" und dem „Wissen um das Ganze" Entsprechungen finden.[363] Die Aversion gegenüber „Programmen" unter dem „Deckmantel der Humanität" – erinnert sei an Gegensatzpaare wie „Schlagwörter statt Gestaltung" und „Programme statt Natur" in Horst Langes Kritik an Bechers *Der grosse Plan* – provoziert auch bei Belzner den Fingerzeig auf das „falsche Mitleid" und das „Surrogat der Verantwortung".[364] Sowohl *Eine Zeitungsmeldung* zu Heisenberg als auch *Die unaufhörliche Schöpfung* zu Millikan sind aus der Sicht des Lesers damit als Eckpunkte einer weltanschaulichen Argumentation wahrnehmbar und besitzen keinerlei populärwissenschaftlichen Impetus im Sinne von Information oder Aufklärung. Dieses Vorhaben wird umso augenscheinlicher, da Raschke im Falle Millikans und einer weiteren Meldung mit *Die unaufhörliche Schöpfung* eine Überschrift wählt, die der Vorstellung einer sich permanent entwickelnden Natur Ausdruck verleiht und dem Paradigma von Geschichte, linearer Entwicklung und Fortschritt widerspricht. Raschkes Formulierung geht dabei auf Benns Oratoriumstext zu Paul Hindemiths *Das Unaufhörliche* aus dem Jahr 1931 zurück, den er auch in seinem gleichnamigen Aufsatz zu *Das Unaufhörliche* anführt.[365] Bereits hier – mehrere Seiten vor den Kritiken der *Kolonne*-Autoren zu *Der grosse Plan* – kommt Raschke auf Becher und „das Kollektiv" zu sprechen:

> 1738 erscheint Brockes [sic.] „Irdisches Vergnügen in Gott" und noch scheint Gott in jedem Baume dem Menschen entgegenzuwachsen mit Blatt und Frucht, so daß jedes Essen zum Abendmahle wird, zum Essen eines Leibes, und 1782 Goethes Aufsatz im Tiefurter Journal „Die Natur", über dem schon keine Götter mehr wachsen, doch gleichmäßig gemischt aus der Lust des Werdens und Vergehens. Und wieder anderthalb Jahrhunderte vorbei, da dichtet Benn abermals die unaufhörliche Schöpfung, stärker berührt von ihrem Sterben als von ihrem Werden, ein Sterbender unter mit ihm sterbenden Göttern, und Johannes R. Becher versucht das Kollektiv zu besingen, diese scheinbare Insel im Strome des individuellen Vergehens.[366]

---

[362] Emil Belzner (1931): Die Gesinnung der Toren, in: Die Kolonne 2 (1931), Nr. 6, 71-72, 71.
[363] Die Kolonne 3 (1932), Nr. 2, 32; Die Kolonne 2 (1931), Nr. 6, 73.
[364] Belzner (1931), 71f.
[365] MR: Das Unaufhörliche, 61.
[366] Ebd., 61f.

Während Raschke Benn hier lediglich referiert, verschließt er sich im Folgenden dessen einseitiger Interpretation einer ‚Unaufhörlichkeit'. Denn das

> Unaufhörliche ist zweistimmig, Benn aber zumeist einstimmig. Wird das Unaufhörliche noch in der Einleitung als das Prinzip des stetigen Werdens und Vergehens charakterisiert, so wird es doch im Verlaufe des Oratoriums mehr und mehr zum Prinzip des Untergehens. Es ist nicht das Unaufhörliche der Schöpfung dargestellt wie bei Goethe, sondern mit Vorzug das Unaufhörliche des Vergehens, ja fast scheint es bisweilen, als wäre das Vergängliche auch das Vergebliche.[367]

Für ihn symbolisiert das „Unaufhörliche" nicht den Tod allein, sondern den unablässigen Prozess der Schöpfung von neuem Leben, worin er einen Unterscheidungspunkt zur Auffassung Benns begründet wissen will, indem der Prozess des auch sprachlich an Benn geschulten „Werdens und Vergehens" mit der Gewissheit eines zyklischen Neubeginns gleichgesetzt wird.[368] Deshalb werde, fährt Raschke fort, bei Benn einer Frauenstimme nicht geantwortet, die nach dem Sinn eines Gebärens von Kindern für die Vergänglichkeit frage.

> Denn ist nicht die Angst noch in allem laut, selbst in den Hochbauten unserer Städte, oder in den so bezeichnenden Bauplänen eines Lissitzki, die sich mühten, die Schwere zu überwinden? Wäre denn diese pathetische Flucht in Steigerungen möglich, ohne das ewige Gefühl des Vergehens, ohne das Wissen um die in unserer Seele immer drohenden Sintfluten der Schöpfung? Auch die Überschätzung der Hygiene zeugt doch von einer Zeit, die sich in jedem Augenblick vor dem Sterben ängstigt, und wie dürftig verbergen unsere Statistiken die dunkeln Hintergründe, uns ein wenig zum Troste.[369]

Auch der Einheitsbegriff des Lebens bezieht Krankheit und Tod mit ein, weshalb Raschke von einer „Überschätzung der Hygiene" und dem sich Ängstigen vor dem Sterben spricht. Bereits in seinem Aufsatz *Gottfried Benn*, der innerhalb der Rubrik *Buchbesprechungen* Benns Gesammelte Prosa behandelt, hatte Raschke von einer Mischung aus „Vergehen" und der „Geburt wie einst Dionysos" gesprochen, welche Formen „immer wieder zerstört und neue zeugt in unaufhörlicher Schwangerschaft".[370] Wie die in der Meldung über Millikan konstatierte Bildung von Elementen im Weltraum, bezeuge die Schöpfung in jedem Augenblick das „Unberechenbare".[371] Raschke verwendet die Meldung unter dem Titel *Die unaufhörliche Schöpfung* somit auch in diesem zweiten Textbeispiel nicht zum Zwecke einer Popularisierung eines Forschungsergebnisses, sondern um eine Botschaft zu transportieren, die in

---

[367] Ebd., 62.

[368] Raschkes Formulierung des „Werdens und Vergehens" mit Blick auf Benn stellt nicht den einzigen Sprachtransfer dar. Auf die begriffliche Anlehnung Benns seinerseits an Max Rubners 1909 veröffentlichtes Buch *Kraft und Stoff im Haushalte der Natur* hat Gerlinde F. Miller (1990), 16, hingewiesen.

[369] Ebd., 62. Raschkes Hinweis auf die Baupläne „Lissitzkis" bezieht sich auf den russischen Architekten El Lissitzkij (1890-1941), der einen horizontalen Wolkenkratzer entworfen hatte.

[370] MR: Gottfried Benn, 35f.

[371] Ebd., 36.

Verbindung mit den literarischen Texten in der *Kolonne* steht. Besondere Bedeutung kommt dabei dem Kriterium der Wissensaktualität zu, das nahe legen soll, dass sich Raschkes Wissenschaftslektüre auf die Sichtung zeitgenössischer Pressebeiträge konzentriert. So ermöglicht es der Hinweis auf Heisenberg und Millikan, den Eindruck einer Absicherung der Kritik mit Hilfe zeitgenössischer Forschung zu erwecken. Symptomatisch dafür findet sich nach der Notiz über Millikan unter der Rubrik *Für die Redaktion* auch die Anmerkung zu den in Heft Nr. 4 der *Kolonne* durch Raschke unter seinem Pseudonym Peter Anders besprochenen Resultaten des indischen Pflanzenphysiologen Jagadis Chunder Bose (1858-1937), die durch „neue Experimente" einer möglichen Revision bedürften.[372] Hierbei hat es den Anschein, dass der Fingerzeig auf die Ergänzung einer früheren Meldung als Versuch dienen soll, den Eindruck einer Auswahl der Beiträge nach Maßgabe des Informationsgehalts zu erwecken:

> Zu dem Aufsatz „Die Pflanze als Lebewesen" von Peter Anders in Heft 4 ist nachzutragen, daß neue Experimente in Deutschland die Ergebnisse des Inders Bose zu widerlegen scheinen.[373]

Man könnte Raschkes Hinweis als sachbezogenen Nachtrag zu einem bereits abgehandelten Thema verstehen, verriete er nicht schon im folgenden Satz, dass der Rekurs auf Bose in Wirklichkeit einer vertrauten Kritik dient.

> Ob nun Bose ein Opfer seiner übermäßig verfeinerten Apparate und seines Glaubens an die Unteilbarkeit allen Lebens oder der deutsche Forscher ein Opfer seiner gröberen Apparate und seines Unglaubens geworden ist, kann erst die Zukunft zeigen.[374]

Der redaktionelle Nachtrag verbindet die Kritik an der Relevanz einer Leistungsfähigkeit technischer Geräte mit der Vorstellung einer prinzipiellen Gleichwertigkeit der Lebensformen. Dabei klingt auch das Prinzip einer Ganzheitlichkeit auf Grundlage des Lebensbegriffs an, indem in der Redaktionsmitteilung von einer „Unteilbarkeit allen Lebens" die Rede ist. Raschke zeigt sich somit nicht gewillt, die Spezialisierung der technischen Naturforschung – es sind „Apparate", die zu einer Wendung in der Beurteilung führen – als Beleg einer Höherwertigkeit ihrer Aussagen anzuerkennen. Dementsprechend versieht er die Ergebnisse Boses mit dem Zusatz „Glauben", während seinem namentlich nicht genannten Antagonisten „Unglauben" und eine Verfahrens- und Erkenntnisweise bescheinigt wird, die aus der Sicht Raschkes letztlich bestenfalls fortschrittsgläubig ist. Diese Unterteilung zwischen einer Universalität des Lebens und einer empiristischen Definition von Fortschritt und Erkenntnis

---

[372] Bose nimmt in den Debatten um die Existenz übergreifender Lebensbeweise im Grenzbereich zwischen Populärwissenschaft und Forschung im ersten Drittel des 20. Jahrhunderts eine Sonderstellung ein. Mit Hilfe eines Verfahrens zur Feststellung pflanzlicher Reizreaktionen versuchte er, die Graduierung der Vitalitätsmerkmale anhand neurologischer Kennzeichen zu dezimieren und die aus dem Einheitspostulat von organischer und anorganischer Substanz sprechende Erweiterung des Lebensbegriffs zu vertreten.

[373] Die Kolonne 2 (1931), Nr. 6, 73.

[374] Ebd., 73.

kann auch für die Beurteilung der Meldung über Millikan und die kosmische Strahlung geltend gemacht werden. Der *Kolonne*-Text besitzt dabei drei Deutungsschwerpunkte:

1. Die Entdeckung extraterrestrischer Energie legt die Existenz außerirdischer Lebensformen nahe. Eine „unaufhörliche Schöpfung" meint deshalb nicht nur die Kontinuität der elementaren und reproduktiven Entstehungsprozesse von Sauerstoff oder Eisen. Die Werdung der Elemente bezeugt Spuren des Lebens selbst in den unerforschten Weiten des Kosmos.

2. Es ist der Wissenschaft nicht möglich, die Herkunft der Strahlung exakt zu klären. Anders als bei der Rezeption der Quantentheorie, die ihre Faszination durch unbekannte physikalische Wirkungen zu einem Rätsel der Naturerkenntnis macht, begrenzt die Existenz kosmischer Energiequellen den Glauben an den natürlichen Werdensprozess keineswegs. Die Faszination des Phänomens basiert aus diesem Grund nicht auf der Modifizierung bisheriger wissenschaftlicher Annahmen, sondern auf der Entdeckung einer unbekannten Strahlungsart.[375]

3. Der wissenschaftlichen Naturinterpretation ist es nicht nur versagt, einen Ursprungsbeweis zu erbringen, was die Assoziationsmöglichkeit mit einem Begriff wie „Schöpfung" befördert. Sie muss anerkennen, dass der Energiegehalt der Strahlen den der Röntgenstrahlen und aller bislang erzeugbaren Energieformen um ein Vielfaches übersteigt. Parallel zur technischen Realisierbarkeit hochenergetischer Strahlung, steigen auch die Nachweismöglichkeiten der noch wesentlich höherenergetischen kosmischen Strahlung. Die Diskrepanz zwischen Natur und Technik, auf die Raschke hinaus will und die einer Suprematie der Natur gleichkommt, bleibt demnach bestehen. Nicht ohne Genugtuung weist der Text darauf hin, dass die Strahlung imstande sei, Wasserschichten bis zu achtzig Metern Tiefe durchdringen zu können. Dabei erscheint es im Zusammenhang der Popularisierung der Naturwissenschaften nahe liegend, dass die Röntgenstrahlung als Folie des Abgleichs dient („Strahlen, von einer weit geringeren Wellenlänge als Röntgenstrahlen"), die zur Jahrhundertwende selbst eine starke Präsenz in den Medien erfahren. Sofern sich anhand der vorliegenden Meldung daher von einer Tendenz der Aneignung eines naturwissenschaftlichen Ergebnisses sprechen lässt, so ist diese wie im Beispiel der Unbestimmtheitsrelation nicht in der Faktenwiedergabe, sondern in der spezifischen Interpretation zu sehen. Denn obwohl die kosmische Strahlung über einen größeren Energiegehalt als die Röntgenstrahlung verfügt, was der *Kolonne*-Beitrag als weiteren Beleg für die Begrenztheit des wissenschaftlichen Strebens wertet, kommt den Erkenntnissen der Forschung notwendigerweise Bedeutung zu, um die sinnlich nicht

---

375 Zu historischen Hypothesen über den Ursprung der Höhenstrahlung siehe Bavink (1944), 191, bzw. die anspruchsvolle Darstellung von Werner Heisenberg, Hg. (1953): Kosmische Strahlung, 2. Aufl. Berlin/Göttingen/Heidelberg, 9ff. Die Gegenwart unterstreicht Raschkes Lesart in gewisser Weise: Auch wenn einige Rätsel um die kosmische Strahlung gelöst werden konnten (was beispielsweise ihre Zusammensetzung anbelangt), steht die Astrophysik bei der Erklärung des Zusammenhangs der Entfernung der Entstehungsorte und der auf der Erde gemessenen Strahlungsenergie nach wie vor am Anfang.

wahrnehmbare Strahlung registrieren zu können und eine derartige Gegenüberstellung überhaupt erst zu ermöglichen. Das Problem einer argumentativen Verwendung der Resultate der modernen Naturwissenschaft liegt darum auch hier in der Wechselseitigkeit aus Wissen, das beansprucht wird, und seiner gleichzeitigen Instrumentalisierung zur Bekämpfung des wissenschaftlichen Erkenntnisanspruchs. Denn die Feststellung einer „weit geringeren Wellenlänge" der kosmischen Strahlung im Vergleich zu den Röntgenstrahlen, die im Text konstatiert wird, ist notwendigerweise an den Erkenntnisstand über Strahlung und die Verfahrensweise zur Bestimmung der Wellenlänge gebunden. Raschke spricht dabei bezeichnenderweise nicht von ‚Energiemenge' oder ‚Intensität der Strahlung', sondern verweist auf die Wellenlänge der Strahlen, deren Verhältnis zur Durchdringungsfähigkeit ihm seit seiner Rezensionslektüre des Orell-Füßli-Bandes *Durchleuchtete Körper* (1931) bekannt ist, in welchem eben jener Zusammenhang zur Entdeckung der Röntgenstrahlen hergestellt wird, die man hier als eine „ganz neue Art von Strahlen" feiert.[376] Auch Raschke kann deshalb nicht hinter den Entwicklungsstand einer Wissenschaft zurück, die ihre Anschaulichkeit im Sinne der hilfsmittelfreien Naturbetrachtung Goethes längst eingebüßt hat und die Eigenschaften der Natur nur unter der technikgestützten Verstärkung der ‚natürlichen' Wahrnehmung zu beleuchten weiß.

Was die Wahrnehmung der Millikan-Nachricht über die kosmische Strahlung anbelangt, so ist in Analogie zur Unbestimmtheitsrelation davon auszugehen, dass zwei Kriterien eine entsprechende Interpretation befördern. Damit ist zum einen der geringe Absicherungsgrad der Erkenntnisse gemeint, der einer Erweiterung oder Transformierung wissenschaftlicher Ergebnisse dienlich erscheint. Diese Aussage lässt sich sogar dahingehend erweitern, dass die fehlenden Erkenntnisse über die Quelle der Strahlung im Kosmos geradezu als ‚Spekulationsangebot' aufgefasst werden können. Vor allem die Assoziation mit einem unendlichen „Weltenraum" scheint es jedoch zu sein, die eine Anziehung ausübt. Denn sie bezieht sich mit dem Universum auf den größtmöglichen Gegenstandsbereich; nicht zuletzt, um der Kleinteiligkeit und Selbstbezogenheit der Wissenschaften den Spiegel vorzuhalten.[377]

2.3 Eugen Georgs *Verschollene Kulturen*

Gemessen an Relativitäts- und Quantentheorie als den beiden kulturgeschichtlichen Großereignissen der Physik in der ersten Hälfte des 20. Jahrhunderts, nimmt sich die Berichterstattung über die kosmische Strahlung gering aus, was der Integrationsfähigkeit in das vertraute Naturbild und der fehlenden erdrutschartigen Umschichtung entsprechender Theoriegebäude geschuldet sein dürfte. Diese Einschätzung spiegelt

---

[376] Döhmann (1931), 5.

[377] Auch Benn wird in seinem 1949 veröffentlichten Aufsatz *Physik* – rund zwanzig Jahre nach Raschke – übrigens auf das Phänomen der kosmischen Höhenstrahlung eingehen und ähnliche Vergleiche wie im *Kolonne*-Beitrag verwenden. Siehe Ders. (1997), 399-402, 401f.

sich bei der Lektüre zeitgenössischer Monografien und Registervermerke in Überblicksdarstellungen ebenso wider wie in der Resonanz der Presse.

Während die neuen physikalischen Vorstellungen über Raum, Zeit, Materie und Kausalität, die im öffentlichen Bewusstsein eng mit Namen wie Planck, Einstein, Heisenberg und Bohr verbunden sind, Gegenstand einer Vielzahl von Beiträgen im zeitgenössischen Pressekontext sind, gestaltet sich die Suche nach Hinweisen auf Millikan schwierig. Nicht nur im oben vorgestellten siebenten Jahrgang der *Literarischen Welt* (1931), der eine beeindruckende Fülle von Verweisen oder begrifflichen Anspielungen auf das Weltbild der modernen Physik enthält, läuft die Recherche ins Leere. Ähnlich mag es daher auch Raschke gehen, wenn er als *Kolonne*-Herausgeber einen Artikel als Vorlage für eine Kurznotiz zu Millikan verwendet und diesen auszugsweise abzudrucken scheint, wie an den mitgedruckten Anführungszeichen deutlich wird. Anders als im Falle der beiden Beiträge über Otto Warburg, die in Kürze behandelt werden, deutet dieser Abdruck auf eine Unsicherheit im Umgang mit dem Thema hin, die anhand der Informationsengpässe nachvollziehbar ist. Im Falle Warburgs, der 1931 und somit parallel zu den *Kolonne*-Beiträgen mit dem Nobelpreis geehrt wird und der kein ausländischer Wissenschaftler ist, finden die Ergebnisse stärkere Resonanz. Dies betrifft auch jene Medien, die Raschke zur Kenntnis genommen haben dürfte, da er in ihnen selbst veröffentlicht, so die *Vossische Zeitung*. Raschkes Artikel über Warburg unter dem Pseudonym Peter Anders kann daher als Ausdruck einer gewissen Souveränität mit dem Thema gewertet werden, die nicht unwesentlich mit der zeitgenössischen Berichterstattung zusammenhängt.

Um die Forschungsresultate zur kosmischen Strahlung für die *Kolonne* zu nutzen, mag Raschke hingegen unvermittelt auf einen Beitrag stoßen, der Millikans Arbeit zum Gegenstand hat. Möglicherweise ist Raschke das Phänomen der kosmischen Strahlung aber auch durch frühere Buchrezensionen im Rahmen seiner Tätigkeit für die *Literarische Welt* bekannt, was die Verflechtung von naturwissenschaftlichen Inhalten und Sachbuchveröffentlichungen in Raschkes engstem Umfeld bestätigte und der naturwissenschaftlichen Interessensetzung in der *Kolonne* einen dezidiert publizistischen Quellenhintergrund gäbe. Der mediale Produktionskontext lässt es zumindest nicht abwegig erscheinen, dass Raschke eine zuvor besprochene Buchvorlage genutzt und sich sprachlich an diese angelehnt haben könnte.

Bei der Suche nach entsprechenden Vorlagen bietet sich vor allem ein Buch an, das deutliche Übereinstimmungen mit der im Millikan-Beitrag thematisierten Höhenstrahlung aufweist. Es handelt sich dabei um Eugen Georgs umfangreiche Darstellung *Verschollene Kulturen*, das 1930 im Leipziger Verlag R. Voigtländer erscheint und das von Raschke 1931/1932 sowohl in der *Literarischen Welt* als auch in der *Kolonne* besprochen wird.[378] Obgleich Raschke darin mit Kritik nicht spart, die er an der Darstellung der Menschheitsgeschichte als Kausalgesetz und „Funktion [...] unserer deutungshungrigen Zeit entsprechend" übt, darüber hinaus die Aneinander-

[378] Otto Merz [d. i. MR]: Eine Geschichte der Erde, in: Kolonne 2 (1931), Nr. 2, 22f.; MR: Eugen Georg: Verschollene Kulturen, in: Die literarische Welt 8 (1932), Nr. 8/9, 9.

reihung des Materials mit „wissenschaftlichen Mitteln" beklagt, kann er sich auf den wissenschaftlichen Inhalt des Buches stützen und diesen möglicherweise für den Bericht über die Hochenergiestrahlung und die „unaufhörliche Bildung von Elementen wie Sauerstoff, Magnesium und Eisen im Weltenraum" verwenden.[379] So geht Georg, der „im Weltall ein ungeheures Kraftreservoir" ausmacht, „aus dem beständig stärkste, strahlende Lebensimpulse über die Erde gehaucht werden", explizit auf die kosmische Strahlung ein und wählt hierbei eine der *Kolonne*-Meldung vergleichbare Formulierung. Während in der *Kolonne* davon die Rede ist, dass „aus dem Himmelsraum kommende Strahlen im Hochgebirge Wasserschichten bis zu achtzig Meter Tiefe durchdringen" könnten, kommt Georg auf eine Vergleichsmöglichkeit für die Veranschaulichung der Energiekapazitäten, die aufmerken lässt. Der Weltenraum, heißt es, sei

> bis zum Bersten angefüllt mit Energien. Und unter diesen Energien durchtobten die kosmischen „Höhenstrahlen", die durch anderthalb Meter starke Bleiplatten, durch sechs Meter starke Eispanzer, durch 50 Meter starke Gesteinschichten ohne Schwierigkeit durchschlagen, die Himmelsräume mit alles Leben vernichtendem Willen.[380]

Anders als die *Kolonne* sieht Georg die „Höhenstrahlen" nicht als Ausdruck einer „unaufhörlichen Schöpfung", sondern verweist auf einen „alles Leben vernichtenden Willen". Die möglicherweise bildspendende Wirkung des Buches ist jedoch offensichtlich. So kann sich Raschke im Falle des angeführten Vergleichs der Strahlen und ihrer Durchdringung von Wasserschichten bei Georg absichern. Da sein Hinweis auf Millikan erst einige Monate nach der Rezension von Georgs Buch in der *Kolonne* erscheint, ist nicht auszuschließen, dass Raschke durch Georg auf das Thema gestoßen wird.[381] Trotz der angesprochenen Distanzierungsversuche findet er in *Verschollene Kulturen* zudem eine Unterstützung für seinen wissenschaftskritischen Ton. Hiermit ist nicht allein der Hinweis auf die allerorten beklagte Vernichtung des anschaulichen Naturzugangs –

> [...] die physikalischen und chemischen Wissenschaften haben die empirische Natur des täglichen Lebens ihrer Farben, Töne, Wärme und Gerüche beraubt; ein ‚System' blieb übrig, je nachdem ein mechanisches oder elektrodynamisches![382] –

gemeint. Bereits auf der ersten Seite von Georgs Buch wird die „Krise des Kosmos" mit der Erfindung der Wissenschaft begründet und die mechanische Revolution des 19. Jahrhunderts als Grundlage moderner Bildung und Zivilisation benannt. Die mechanistische Wissenschaft wisse um die Wirkungen der Tatsachen, schreibt der

---

[379] Die Kolonne 2 (1931), Nr. 6, 72.

[380] Eugen Georg (1930): Verschollene Kulturen. Das Menschheitserlebnis. Ablauf und Deutungsversuch, Leipzig, 199.

[381] Die Meldung zu Millikan wird in Nr. 6 (1931) gedruckt, die Rezension von Georgs *Verschollene Kulturen* wird zuvor in Nr. 2 (1931) veröffentlicht.

[382] Georg (1930), 211.

Autor in einem Dacqués Äußerungen vergleichbaren Ton – Georg verwendet dabei die Formeln „Geheimnis des Lebens" oder „Geheimnis der Beseelung" –, ohne die Ursachen der Wirkungen ergründet zu haben. Die mechanistische Wissenschaft, die

> die Antwort auf das Kernproblem aller Forschung: das Geheimnis des Lebens und das Geheimnis der Beseelung, schuldig geblieben ist, taumelt heute in einer ungeheuren Krise. Umstürzlerische neue Ideen schlagen Bresche in den einstmals – vor zwei Generationen! – scheinbar unerschütterlich und wie für alle Ewigkeit riesenhaft und glorreich aufgetürmten Rocher de bronce der modernen Wissenschaft, tragen Verwirrung in ihr lustvoll-sinnvolles Koordinatensystem aus Logik und Empirie. Begriffe wie nicht-euklidischer Raum, nicht-aristotelische Logik, die Relativitätslehre mit ihrer ‚Verwegenheit mathematischer Kultur' (Minkowski) stülpen alle gewohnten Vorstellungen um. [...] Kein Biologe, kein Physiker, kein Chemiker der Welt, dem noch etwas ‚selbstverständlich' erschiene.[383]

Neben der Anführung zentraler Schlagworte wie „nicht-euklidischer Raum", „Relativitätslehre" bzw. des Namens des an der Ausarbeitung der Relativitätstheorie beteiligten Göttinger Mathematikers Hermann Minkowski führt Georg die im Einleitungskapitel dargelegte Dramatik des physikalischen Weltbildwandels weiter und nutzt die Wirkung wissenschaftlicher Termini. So weist er darauf hin, dass das Leben nicht kontinuierlich verlaufe, sondern die Natur in „Rhythmen und Quanten, in Kurven mit Wellenbergen und Wellentälern" vorwärts schreite.[384] Dabei macht er selbst vor der ultimativen Formulierung, mit der man ein diskontinuierliches Geschehen der Natureigenschaften zu fassen suchte, nicht halt, was die ungehemmte Verwendung naturwissenschaftlicher Redeweisen und Begriffe unterstreicht: „Die Natur macht Sprünge!"[385] Diese Umkehrung des *Natura non fecit saltus* steigert Georg, indem er den Verweis auf die Entropie liefert und das Naturgeschehen als einem Gleichgewichtszustand zuwider laufend beschreibt. Weil die

> physikalischen Vorgänge nicht umkehrbar sind, wird die molekulare Energieleistungskapazität innerhalb des kosmischen Gesamtsystems allmählich aufgezehrt, abgebaut. Sie ebbt hin. Sie nähert sich einem Indifferenzzustand: sie unterliegt der Entropie.[386]

Das Schlusswort des Buches findet den „*Sinn des grossen Geheimnisses*" kaum anders als im „*Wissen vom Gleichgewicht*": „*Das ist der Satz von der magischen Entropie: Die Evolution der Welt strebt einem Maximum von Liebe zu!*"[387] Trotz dieser verqueren Verwendung des Entropie-Begriffs ist festzuhalten, dass Raschke in dem von ihm zweifach rezensierten Werk Georgs auf ein einschlägiges naturwissenschaftliches Vokabular stößt, was die Präsenz einzelner Begriffe erhöht und eine Wahrnehmungssteigerung bewirkt. Der Leser von *Verschollene Kulturen* im allgemeinen, der Rezensent Martin

---

[383] Ebd., 253.
[384] Ebd., 186.
[385] Ebd., 186.
[386] Ebd., 289.
[387] Ebd., 294. Hervorhebungen i. O.

Raschke mit einem bestimmten Blickwinkel und einer vorauszusetzenden Akribie im besonderen, können dabei Formulierungen aufnehmen, die sich nahtlos an den wissenschaftspublizistischen Kontext der Zeit fügen und im Rahmen der Darstellung der *Literarischen Welt* so oder vergleichbar angeführt wurden: „vierte Dimension", „mechanistische Wissenschaft", „Verwegenheit mathematischer Kultur", „umstürzlerische neue Ideen", „nicht-euklidischer astrophysikalischer Raum", „Raumquanten", „die Grenzen des Milchstraßensystem", „die Welthohlkugellehre, die um Anerkennung heischt" u. a. Wie sich solche Formulierungen bildsprachlich verwenden lassen, soll im folgenden Unterkapitel dargestellt werden, wobei die extraterrestrische Physik auch hier den thematischen Hintergrund bildet.

3. Fliehende Welten. Metaphorisierungen astronomischer Begriffe

Die ersten beiden Einzeluntersuchungen zur Verwendung naturwissenschaftlicher Ergebnisse in der *Kolonne* dokumentieren, dass es Raschke bei seiner Bezugnahme auf die Wissenschaften nicht um eine Orientierungshilfe geht. Er fasst zwei sehr unterschiedliche Resultate der physikalischen Forschung gleichermaßen als Ausdruck einer Begrenztheit der wissenschaftlichen Erkenntnismöglichkeiten auf, die aus seiner Perspektive sowohl im Bereich kleinster Atomstrukturen als auch im Bereich der kosmischen Zusammenhänge nicht zu leugnen sind. Beide Meldungen werden dabei ohne Erläuterung durch einen redaktionellen Artikel abgedruckt und sind ausschließlich über die Kontrastierung der literarischen Texte in einen Zusammenhang mit der Herausgeberintention zu setzen. Wissenschaft und wissenschaftliche Weltanschauung werden somit gezielt auch als Mittel einer dichtungsbezogenen Auseinandersetzung genutzt, die sich insbesondere am Beispiel von Bechers *Gesang der Kommune „Internationale"* nachweisen lässt. Im Sinne einer Absicherung der naturwissenschaftlichen Argumentationsgrundlagen erscheint es dabei ausreichend, Kenntnis eines verbreiteten Auslegungsmodus' zu besitzen, der aus einschlägigen Publikationen oder Buchveröffentlichungen gewonnen werden kann.

Auch die Bücher der Astrophysiker Edwin Hubble (1889-1953), der mit der Entdeckung ihrer extragalaktischen Struktur die Milchstraße aus dem Zentrum des Universums gerückt hatte und der Sonne einen Platz unter Milliarden anderer Sterne zuwies, Arthur Stanley Eddington (1882-1944) und weiterer durch sie inspirierter Autoren, etwa der erwähnte Robert Henseling, werden mit regem Interesse in der Presse wahrgenommen. Dabei ist es mehr die ästhetische Wirkung der Spiralnebelaufnahmen, welche zu einer Intensivierung der öffentlichen Aufmerksamkeit führt, als jene nicht unwichtige wissenschaftliche Fußnote, die mit der Erforschung des Weltalls verbunden ist. Denn nach den Erkenntnissen der Astrophysik besitzt die Milchstraße keine unikale Struktur, sondern muss als eine Galaxie unter einer kaum vorstellbaren Anzahl weiterer Sternsysteme angesehen werden. Die moderne Naturwissenschaft führt dem Menschen mit der gestiegenen Quantität der Erkenntnisse über die Struktur des Universums daher zugleich die Ausmaße des Kosmos und die räumliche Geringfügigkeit der Welt vor Augen und problematisiert das selbstbewusste Weltbild des 19. Jahrhunderts. Der Astronom Friedrich Becker bringt diese Wendung in seinem Band *Aus den Tiefen des Raumes* (1926) mit der Frage auf den Punkt, ob „unser Weltsystem" das einzige sei oder ob es in den Tiefen des Raumes noch andere Systeme gebe, wovon jedes wiederum nur einen „Baustein des wirklichen, allumfassenden Universums" darstelle, die er selbst wie folgt beantwortet:

> [...] ja, es gibt noch andere Weltsysteme, die dem unsrigen gleichgeordnet sind, und der Andromedanebel ist eines von ihnen, eine Weltinsel wie unsere. [...] Ist der Andromedanebel eine Weltinsel, so wächst die Größe des Universums über alle Maße hinaus. Denn wir kennen nicht nur diesen einen Spiralnebel, sondern ihrer

> Hunderte und Tausende. [...] Unsere eigene Welt, die wir einst verlassen, ist schon längst zum kleinen Nebelfleck geworden. Abermals Millionen Jahre und dann noch mal. Allmählich beginnt unser Lichtscheibchen zu wachsen, und während die Zeit endlos dahinrinnt, wird es größer und größer, schon erkennen wir einzelne Sterne darin, schon bedeckt es den Himmel vor uns, und endlich sind wir an seinen Grenzen angelangt, an den Grenzen eines gewaltigen Sternsystems. Und andere Sonnen, Nebel und Sternhaufen tauchen auf, unsere eigene Welt aber, ein Reich von Milliarden Sonnen, grüßt uns als kleines, blasses Lichtscheibchen aus unendlichen Fernen. – Das ist die Welt. – [388]

Die von Becker im ersten Absatz gebrauchten Begriffe „Andromedanebel“, „Spiralnebel“ und „Weltinsel“, aber auch Sprachbilder wie „andere Sonnen“, „Milliarden Sonnen“ oder „Sternhaufen“ legen es nahe: Mit der Rezeption populärwissenschaftlicher Bücher zur Astrophysik erhöht sich der Bekanntheitsgrad ihrer Terminologie und ebnet einschlägigen Formulierungen den Weg in den außerwissenschaftlichen Sprachgebrauch. Die illustrative Verwendung solcher Formulierungen, die sich anhand von Textbeispielen Raschkes und Eberhard Meckels zeigen wird, die eben jene von Becker zitierten Begriffe wie „Spiralnebel“, „Andromedanebel“ oder „Weltinsel“ aufgreifen, lässt Rückschlüsse auf die metaphorische Potenz populärwissenschaftlicher Darstellungen zu. Der Gebrauch naturwissenschaftlicher Ergebnisse muss daher nicht instrumentell intendiert sein, indem das vermeintliche Eingeständnis einer Wissensbegrenzung durch die moderne Physik zur Bekämpfung eines hybriden Erkenntnisanspruchs genutzt wird, sondern kann bildsprachlich stattfinden, wie zwei Beispiele aus der *Kolonne* verdeutlichen. Es handelt sich dabei um Raschkes Aufsatz *Der kosmische Snob* (1930) und die Verwendung der Begriffe „Sternwolke“ und „Weltrauminsel“ bzw. Raschkes Formulierung „wegeilender“ oder „fliehender“ Spiralnebel in der Rezension *Zu den Gedichten Elisabeth Langgässers* (1932). Dabei wird sich zeigen, dass Raschke die Begriffe nicht nur assoziativ verwendet, sondern in diesem Zusammenhang noch einmal Kritik an einer übersteigerten wissenschaftlich-technischen Bedeutungszuweisung übt. Wie in den vorangegangenen Beispielen soll versucht werden, mögliche Textgrundlagen aufzuspüren, um die These zu stützen, dass sich Raschkes Wissenschaftsannäherung an den vorhandenen Bezugsquellen orientiert, die seine Schlussfolgerungen als Ausdruck verbreiteter medialer Deutungsmuster klassifizieren.

3.1 „Sternwolke“ und „Weltrauminsel“

In seiner Rezension des Robert-Henseling-Bandes *Der neu entdeckte Himmel* gebraucht Raschke mit „Sternwolke“ und „Weltrauminsel“ zwei Begriffe, die zeitgleich in auflagenstarken astrophysikalischen Veröffentlichungen genutzt werden, um galaktische

---

[388] Friedrich Becker (1926): Aus den Tiefen des Raumes. Der astronomischen Unterhaltungen zweiter Teil, Berlin/Bonn, 111ff.

Nebel als autarke stellare Systeme zu beschreiben. In Raschkes Text, der im Rahmen der Untersuchung seines publizistischen Umfeldes angesprochen wurde und den aussagekräftigen Titel *Der kosmische Snob* trägt, heißt es in der ersten Fassung:

> Zu einem schwachen Lichtpunkt in einer Wolke, irgendwo am Rande der unendlichen Milchstraße, wurde die Sonne [...]. Und mehr als einer Million Erden könnte die Sonne, dieser winzige Lichtpunkt in einer der ungezählten Sternwolken, ihrem Umfange nach Raum geben. Wir bauten Fernrohre, mit deren Hilfe man noch Sterne sichtbar zu machen versteht, deren bei uns eintreffende Strahlen millionenmal schwächer sind als die dem stärksten Auge wahrnehmbaren Sterne. (Man schrieb mit Recht Hymnen auf die technischen Leistungen der Menschheit.) Wir photographierten mit ihrer Hilfe Weltrauminseln, die Millionen Lichtjahre von uns entfernt sind. (Man vergaß zu Unrecht die Hymnen auf die größere Welt.)[389]

Bereits die in Parenthese stehenden Sätze verdienen Beachtung, da sie sich zur nachträglichen Bestärkung der im Technik-Kapitel aufgestellten Behauptung heranziehen lassen, dass Raschke seine Kritik an einer übersteigerten Wertschätzung für die Technik nicht durch Negation, sondern durch die Gegenüberstellung mit ergänzenden oder konkurrierenden Aussagen zum Ausdruck bringt. Unmissverständlich wird dabei deutlich, dass diese Gegenüberstellung kein Sinnbild einer Wertneutralität ist, sondern einer Favorisierung gleichkommt. Die Komposita „Sternwolken" und „Weltrauminseln" sind hierbei keineswegs der Fantasie Raschkes entsprungen. Gegenüber der zitierten Passage aus dem Aufsatz *Der kosmische Snob*, in dem Raschke auf Robert Henseling zu sprechen kommt, hebt er in der leicht veränderten zweiten Fassung für die *Literarische Welt* im Jahr 1931 Autor und Werk unter besonderer Betonung des anschaulichen Werts hervor („Alle sollten das Buch von Robert Henseling lesen und wieder und wieder anschauen"[390]), was die Vermutung nahe legt, er könnte auch im Folgenden auf die Bände Henselings zurückgegriffen haben. Bereits *Der neu entdeckte Himmel* erweist sich dabei als ein Fundort. Mit „Welteninseln" überschreibt der Autor dort das Unterkapitel, in dem die Aufnahmen der Spiralnebel abgedruckt werden, die aus der *Kolonne* vertraut sind.[391] Jene Spiralnebelbilder, die Raschke in die *Kolonne* übernimmt, sind bei Henseling als „Welteninseln" markiert, was die Transformation in „Weltrauminseln" wahrscheinlich macht.[392] Im selben Jahr, in dem die zweite Version von Raschkes *Der kosmische Snob* in der *Literarischen Welt* erscheint, veröffentlicht Henseling im Kosmos-Verlag zudem ein Buch mit dem Titel *Welteninseln*.[393] Dabei greift die Betitelung, in der die Vorstellung einzelner, weltengroßer Sterne hervortritt, die sich in den endlosen Weiten des Alls wie einsame Inseln ausnähmen, augenscheinlich auf *Der neu entdeckte Himmel* zurück.

---

[389] Die Kolonne 1 (1930), Nr. 9, 59.
[390] MR: Der kosmische Snob, (1931), 5.
[391] Henseling (1930), 107.
[392] Ebd., 118, 124.
[393] Ders. (1931).

Dieses Recycling spezifischer Begriffe lässt sich anhand der zweiten kursiv gesetzten Formulierung des eingefügten Zitats aus *Der kosmische Snob* verfestigen: dem Begriff „Sternwolken". Henseling verwendet den Terminus in einer auffälligen Dichte und kommt im Zusammenhang mit Begriffen wie „kosmischer Staub" und „Stern" zu folgender Aussage: „Zweierlei kosmische Wolken sind im Sternall der Milchstraße miteinander verwoben, Sternwolken und ‚Nebel'".[394] Das Unterkapitel, dem der Satz entstammt, trägt den Titel: „Die Milchstrasse: Wolken im Weltenraum". Wenn Raschke in *Der kosmische Snob* die Sonne demnach als Lichtpunkt in einer „Wolke" am „Rande der unendlichen Milchstraße" bezeichnet, kann er sich der Prägnanz der Formulierung durch Henselings Buch gewiss sein, zumal er den Begriff der „Wolke" in der zweiten Fassung durch „Sternwolke" ersetzt.

Ein drittes Beispiel für die Sprachwahl mit Hilfe populärwissenschaftlicher Veröffentlichungen stellt die Formulierung „fliehender" Spiralnebel dar. Raschke gebraucht diesen Ausdruck in seinem 1932 erschienenen Aufsatz *Zu den Gedichten Elisabeth Langgässers*, in dem er einen bemerkenswerten Vergleich für die Bewegung der Galaxien offeriert:

> Wie die Astronomen verwundert feststellten, daß die äußersten Spiralnebel der uns bisher sichtbaren Welt mit rasender Geschwindigkeit von der Erde weg zu fliehen scheinen, so sieht Elisabeth Langgässer, daß uns die gerufenen Götter fliehen, nicht mehr gewillt, mit unserer Vermessenheit zu kämpfen und auf unseren Anruf zu hören: „Flieht Daphne in das Laubgefälle und steht am Rande unserer Welt." So trifft sich der Glaube an die Schöpfung mit dem Zweifel an ihrer Unerschöpfbarkeit.[395]

Die Wendung von der Erde „fliehender" Spiralnebel dient Raschke zur Veranschaulichung des Daphne-Mythos und geht nicht auf spezifische Verwendungszusammenhänge der Autorin ein. Raschke gebraucht dabei nicht nur den Begriff „Spiralnebel" explizit, der ihm spätestens seit der Besprechung von *Der neu entdeckte Himmel* vertraut ist. Die Fliehbewegung der Spiralnebel wird in eine Sinnkonstruktion mit der menschlichen Entfremdung von der Natur gestellt und der Abfall des Menschen von der Natur als Ursache seiner „Vermessenheit" nahe gelegt, der sich auch „die Götter" entzögen. Gerade dieses Textbeispiel zeigt dabei eine für Raschkes Beiträge typische Verbindung aus fachsprachlichen und literarisierenden Elementen. Aufschlussreich ist daran im Zusammenhang mit der Aufnahme wissenschaftlicher Inhalte zunächst die Unbedarftheit, mit welcher Wissenschaft und Argumentationsführung verknüpft werden. Ein in der Astrophysik festgestelltes Phänomen, dass sich die Spiralnebel von der Erde wegbewegen, wird in die Nähe einer Bewusstseinsentscheidung gerückt. Der Überdruss, nicht länger „mit unserer Vermessenheit zu kämpfen", führt zur Personifizierung der Spiralnebel, die sich – Kraft eigenen Entschlusses, glaubt man Raschke zu deuten – wie „Götter" von der Erde und der

---

394 Ders. (1930), 75.

395 Die Kolonne 3 (1932), Nr. 2, 20. Vgl. auch den anonym verfassten Kurztitel *Daphne*, in: Die Kolonne 3 (1932), Nr. 2, 28.

menschlichen Vermessenheit „mit rasender Geschwindigkeit" entfernten. Entscheidender ist hier jedoch etwas anderes. Die auf den ersten Blick wenig beachtenswerte Formulierung „mit rasender Geschwindigkeit", mit der die Spiralnebelbewegung beschrieben wird, stellt keine Sprachschöpfung Raschkes dar, sondern spielt auf eine der interessantesten Entdeckungen der Astrophysik in der ersten Hälfte des 20. Jahrhunderts an, nach der sich die Nebel durch die Proportionalität von Geschwindigkeit und Entfernung mit steigender Distanz zunehmend schneller von der Erde wegbewegen und für den Beobachter daher zu ‚fliehen' scheinen.

3.2 Das expandierende Universum

Die Einbeziehung der Naturwissenschaften in das *Kolonne*-Programm bleibt den Autoren in Raschkes Umfeld keineswegs verborgen. Neben den wissenschaftsbezogenen Anspielungen in den Aufsätzen und dem Abdruck entsprechender Kurzmeldungen kann davon ausgegangen werden, dass der *Kolonne*-Herausgeber den konzeptionellen Charakter des Wissenschaftsbezuges seines Zeitschriftenprojekts vor allem gegenüber befreundeten Autoren gesondert herausstellt. Ein so bekundetes astronomisches Interesse mag Eberhard Meckel, mit dem Raschke zu dieser Zeit in persönlichem Kontakt steht, daher auch zu folgender Briefsendung veranlasst haben: Am 28.5.1932 sendet Meckel Raschke einen im Dresdner Nachlass erhaltenen Briefbogen mit einem undatierten aufgeklebten Zeitungsartikel, in dem das Phänomen der sich entfernenden Sternmilliarden in einem ähnlich doppelsinnigen Ton zur Sprache kommt wie in Raschkes Besprechung der Gedichte Elisabeth Langgässers. Der Artikel, Meckel zu Folge als Unterstützung für die *Kolonne* gedacht, ist mit *Die zerplatzte Weltblase* betitelt. Darin wird von einem Vortrag Eddingtons berichtet, der als Vorsitzender der Physikalischen Gesellschaft in London die materielle Welt als eine sich aufblähende Blase bezeichnet habe, die wie alle Blasen zu zerplatzen drohe. Der Weltblase stünde diese Gefahr allerdings nicht mehr bevor, fährt der Text fort, da sie schon vor langer Zeit geplatzt sei:

> Eddington gelangt zu diesem Schlusse in Auseinandersetzung mit den Theorien von Einstein und de Sitter und entnimmt die Vorstellung eines sich ausdehnenden Universums der Tatsache, daß die Spiralnebel, die im Weltenraum verstreute Inselwelt, sich meßbar von uns entfernen und daß sie voneinander ebenso wegeilen wie von uns.[396]

Der Artikel gibt Eddingtons Wortlaut in seinem Heraufbeschwören einer „Weltblase" angemessen wieder.[397] Das Phänomen, das Eddington laut dieser Pressenotiz

---

[396] Brief mit Artikel-Ausschnitt im Nachlass Raschkes unter SLB. Mscr. Dresd. App. 2531, Nr. 905.

[397] Das betreffende Originalzitat bei Eddington findet sich in Ders. (1932): The expanding Universe. Reprinted from the Proceedings of the Physical Society Vol. 44, Part I, No. 241, I January, Cambridge, 1. Siehe dazu auch die 1933 auf deutsch erschienene populärwissenschaftliche Abhandlung Eddingtons

anspricht und das bei Raschke in der Rezensierung der Gedichte Langgässers Eingang gefunden hat, wird unter der Bezeichnung des expandierenden Universums gefasst und stellt mit den Worten Stephen Hawkings eine der großen geistigen Revolutionen des 20. Jahrhunderts dar.[398] Je ferner sich danach die Sterne zur Position des Beobachters auf der Erde befinden, umso stärker ändert sich das Lichtspektrum der Himmelskörper, was auf eine immer schnellere Wegbewegung von der Erde schließen lässt. Dem liegt die Entdeckung der so genannten Rotverschiebung durch Edwin Hubble zu Grunde, nach der sich der Weltraum in ständiger Expansion befindet und das Ausmaß der Verschiebung nicht zufällig, sondern in proportionaler Beziehung zur Entfernung zur Erde steht. Bei der Untersuchung der Lichtspektren von Galaxien hatte man nämlich festgestellt, dass sich die Spektren voneinander unterschieden, die fehlenden Farben jedoch alle um den gleichen Betrag zum roten Ende des Spektrums hin verschoben waren; jenem Bereich also, der im Gegensatz zum blauen Ende die niedrigsten Frequenzen besaß („Rotverschiebung"). Hubble konnte zeigen, dass die meisten Galaxien diese Rotverschiebung sowie eine zunehmend geringere Lichtfrequenz aufwiesen, woraus er schlussfolgerte, dass sie sich (im Gegensatz zu Sternen mit blau-verschobenen Spektren) von der Erde wegbewegten. Je weiter folglich eine Galaxie von der Erde entfernt war, desto schneller bewegte sie sich von ihr fort. Die Galaxien dehnten sich damit aus und waren nicht, wie Einstein ursprünglich angenommen hatte, der zusammen mit dem niederländischen Physiker Willem de Sitter im Artikel Meckels angeführt wird, Gebilde eines unveränderlichen Universums.[399]

Aus der Perspektive einer mechanismuskritischen Interpretation ist dies alles andere als eine Bagatelle. Die Einsicht, dass die Vorgänge in der Natur nicht zufällig, sondern gesetzmäßig ständigen Veränderungen unterliegen, niemals vollzogen sind und daher streng genommen nicht exakt voraussagbar sind, kommt dem Eingeständnis einer zeitlichen Unabgeschlossenheit der kosmischen Vorgänge gleich. Ruft man sich ins Gedächtnis zurück, dass Raschkes Bezugnahme auf die Naturwissenschaften vom Bruch her bestimmt ist, den diese mit dem Naturbild des 19. Jahrhunderts vollziehen, erscheint die Parallele außerordentlich. Denn die Vorstellung, dass sich das Universum ausdehnen könne, verstößt nicht nur gegen den Gedanken eines invarianten Raums, von dem Newton ausging, und eignet sich mustergültig zur Kritik an einem statischen oder deterministischen Naturbild. Sie evoziert auch einen Vergleich mit der Huebnerschen Verschränkung aus Mikro- und Makrokosmos, „Punkttierchen und Elektronkern", „Stern und Eiweißmolekül", „die Erkenntnis

---

Dehnt sich das Weltall aus? (The Expanding Universe). Aus dem Englischen übersetzt von Helene Weyl, Stuttgart, 1ff.

398 Stephen Hawking (2003): Eine kurze Geschichte der Zeit. Die Suche nach der Urkraft des Universums, 22. Aufl., Reinbek bei Hamburg, 58.

399 Während Einstein anfangs von der Unveränderlichkeit des Alls ausging und deshalb eine kosmologische Konstante in die Gleichungen der allgemeinen Relativitätstheorie einführte, hatte de Sitter Rotverschiebungen in Spektren entfernter Lichtquellen vorausgesagt, die mit der Entfernung vom Beobachter zunahmen. Einstein bezeichnete die Entscheidung später als die größte ‚Eselei' seines Lebens.

eines einzigen kosmologischen Zusammenhangs der in Stern und Mensch gleichmäßigen Schöpfung", wie ihn Raschke in der *Kolonne* bringt.[400] Denn nicht nur das organische Leben unterliegt dem Prinzip des Werdens und Vergehens sowie einer Veränderung der Phänotypen, sondern auch das Weltall hat keinesfalls immer die gleiche Form besessen. Der Raum ist somit nicht, wie Newton und mit ihm das 19. Jahrhundert angenommen hatte, ohne Beziehung auf einen äußeren Gegenstand, stets gleich und unbeweglich.[401]

Raschke nutzt diese Steilvorlage nicht, um gegen die Schemata eines vormodernen Naturverständnisses zu opponieren, obwohl die Henseling-Bände *Der neu entdeckte Himmel* und *Welteninseln* das Phänomen der Rotverschiebung ausgiebig und unter Einsatz von Spektrenaufnahmen zur Temperaturdarstellung der Sterne behandeln.[402] Die Adaption spezifischer Begriffe, das spricht für die bildgebende Wirkung, findet hingegen statt und begrenzt die naturwissenschaftliche Anleihe auf die Zuschaustellung eines gängigen Vokabulars. Nicht von ungefähr scheint der Untertitel von Henselings Band *Der neu entdeckte Himmel, Das astronomische Weltbild gemäß jüngster Forschung*, diese Wissensaktualität zu verbürgen. Auch das Vokabular im Langgässer-Aufsatz („Spiralnebel", „fliehen", „wegeilen", „entfernen") spricht zudem für eine einschlägige Wortwahl, die mit den verwendeten Formulierungen im Artikel über Eddingtons *Expanding Universe* („Spiralnebel", „ausdehnen", „wegeilen", „entfernen") nahezu identisch ist. Die Ausgabe der *Kolonne*, in der sich Raschkes Besprechung findet, erscheint vor Abfassung des Briefs, der auf den 28.5.1932 datiert ist. Als Quelle für den Langgässer-Aufsatz scheidet der Artikel über Eddington und die „Weltblase" damit aus und könnte aus der Sicht Meckels zur nachträglichen Bestärkung Raschkes bestimmt gewesen sein; möglicherweise, weil der betreffende Beitrag Raschkes das Interesse Meckels weckte. Möglicherweise aber auch, und das gäbe der Suche eine neue Richtung, da Meckel Raschkes Anspielungen auf Eddingtons Veröffentlichungen bekannt waren oder dieser ihn von einer entsprechenden Lektüre ins Bild gesetzt hatte. Denn bereits in seinem 1928 erschienenen Werk *The Nature of the Physical World* hatte Eddington einen Vergleich für die Bewegung der Sterne gewählt, der an das Bild der fliehenden Götter in Raschkes *Zu den Gedichten Elisabeth Langgässers* erinnert:

> The stars are not pulled this way and that by mechanical forces; their's is a free motion. They go on their way, as the ancients said, like the blessed gods.[403]

In der deutschen Fassung heißt es analog, wobei Eddington den Hinweis auf die Quelle mit Hegels Vorlesungen über die Naturphilosophie in der *Enzyklopädie der philosophischen Wissenschaften im Grundrisse* (1830)[404] selbst gibt:

---

[400] Huebner (1929), 182f., bzw. MR: Der kosmische Snob (1930), 60.

[401] Grundlegend Isaac Newton (1872): Mathematische Principien der Naturlehre, mit Bemerkungen und Erläuterungen hg. von Jakob Philipp Wolfers, Berlin, 25.

[402] Henseling (1931), 56ff., 70, bzw. Ders. (1932), 21ff.

[403] Eddington (1928): The Nature of the Physical World. Gifford Lectures 1927, Cambridge, 147.

> Ein berühmter Philosoph hat gesagt: „Die Bewegung der Himmelskörper ist nicht ein solches Hin- und Hergezogensein (durch mechanische Kräfte), sondern die freie Bewegung; sie gehen, wie die Alten sagten, als selige Götter einher."[405]

Die Übersetzung von Eddingtons Bestseller steht dem Leser ab 1931 zur Verfügung. Mit Blick auf die Spiralnebel stellt der Autor darin die Frage, warum „uns diese fernen Welten so schnell und so einmütig fliehen" und „wie eine Plage meiden" würden.[406] Raschke hatte im Langgässer-Aufsatz von „fliehenden" Nebeln gesprochen, und Göttern, „nicht mehr gewillt, mit unserer Vermessenheit zu kämpfen". Doch auch in Anbetracht spezifischer Formulierungen des zuvor veröffentlichten Beitrags *Der kosmische Snob* ist davon auszugehen, dass Raschke Kenntnis eines Buches mit gleichlautenden Formulierungen bzw. einer begrifflich entsprechend gespickten Rezension hatte, die sich auf die englische Originalausgabe bezogen haben könnten. Bei Raschke findet sich der bereits zitierte Wortlaut:

> Die Sonne wurde zu einem schwachen Lichtpunkt in einer Sternwolke am Rande der Milchstraße. [...] Wir bauten Fernrohre, mit deren Hilfe man Sterne sichtbar zu machen versteht, deren bei uns eintreffende Strahlen millionenmal schwächer sind als die dem stärksten Auge wahrnehmbaren Sterne. Wir photographierten mit ihrer Hilfe Weltrauminseln, die Millionen Lichtjahre von uns entfernt sind. Welcher Hohn das: ‚von uns'! Es ist gut, daß am Ende der ungeheuren technischen Entwicklung der letzten Jahrzehnte (wie viele Hymnen galten ihr) nur Bescheidenheit und Demut steht.[407]

Er verwendet dabei folgende Begriffe:

1. Sonne
2. Milchstraße
3. Fernrohre/sichtbar machen
4. Sterne
5. Weltrauminseln
6. Bescheidenheit und Demut

Bei Eddington heißt es ähnlich lautend:

> Unsere stärksten Fernrohre erfassen an tausend Millionen Sonnen. [...] Die Betrachtung des Milchstraßensystems bringt uns die Nichtigkeit unserer eigenen kleinen Welt zum Bewußtsein, und doch müssen wir noch tiefer in das Tal der Demut steigen. Das Galaktische System ist einer unter Millionen von Spiralnebeln. Was

---

[404] Das entsprechende Zitat findet sich bei Hegel im dritten Abschnitt *Absolute Mechanik*, der ersten Abteilung *Die Mechanik*, § 269, in: Georg Wilhelm Friedrich Hegel: Enzyklopädie der philosophischen Wissenschaften im Grundrisse (1830). Zweiter Teil: Die Naturphilosophie. Mit den mündlichen Zusätzen, in: Ders. (1970): Werke. Auf der Grundlage der *Werke* von 1832-1845 neu edierte Ausgabe. Redaktion Eva Moldenhauer und Karl Markus Michel, Bd. 9, Frankfurt am Main, 85.

[405] Ders. (1931): Das Weltbild der Physik und ein Versuch seiner philosophischen Deutung (The Nature of the Physical World). Aus dem Englischen übersetzt von Marie Freifrau Rausch von Trautenberg und H. Diesselhorst, Braunschweig, 150.

[406] Eddington (1931), 167.

[407] MR: Der kosmische Snob (1931), 5.

man längst vermutet hatte, scheint jetzt keinem Zweifel mehr zu unterliegen, nämlich daß jeder Spiralnebel ein ‚Insel-Universum' bildet, losgelöst von unserem eigenen. Sie alle sind große Sternsysteme – oder Systeme, die im Begriffe sind, sich zu Sternen zu verdichten –, alle nach demselben diskusartigen Vorbild angelegt. Einige bieten sich unserem Auge von der Schmalseite dar, so daß wir die Flachheit des Diskus abschätzen können [...]. Der nächste Spiralnebel ist 850 000 Lichtjahre entfernt.[408]

(1. Sonnen
2. Milchstraßensystem/Galaktisches System
3. Fernrohre/erfassen
4. Spiralnebel
5. ‚Insel-Universum'
6. Nichtigkeit unserer eigenen kleinen Welt/Tal der Demut)

3.3 Arthur Koestlers *Flucht der Materie*

Es sei noch einmal hervorgehoben, dass *Der kosmische Snob* in der hier zitierten Version 1931 in der *Literarischen Welt* erscheint, in der Raschke hauptsächlich Besprechungen aktueller Bucherscheinungen veröffentlicht. Eddingtons Buch steht in diesem Jahr nachweislich auf der Rezensionsliste der Redaktion, wie der oben angeführte Artikel *Bücher der Naturerkenntnis* unterstreicht, welcher Eddingtons *Das Weltbild der Physik* aufführt.[409] Es obliegt deshalb der Deutung, ob Raschke durch die Neuerscheinung Eddingtons indirekt Zuspruch erfahren hat oder die Besprechung des Buches als Mitglied des Redaktionsbeirates selbst anregte. Wichtiger ist, dass sich Raschkes Formulierungen in *Der kosmische Snob* hinsichtlich der Metaphorik und des Deutungsgehalts nicht nur in den Tenor der wissenschaftsnahen Literatur fügen, sondern Bezüge zu Eddingtons *Weltbild* aufweisen. Angesichts der Vorbehalte gegenüber den Naturwissenschaften und der unablässigen Streuung von Autoritätsbelegen erscheint dies umso virulenter, da Raschke als wissenschaftlicher Laie selbst für Formulierungen wie „fliehen" oder „Weltrauminsel" nicht umhin kommt, auf Bezugsinstanzen zurückzugreifen. Als monografische Quellen, die Raschke im folgenden Jahr für seinen Langgässer-Aufsatz und die Wortwahl „wegeilender" oder „fliehender" Spiralnebel heranzieht, bieten sich auf Grund einer nachweislichen Lektüre für *Der kosmische Snob* die angeführten Bände Robert Henselings an. So spricht Henseling in *Der neu entdeckte Himmel* von Entfernungsbewegungen und einer „Fliehgeschwindigkeit [von] mehr als 1000 km in der Sekunde".[410] In *Welteninseln* (1931) wird der Autor noch konkreter und verwendet einen Vergleich, der Raschkes

---

408 Eddington (1931), 164ff. Mit dem „diskusartigen Vorbild" und der Beobachtung „von der Schmalseite" nimmt Eddington zudem eine treffende Beschreibung der Spiralnebelformen vor, wie sie in einem Beispiel auch in der *Kolonne* zu finden sind.

409 Die literarische Welt 7 (1931), Nr. 48, 14.

410 Henseling (1930), 121.

Betonung „mit rasender Geschwindigkeit von der Erde weg" fliehender Nebel sehr nahe kommt. Er verweist im Zusammenhang mit den Bewegungen der Sterne auf die „ungeheuren Geschwindigkeiten" und nimmt die Personifizierung eines Naturphänomens vor, indem er die Bewegung der „Welteninseln" als Ausdruck einer bewussten Entfernung von der Einflusssphäre des Menschen deutet:

> Denn in der übergroßen Mehrzahl sind es ‚Fluchtbewegungen': als ob all diese fernen Welteninseln mit gewaltiger Eile von den Regionen des Alls fortstrebten, in denen der Mensch beheimatet ist! Nur vereinzelt, z. B. beim Andromedanebel, kommen Annäherungen vor.[411]

Anders als Raschke lässt es Henseling nicht bei dieser Deutung bewenden, sondern schließt der Analogiebildung einer „Fluchtbewegung" den Hinweis auf die Hubblesche Rotverschiebung an. Die Bewegung der Sterne wird daher nicht aus dem Verdruss über die menschliche Vermessenheit abgeleitet, sondern aus den Linienverlagerungen im Spektrum und im Zusammenhang physikalischer Faktoren wie Strahlung, Energie und Entfernung erklärt.

> Vielleicht ist also ein erheblicher Teil der erstaunlichen Fluchtbewegungen auf Rechnung dieser Faktoren zu setzen. Sicherlich aber bewegen sich die Welteninseln im allgemeinen mit uns sehr hoch erscheinenden Geschwindigkeiten, die nach Hunderten von Kilometern in der Sekunde messen.[412]

Es ist die Entfernung der Sternsysteme, die Henseling als Ursache für ihre Geschwindigkeitsbeschleunigung benennt. Dieser nicht unbedeutende Hinweis wird, will man auf die Formulierung ‚unterschlagen' verzichten, in Raschkes Aufsatz *Über die Gedichte Elisabeth Langgässers* nicht mitgeliefert. Auch für dieses Beispiel kann es als daher gesichert gelten, dass Raschke den Weg einer argumentativen oder metaphorischen Aneignung wissenschaftlicher Phänomene geht, an deren Popularisierung er im Sinne der Veröffentlichungen Friedrich Beckers oder Robert Henselings in den Reihen *Das Gute für Alle* oder *Wege zur Erkenntnis* nicht mitwirkt.[413] Es existiert jedoch noch ein anderer Artikel, der im Publikationsumfeld Raschkes im Februar 1931 auftaucht und eine frappierende sprachliche Übereinstimmung mit der Langgässer-Rezension und der Bezeichnung von der Welt mit rasender Geschwindigkeit fliehender Spiralnebel aufweist. Es handelt sich dabei um Arthur Koestlers Aufsatz *Flucht der Materie*, der am 6.2.1931 in der *Vossischen Zeitung* erscheint und folgende Formulierung enthält:

> Bei der astrophysikalischen Erforschung der sehr entfernten, weit außerhalb unseres Milchstraßensystems liegenden Spiralnebel ist man schon vor Jahren auf einen seltsamen Effekt gestoßen, auf eine Verschiebung in den Spektrallinien nach dem

---

[411] Henseling (1931), 70.

[412] Ebd., 70.

[413] Siehe dazu das Geleitwort in Becker (1926). In der Reihe *Der eiserne Hammer*, die mit dem Slogan *Das Gute für Alle* wirbt, veröffentlicht Henseling die Abhandlung *Kosmische Heimat*. In der Reihe *Wege zur Erkenntnis* (Kosmos-Verlag) publiziert er *Werden und Wesen der Astrologie* (1924).

> roten Ende zu, die darauf schließen läßt, daß diese *Spiralnebel sich mit großer Geschwindigkeit von uns entfernen.* Diese Beobachtungen, die neuerdings in Amerika ausgebaut worden sind, haben ferner die noch seltsamere Tatsache zutage gefördert, daß die *Spiralnebel um so rascher vor uns zu fliehen scheinen, je entfernter sie von uns sind* [...].[414]

Es wurde darauf hingewiesen, dass Raschke nur eine Woche später – am 13. Februar 1931 – nicht nur mit der Erzählung *Nächte* im *Unterhaltungsblatt* der *Vossischen Zeitung* vertreten ist. Koestler, wie Raschke Jahrgang 1905, ist diesem vor allem auf Grund der gemeinsamen Veröffentlichungen in der *Literarischen Welt* als Autor vertraut, in der er Rezensionen und Einzelbeiträge publiziert. Gänzlich anders als Raschke bemerkt Koestler zur Wissenschaft am Beispiel der erwähnten Kontroverse um die Einsteinsche Kosmologie jedoch, dass eine wissenschaftliche Revision „keinen Rückschritt, nur einen neuen Fortschritt der Wissenschaft bedeuten" würde, „die ihrem Wesen nach keine unverbrüchlichen Wahrheiten und Dogmen aufstellen, sondern ihrem Ziel sich nur schrittweise nähern kann – und will".[415]

3.4 „Glutwirbel" und „Feuerlöcher"

Wollte man zur Illustration eine Linie durch die zeitlichen Eckpunkte ziehen, an denen Raschke mit der modernen Himmelsforschung in Berührung kommt, so wäre die Arbeit für die *Vossische Zeitung* und *Die literarische Welt* als ein Anfangspunkt darzustellen. In beiden trifft Raschke auf die entsprechende Literatur oder wird zumindest dem Namen nach mit relevanten Autoren wie Eddington oder Henseling konfrontiert. Das Ende einer solchen Linie könnte durch einen ebenfalls erhaltenen Brief vom 31.1.1938 markiert werden, in dem Meckel – 1933 kurzzeitig Herausgeber und Redakteur der *Literarischen Welt* – auf das Phänomen der Spiralnebel zu sprechen kommt. Auch diese Korrespondenz dokumentiert, wenn auch kein unmittelbarer Bezug zu einem Beitrag Raschkes zu erkennen ist, das einkalkulierte Interesse und die Tragweite des Themas. Meckel lässt in seinem Schreiben zudem noch einmal erahnen, welcher Zauber der Beobachtung des Sternenhimmels auch für Raschke inne wohnen mag und fragt diesen:

> Hast Du [Wort mit Bleistift eingeschoben, A. M.] einmal mit dem Fernglas in den letzten Tagen zur Sonne geschaut? Es ist toll, wie deutlich man die Sonnenflecken sieht. Es dünkt mich stets merkwürdig, da über eine so gewaltige Entfernung hinweg Zeuge unvorstellbarer Glutwirbel und Feuerlöcher zu sein. Was für ein Raum! Gerne besehe ich mir auch den Andromedanebel mit seinen 900 000 [undeutlich, A. M.] Lichtjahren Entfernung.[416]

---

[414] Arthur Koestler (1931): Flucht der Materie. Einstein-Kolloquium in der Pasadena-Sternwarte, in: Vossische Zeitung (Unterhaltungsblatt) Nr. 31 (6.2.1931), o. S. [Eigene Hervorhebungen, A. M.]
[415] Ebd., o. S.
[416] Brief im Nachlass Raschkes unter SLB. Mscr. Dresd. App. 2531, Nr. 939.

Neben der Faszination, die Meckel zum Ausdruck bringt, ist im Zusammenhang mit der Wiedergabe modernen Wissens ein Zweites aufschlussreich. Der Hinweis auf die Entfernung des namentlich benannten „Andromedanebels" von rund „900 000 Lichtjahren", der mit der Entfernungsangabe bei Eddington („850 000 Lichtjahre"[417]), Henseling („Entfernung des Andromedanebels, 900 000 Lichtjahre von uns"[418]) und Becker („nicht weniger als 950 000 Lichtjahre trennen uns von jener Weltspirale in der Andromeda"[419]) nahezu übereinstimmt, verdeutlicht die in einer privaten Korrespondenz kaum zu erwartende Einordnung der Naturbeobachtung mit Hilfe des modernen Wissens über die Natur. Hier wird sie jedoch als notwendig erachtet. Nicht anders als in Raschkes Aufsatz, der mit der Verwendung von Entfernungsangaben einen bestimmten Effekt erzielen will, indem er das Ausmaß der Größenunterschiede zwischen menschlichem Betrachter und dem Kosmos deutlich macht, tritt der Betrachter in Meckels Schreiben angesichts der Entfernungszahlen gegenüber dem Beobachtungsgegenstand unwillkürlich zurück. „Demut" und „Bescheidenheit", von denen Raschke spricht, stellen sich anhand der Entfernungsangabe von „900 000 Lichtjahren Entfernung", mit denen der „Andromedanebel" gekennzeichnet wird, wie eine selbstvollziehende Prophezeiung ein. „Was für ein Raum!" Auch verwendet Meckel mit „Sonnenflecken" – Zonen mit niedriger Temperatur, die beim Blick durch das Teleskop an der Sonnenoberfläche als dunkle Punkte erkennbar sind –, „Glutwirbel" und „Feuerlöcher" Formulierungen, die über den Charakter einer Natur-Anschauung und Natur-Faszination hinausgehen und zeitgenössisches Wissen in einer Weise repetieren, die wie eine Positionierung über den Beweis der eigenen naturwissenschaftlichen Grundbildung wirkt.

Wo die Kompilation naturwissenschaftlicher Informationen den Eindruck einer wissenschaftlichen Sichtweise suggerieren soll, findet einerseits die Emphase subjektiver Eindrücke ihren Ausdruck („Es ist toll, wie deutlich man die Sonnenflecken sieht. Es dünkt mich stets merkwürdig, da über eine so gewaltige Entfernung hinweg Zeuge unvorstellbarer Glutwirbel und Feuerlöcher zu sein."). Wenn auch Raschke in *Der kosmische Snob* zur Bedeutungsrelativierung gegenüber den technisch-wissenschaftlichen Resultaten aufruft („Welcher Hohn das: ‚von uns'!") und es begrüßt, dass am Ende der „ungeheuren technischen Entwicklung der letzten Jahrzehnte (wie viele Hymnen galten ihr) nur Bescheidenheit und Demut" stehen, gleichzeitig aber auf die Ergebnisse dieser Entwicklung zurückgreift, wird die Ambivalenz greifbar, die dem Umgang mit Naturwissenschaft und Technik zu Grunde liegt. Die Vergleichbarkeit entsprechender Sprachbilder verdeutlicht andererseits, dass die Autoren einzelne Begriffe zum Teil wörtlich aus populärwissenschaftlichen Darstellungen übernehmen. Im Sinne der konstatierten Satisfaktionsfähigkeit bezüglich der Naturwissenschaften scheint daher vor allem die suggestive Wirkung von Einzelnamen von Bedeutung zu sein, welche eine Wiedererkennbarkeit garantieren.

---

[417] Eddington (1931), 164ff.
[418] Henseling (1931), 65.
[419] Becker (1926), 113.

Die Anziehungskraft astronomischer Begriffe, ihr imaginäres Potenzial, kann jedoch auch im *Kolonne*-Kontext nicht die skeptische Haltung überdecken, die gegenüber der naturwissenschaftlichen Methode besteht. Ein in Heft Nr. 2 (1932) gedruckter Auszug aus einem längeren Gedicht des Arbeiterlyrikers, Romanautors und Essayisten Walter Bauer, der parallel zur Rezension der Gedichte Langgässers veröffentlicht wird, soll dafür abschließend herangezogen werden.[420] Raschke wählt hierbei eine Passage zum Abdruck aus, in der die verstandesmäßige Erklärbarkeit der Natur implizit degradiert und dem verloren gegangenen Verständnis der natürlichen Welt Ausdruck verliehen wird. Der Impetus einer Allverbundenheit der Natur wird durch den nachstehenden Raschke-Aufsatz *Über Romanschlüsse* mit einem Rekurs auf die „unaufhörliche Schöpfung" und das ganzheitliche „Verbundensein alles Lebendigen" und der „Nachbarschaft von Tier und Pflanze" unterstrichen.[421] Die Sprecherperspektive und der scheinbar naive Betrachterwinkel einer – nicht anders als Bechers Versepos *Gesang der Kommune ‚Internationale'* – an den *Leaves of Grass* Walt Whitmans geschulten Versdichtung Bauers, ist zugleich Ausdruck der Unmittelbarkeit und strikten Diesseitigkeit und Genügsamkeit des Welterlebens, die im Wortsinne nicht nach den Sternen zu greifen trachtet.[422] „Die Erde, das ist genug," heißt es im *Gesang von der Landstraße* (1856) bei Whitman. „Ich wünsch mir die Sternbilder nicht näher,/ Ich weiß, wo sie sind, sind sie gut/ Ich weiß, sie genügen denen, die zu ihnen gehören."[423] Das ausgesuchte Textbeispiel Bauers nimmt diesen Gedanken in fast wörtlicher Übereinstimmung auf und korrespondiert mit Raschkes Betonung eines „Wunders des Sachlichen" und dem „Verzicht auf jegliche Metaphysik", der die „Ordnung des Sichtbaren Wunder genug"[424] erscheinen lässt, obgleich sich Bauer ebenso wie Becher unmissverständlich von der in der *Kolonne* vertretenen Weltbildentfaltung abhebt und „nicht die Kornfelder des Sommers" zu singen fordert, sondern ermuntern will, vom „Willen zur Veränderung der Erde" Zeugnis zu ge-

---

[420] Von Bauer (1904-1976), der um 1930 mit den Gedicht- und Prosabänden *Kameraden, zu euch spreche ich* (Dresden 1929), *Die Stimme aus dem Leunawerk* (Berlin 1930) und *Die Welt der Bäume* (Berlin 1933) in Erscheinung tritt, findet sich kein entsprechender Originalveröffentlichungstitel, den Raschke in der *Kolonne* angibt (*Das Silobuch*). Bemerkenswert erscheint insbesondere der 1930 im Malik-Verlag veröffentlichte *Leunawerk*-Band, der eine Raschkes Jugenddichtung *Angst* nicht unverwandte Maschinen-, Verkehrs- oder Auferstehungsmetaphorik aufweist. In der Fabrik-Prosa *Krank! Frei von den Werken!*, ebd., 65-69, verwendet Bauer den Begriff „Silo" ebenso explizit, wie in den darauf folgenden Gedichten *Das Vaterland*, ebd., 70, das vom Sterben „unter dem Torbogen des Werkes" spricht: „die Gebirge im Silo haben dich begraben –", und der *Ballade vom jungen erschossenen Arbeiter*. Ebd., 107f.

[421] Otto Merz [d. i. MR]: Über Romanschlüsse, in: Die Kolonne 3 (1932), Nr. 2, 28.

[422] Auf die Verwandtschaft zu Whitman wies bereits Hans-Martin Plesske im Nachwort der Bauer-Auswahl unter dem Titel *Stimme aus dem Leuna-Werk*, Leipzig 1980, 129, hin.

[423] Walt Whitman (1985): Grashalme. Nachdichtung von Hans Reisiger. Mit einem Essay von Gustav Landauer, Zürich, 207.

[424] Anonym: Die Kolonne 1 (1929), Nr. 1, 1. Siehe dazu auch die wörtliche Anspielung im selben Jahr (26.1.1929) in Raschkes Tagebuch unter SLB. Mscr. Dresd. App. 2531, 75: „Ich werde die Gedichte des Stofflichen hinstellen, denn ich denke, sie sind die geistigsten Gedichte". Der abweichende Wortlaut dürfte sich auf Whitmans Vers „Ich will die Gedichte der Materie dichten, denn ich glaube,/ sie werden die geistigsten sein" bezogen haben. Whitman (1985), 23.

ben.[425] Möglicherweise liegt gerade hierin die Attraktivität des Zitats, da es einer so gedeuteten weltanschaulich Stimme entstammt, die Raschke bereits am Beispiel des Aufbau- und Verwandlungs-Gestus bei Becher nutzen zu können glaubt.

> Ich weiß nicht viel von den Sternen, Alpha ist mir ein fremder Ausdruck,
> die Astronomen sind bewundernswürdige Leute,
> mit solchen Zahlen zu rechnen und Ordnung zu halten
> im scheinbaren Chaos,
> und zu wenig bin ich unterrichtet über die Lebensmöglichkeiten
> auf anderen Sternen,
>
> daß ich annehmen sollte, das Leben könnte dort
> sich besser entwickeln.
>
> Uns ist nur die Erde
> zur Verwandlung gegeben.
> Aber ich möchte sagen, daß es gut ist, die Sterne zuweilen zu sehen,
> und ich möchte behaupten, schon ein wenig den Schweiß
> und die Nähe des Todes auf mir,
> daß die Menschen später
> (viele Dinge müssen dann in Ordnung sein)
> die Sterne wieder mehr benutzen werden als Quelle
> des Mutes und tiefer Freude.[426]

---

425 So das Gedicht *An die kommenden Dichter*, in Bauer (1930), 156.
426 Ders. (1932), aus: Das Silobuch, in: Die Kolonne 3 (1932), Nr. 2, 28.

4. Fotobeispiele

Ausdruck der Wirkung von Naturwissenschaft und Technik ist im augenscheinlichsten Fall der namentliche Bezug auf ihre Ergebnisse bzw. die Verwendung einer bestimmten Terminologie. Daneben kann sich die Auseinandersetzung mit dem Zeitkontext jedoch auch über die Referenz bestimmter wissenschaftlicher oder technischer Leistungsmerkmale artikulieren. Ein solcher Fall tritt bei der Verwendung von Fotomaterial auf, wie es von Raschke 1931 in der *Kolonne* auf einer Doppelseite veröffentlicht wird. Es handelt sich dabei um die Bilder des Sternsystems M 51 in den Jagdhunden bzw. das Flachbild eines diskus- oder spindelförmigen Spiralnebels, die mit Hilfe des Hooker-Spiegels in der kalifornischen Mt. Wilson Sternwarte gemacht werden. Wie in den Beispielen der Meldung über die Unbestimmtheitsrelation und die kosmische Strahlung unterschlägt Raschke diese Informationen nicht, sondern druckt sie gemeinsam mit den Aufnahmen ab. Die Fotografien werden somit bewusst in den Kontext der zeitgenössischen Naturforschung gestellt. Das Ziel ist auch hier, die Unerschöpflichkeit der natürlichen Formen als Ausdruck eines immanenten Plans in der Natur zu lesen und anhand der stellaren „Selbstorganisation nach den Regeln der Wohlgestalt eine Vernunft in der Natur" zu bezeugen.[427] Dem liegt die nicht unproblematische Vorstellung zu Grunde, mit den Aufnahmen gleichsam Dokumente zu besitzen.

Es ist zunächst die ästhetische Wirkung der Aufnahmen, die Raschke zum Abdruck bewegt und der auch der heutige Betrachter beim Anblick der Spiralgalaxien erliegt, deren Präsentation zum Erscheinungsbild verschiedener Medien gehört. Anders als in der Behandlung der Unbestimmtheitsrelation oder dem Kurzbericht über die kosmische Strahlung stellt der Abdruck der Spiralnebelaufnahmen vor dem Hintergrund einer Indienstnahme von Naturwissenschaft und Technik jedoch eine Besonderheit dar. Es handelt sich hierbei um die in der allgemeinen Relativitätstheorie beschriebene Krümmungsbewegung des Raums, die möglicherweise zu einer ungenauen Vorstellung über den Dokumentcharakter der Fotografien auch auf Seiten des *Kolonne*-Herausgebers führt.

4.1 Gekrümmte Räume. Spiralnebelfotografien und allgemeine Relativitätstheorie

Während die klassische Physik von der Unveränderlichkeit des Raums sowie dem Grundsatz ausgeht, dass sich die Himmelskörper unter dem Einfluss einer invarianten Schwerkraft bewegen, fasst Einstein die Gravitation als ein dynamisches Feld auf. Danach krümmt jede Ansammlung von Materie den Raum um sich herum abhängig von der eigenen Masse – so, als ob man eine Stahlkugel über ein gespanntes Wachstuch rollen lässt und die Stelle des Tuches beobachtet, an der die Kugel

---

[427] Ursula Heukenkamp (1999): Zauberspruch und Sprachkritik. Naturgedicht und Moderne, in: Text + Kritik XI/99. Sonderband: Lyrik des 20. Jahrhunderts, 175-200, 181.

zum Stillstand kommt. Der Raum wird darum nicht länger als eine starre Kulisse betrachtet, sondern als ein veränderliches Gebilde. Diese Aussage ist für die Betrachtung der Spiralnebelaufnahmen, wie sie in der *Kolonne* gedruckt werden, nicht ohne Bedeutung. Konkret geht es dabei um die Frage nach dem Erscheinungsbild hintereinander stehender Sterne und den Ursprung der vielen Lichtpunkte, die auf den Bildern zu erkennen sind. Wenn der Raum durch einen schweren Körper eine Krümmung erfährt, muss der Lauf des Lichtes beeinträchtigt werden, das von weiter entfernten Sternen in Richtung des Beobachters auf der Erde gesendet wird und diesen Körper passiert. Einstein kommt zu dem Ergebnis, dass sich die geradlinige Ausbreitung von Lichtstrahlen, welche sich in Richtung eines Schwerefelds fortpflanzen, in ihrer Bewegung ändert. Licht, das sich aus den Tiefen des Alls auf die Sonne oder eine Galaxie zu bewegt, ‚umläuft' dieses gewissermaßen. Hypothetisch, aber nicht unwahrscheinlich ist für die Betrachtung der Spiralnebelbilder in der *Kolonne* daher, dass jene Lichtquellen, die von Raschke als Ausdruck der Existenz von Sternsystemen angesehen werden und dem Leser die „größere Welt" mit Hilfe der Technik *exakt* vor Augen führen sollen, in ihrer Anordnung Verschiebungen darstellen. So ist es möglich, dass auch bei dem in der *Kolonne* gedruckten zweiten Spiralnebelbild Positionsveränderungen einzelner kleiner Lichtpunkte in der Peripherie auftreten oder sogar Mehrfachabbildungen vorliegen.

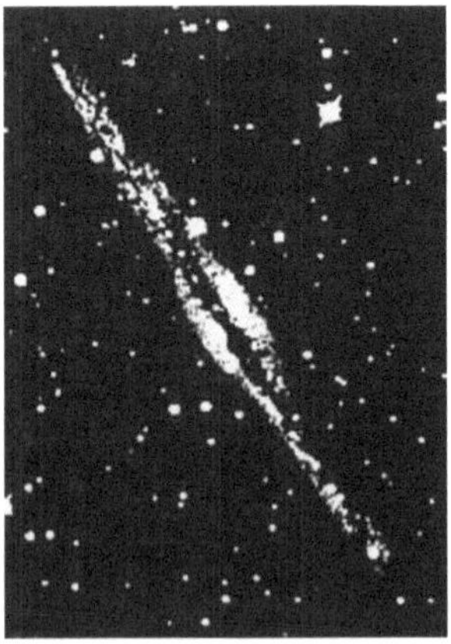

Abb.: „Die Kolonne" 2 (1931), Nr. 2, ohne Seitenangabe (zwischen den Seiten 18 und 19): Aufnahme eines diskusförmigen Spiralnebels.

Die anschauliche Wirkung, die Raschke mit dem Abdruck der Fotografien anstrebt, wird von entsprechenden Informationen nicht beeinträchtigt. Vielmehr unterstreichen die Bilder die sinnliche Dimension einer häufig als abstrakt eingestuften modernen Naturforschung. Aufnahmen wie diese haben Raschkes Zeitgenossen deshalb auch zu Sprachbildern animiert. Bereits die Deutung der Fotografien als ‚Spindel' oder ‚Diskus' verweist auf eine Analogiebildung, die vertraute Formen als Muster für Sternkonstellationen aufruft. Auch Robert Henseling nennt in seinem Band *Der neu entdeckte Himmel* einerseits konkrete Entfernungszahlen und Belichtungszeiten, spricht im Zusammenhang mit den Dunkelnebeln andererseits vom Anblick „geheimnisvoller Sternampeln“, „breiter, grinsender Mäuler“ und „flüsternder Lippen“: „Schwingende Lichträder eines kosmischen Feuerwerks, ungeheure Sternenheere.“[428] Dabei nimmt Henseling nicht nur die Poetisierung eines Naturphänomens vor, sondern sieht die natürliche Formgebung als Gradmesser des menschlichen Kunststrebens nach Vervollkommnung und Einklang an. Einschränkend weist er in diesem Zusammenhang allerdings darauf hin, dass die Nebel als Gasgebilde keine konkrete Gegenständlichkeit besäßen und erst mittels der Fotografien ihre beeindruckende Formenvielfalt hervorbrächten.

> Weltengeheimnis geistert in den Nebeln, die ihrer Massendichte nach ein Nichts sind und doch unfaßliche Räume mit Werdekräften überspannen und den Weltenkreis mit Bildern füllen, in deren Hell-Dunkel sich Macht und Zartheit vermählen, wie in den höchsten Schöpfungen Rembrandts nicht.[429]

Die symbiotische Behandlung von Wissenschaft, Technik und einem ‚magischen' Impetus der Objekte ist bereits aus den Schriften Raschkes vertraut. Henseling bedient sich dabei eines historischen Vorbilds zur Abgrenzung. Der Hinweis auf die „höchsten Schöpfungen Rembrandts“ spielt sehr wahrscheinlich auf Julius Langbehns epochemachende Schrift *Rembrandt als Erzieher* (1890) an, in der Langbehn Wissenschaft und Kunst als polare Gegensätze beschreibt und das Zeitalter einer sich allmächtig wähnenden Wissenschaft für beendet erklärt. Man sei „übersättigt von Induktion“, heißt es darin, und dürste nach „Synthese“.[430] Bei Henseling wird die Trennung von Kunst und Wissenschaft nicht aufgelöst. Zugleich bestreitet dieser den Vollkommenheitsanspruch des Kunstwerks angesichts der stellaren Form- und Lichtgebungen, um die Natur nach dem mechanistischen Erkenntniseifer vorangegangener Epochen wieder in erster Linie als eine Lehrmeisterin der ästhetischen Harmonie und der anschaulichen Verständnisweise zu begreifen.

4.2 Das Optisch-Unbewusste

Die bislang im zweiten Untersuchungsteil dargestellte Aufnahme wissenschaftlicher Ergebnisse durch Raschke folgte dem Ziel, die Grenzen eines verstandesmäßigen Zugangs zur Natur durch bestimmte Ergebnisse der Wissenschaften aufzuzeigen. Dabei ist der schmale Grat der Instrumentalisierung und gleichzeitigen Infragestellung von Wissenschaft und Technik in allen behandelten Beispielen zum Vorschein gekommen, der sich thesenartig formulieren lässt. Der Zugriff auf die Forschung oder neue Bildgebungsverfahren durch die moderne Himmelsfotografie wird durch

---

[428] Henseling (1930), 119f.
[429] Ebd., 97.
[430] Julius Langbehn (1930): Rembrandt als Erzieher. Auswahl von Alfred Heuer, Paderborn, 8.

Raschke billigend in Kauf genommen, um den Glauben an ein Sinnprinzip in der Natur und ihre Größe und Undurchdringbarkeit durch die Wissenschaften zu unterstreichen. Raschke bedient sich somit des technisch-wissenschaftlichen Fortschritts, um gegen dessen Verabsolutierung zu argumentieren. Dabei wahrt er den Aktualitäts- und Quellenbezug als Merkmal seiner Wissensinkorporation, indem er sich wie zuletzt am Beispiel der Spiralnebelfotografien auf eine Veröffentlichung beruft, die „neue Aufnahmen amerikanischer Warten" verwendet habe.

> Ich schlage ein Buch auf, das Himmelsphotographien enthält. Wer nur einmal im Zeitraffer sich entfaltende Blumen sah, wer diese neuen Aufnahmen amerikanischer Warten von Sternnebeln und Welten sah, dem wird es hinfort müßig erscheinen, Wunder und Wirklichkeit von einander abzugrenzen.[431]

Ein Problem dieser Interpretation liegt auf der Hand und wird von Raschke mit dem Hinweis auf die „Zeitraffer" und – im selben Aufsatz – die Lichtstärke entfernter Sternsysteme (dass „bei uns eintreffende Strahlen millionenmal schwächer sind als die dem stärksten Auge wahrnehmbaren Sterne") zutreffend benannt. Erst durch Belichtungszeiten von zum Teil mehreren Stunden und die Verwendung fotografischer Platten ist es möglich, entscheidende Vorteile der Summierung von Lichteindrücken gegenüber dem menschlichen Auge zu gewinnen, um auch lichtschwache Objekte als ‚Bild' sichtbar zu machen. Die Technik wird damit zur essentiellen Voraussetzung für die Sichtbarmachung der natürlichen Formen, denen das ‚unbewaffnete' Auge ahnungslos gegenübersteht. Das scheinbare Abbild der Natur ist damit zwangsläufig ein Produkt der technisch erweiterbaren Wahrnehmungsmöglichkeiten, um nicht von einer Überwindung der sinnlich realisierbaren Größen- und Zeitmaße zu sprechen. Denn das fotografische Bild ist nicht unwesentlich von den Möglichkeiten der Technik und ihrer Hilfsmittel wie Zeitlupe und Vergrößerung abhängig, um das Optisch-Unbewusste, von dem Walter Benjamin in seinem populär gewordenen Fotografie-Beitrag für die *Literarische Welt* spricht, die verborgene Beschaffenheit der Dinge, dergestalt erst entstehen zu lassen.[432]

Der Abdruck der Aufnahmen in der *Kolonne* unter Berufung auf Bände wie *Der neu entdeckte Himmel* belegt, dass auch die verwendeten Vorlagen Henselings oder Stukers die Fotografien dokumentarisch gebrauchen. Die notwendige Einordnung der technischen Hilfsmittel enthält ein Autor wie Stuker dem Leser in seinem Band *Der Himmel im Bild* allerdings nicht vor, sondern liefert sie in einem ausführlichen Textteil nach. Und eben hierin wird – wie zuvor bei den Kurzmeldungen – der Unterschied zu einer rein illustrativen Verwendung des Fotomaterials durch Raschke deutlich, der auf Effekte setzt und nicht zur Popularisierung der Forschungsergebnisse beitragen möchte. Mit Hilfe der Fernrohre, heißt es zur Einordnung der opti-

---

[431] MR: Der kosmische Snob, (1930), 59.

[432] Benjamin: Kleine Geschichte der Photographie, hier zit. nach: Ders. (1974): Das Kunstwerk im Zeitalter seiner technischen Reproduzierbarkeit, 65-94, 72. Benjamin vergleicht die Einblicke in das Optisch-Unbewusste daher auch mit der Freilegung des Triebhaft-Unbewussten durch die Psychoanalyse.

schen Eindrücke hingegen bei Stuker, sei der Blick und die Erkenntnisleistung der astronomischen Forschung stark erweitert worden. Während an der Himmelskugel für das bloße Auge etwa 7000 Sterne erreichbar gewesen seien, habe sich die Zahl unter Verwendung entsprechender Instrumente auf etwa 150 Millionen steigern lassen. Die moderne Himmelsfotografie habe dem Prozess der technischen Bildgewinnung schließlich die Krone aufgesetzt, indem sie insgesamt bis zu 3000 Millionen Sterne in Form winziger Punkte auf lichtempfindlichen Platten festhalten könne.[433]

Raschke wählt aus einer Vielzahl von Fotografien im Henseling-Band, unter denen sich kontrastreiche Aufnahmen des Mondes, Sonnenflecken, Milchstraßenwolken, Hyadengruppen, Protuberanzen am Sonnenrand, Sternhaufen und andere Sternaufnahmen befinden, die sich kaum weniger zur Illustration der „unaufhörlichen Schöpfung" eigneten, zwei Spiralnebelbilder aus. Die Aufnahmen erscheinen konturierter und bilden im Vergleich zu den Milchstraßenwolken Gegenstände ab, die eine Assoziation zu vertrauten Formen in der Natur ermöglichen. Im Falle des Spiralnebels M 51 ist der Vergleich mit einem Schneckengehäuse nicht abwegig, im Falle des flachen Nebels das Bild eines Diskus. Seinem Vorgehen liegt auch bei der Verwendung der Aufnahmen die Vorstellung einer Unteilbarkeit der Welt zu Grunde. Jedes Besondere in der Natur verweist danach auf ein Allgemeines, da alles, was der Natur selbst mit Hilfe abstrakter Verfahren entlockt wird, ihr immanent verhaftet bleibt. Und jeder Einblick durch Technik und Wissenschaft, verstößt er auch gegen das Prinzip der sinnlichen Empirie, liefert einen Mosaikstein zum großen Mirakel. Hierin liegt das Verständnis eines Naturbegriffs begründet, das jede Negation einer Referenz des Teils zum Ganzen als Selbstentfremdung ausweist. Programmatisch wird die Doppelnummer der *Kolonne* im Mai 1930 daher mit einem Auszug aus Goethes Fragment *Die Natur* eröffnet, in dem die Unmöglichkeit, „tiefer" zu den letzten Ursachen vordringen zu können, naturphilosophische Gewissheit wird:

> Natur! Wir sind von ihr umgeben und umschlungen – unvermögend aus ihr herauszutreten, und unvermögend tiefer in sie hinein zu kommen. [...] Man gehorcht ihren Gesetzen, auch wenn man ihnen widerstrebt; man wirkt mit ihr, auch wenn man gegen sie wirken will.[434]

Raschke erweitert diesen Gedanken in seiner Rezension zu Eugen Georgs *Verschollene Kulturen* unter dem Titel *Eine Geschichte der Erde*, indem er über den Zusammenhang des Menschen in der Natur hinaus die Erde als abhängig von Gravitation und dem stellaren Kosmos behandelt. Im Hinblick auf Georgs Versuch einer Geschichtsschreibung der Erde und des Lebens spricht Raschke den Wunsch aus, „Himmel, Länder, Menschen, Tiere und Pflanzen gleichberechtigt in den unendlichen Räumen" einer Schau zusammenfließen zu lassen und zu zeigen, wie die Erde sich forme und dahindrehe, im Gleichgewicht gehalten von einem gewaltigen „Ster-

---

[433] Stuker (1927), 6f.

[434] Goethe: Über die Natur, in: Die Kolonne 1 (1930), Nr. 4/5, 23. Siehe zum Originaltext aus dem *Tiefurter Journal* 1783 Goethe (1998), Bd. 13, 45-47.

nenfeld".[435] Das Sternenfeld, das hierbei benannt wird, ist analog zur Umlaufbahn der Erde und anderer Planeten um die Sonne zu interpretieren. Die Verwendung des Begriffs entspricht dem Versuch einer Relativierung des anthropozentrischen Naturbildes, indem Raschke darauf abzielt, die physische Existenz der Erde in gewisser Weise ‚heliozentrisch' und damit auf Grundlage ihres Sonnenbezugs zu denken und jede menschliche Überhöhung als Missachtung eines Systembezugs zu kennzeichnen. Die oben zitierte Passage aus *Der kosmische Snob* wird deshalb kaum beiläufig durch den Hinweis auf die Kopernikanische Wende des wissenschaftlichen Weltbildes eingeleitet – jene Erkenntnis, dass nur eine Selbstüberschätzung die Erde und den Menschen im Zentrum des Universums wähnen konnte („Nicht mehr so selbstverständlich kann es selbst dem Gläubigsten erscheinen, daß sich gerade auf ihr einmal der Gottesstaat verwirklichen soll."). Raschke stellt dem Rekurs auf die Möglichkeiten der Astronomie dabei gezielt die Mannigfaltigkeit des astronomisch Beobachtbaren voran („Allein wir erlebten eine Erweiterung des kosmisch meßbaren Raums im linearen Verhältnis von 1:1 Million") und relativiert die Erfahrungen gegenüber den Dimensionen des Universums („Zu einem schwachen Lichtpunkt in einer Wolke, irgendwo am Rande der unendlichen Milchstraße, wurde die Sonne, der die Gesänge eines Franz von Assisi galten. Wer könnte sie von den Billionen Sonnen erkennen, die den Raum durchschweben?").[436] Nahtlos fügt sich hieran Henslings Relativismus bei der Behandlung der Himmelsfotografie, der von Raschke umso dankbarer aufgenommen worden sein dürfte. So tritt Henseling in *Inselwelten* (1931) bereits zu Beginn den Möglichkeiten einer umfassenden wissenschaftlichen Himmelsschau entgegen, indem er jeder gefundenen „Insel" als „*einer* unter Millionen Inseln innerhalb der Blickweite, die unsere Fernrohrriesen meistern", einen entsprechenden Platz im Kosmos zuweist.[437] In *Kosmische Heimat*, das den menschlichen Beobachter begrifflich als Teil des Universums einbezieht, fordert er dazu auf, die beobachteten Himmelsphänomene nicht zur Grundlage eines neuen Laplaceschen Weltverständnisses zu machen und das eigene Ich unbedacht zum Maßstab der Welt zu erheben. Denn verglichen

> mit der Erdkugel sind die Menschen weniger als mikroskopische Bakterien, die auf der Apfelschale schmarotzen. Die Erde ihrerseits ist ein Zwerg in der Gesellschaft der Planeten.[438]

4.3 Andere Fotobeispiele: Ernst Fuhrmanns *Die Pflanze als Lebewesen*

Nicht anders als die Spiralnebelfotografie erlebt die gesamte Naturfotografie in den 1920er Jahren einen Aufmerksamkeitsanstieg. Zeitschriften und Buchtitel sind

---

[435] MR: Eine Geschichte der Erde, 22.
[436] Sämtliche Zitate in diesem Absatz in: MR: Der kosmische Snob (1930), 59.
[437] Henseling (1931), 5. Hervorhebung i. O.
[438] Ders. (1933): Kosmische Heimat. Unser Sonnensystem, Königstein (Ts.)/Leipzig, 6.

reichhaltig bebildert mit Aufnahmen, in denen der Versuch einer Visualisierung der Natur und der Wissenschaften zeitgleich zu den Abstrakta der Physik ihren Ausdruck findet. Raschke, der vom Marktanteil der optischen Medien im Falle der Spiralnebelfotografien profitiert, kann sich daher über die „Flut der heutigen Photobücher"[439] oder den „heutigen Ueberfluß an Photobüchern"[440] mokieren, die er gleichsam als Möglichkeit ansieht, wissenschaftliche Ergebnisse einer breiten Öffentlichkeit zugänglich zu machen, wie es in seiner Besprechung *Neue Schaubücher des Orell-Füßli-Verlages* aus dem Jahr 1931 heißt.[441] Der Umstand, dass auch eine literarische Zeitschrift wie die *Kolonne* Bilder von Spiralgalaxien abdruckt, um das ‚Wunder des Sachlichen' zu veranschaulichen, entspricht somit einer Tendenz in der zeitgenössischen Rezeption von Fotografien, die auf die Sprache der Autoren ausstrahlt. Das eindrucksvollste Beispiel auf die poetische Praxis der naturmagischen Autoren stellt dabei Oskar Loerke dar, wobei sich Loerkes Ausspruch wie eine Referenz zu Raschkes Äußerungen in *Der kosmische Snob* liest: In seinem Poetik-Vortrag *Das alte Wagnis des Gedichts* spricht Loerke im Zusammenhang eines dualen Lebensimpulses in Natur, Wissenschaft und Technik davon, man habe „den Rhythmus in der Lebensäußerung jeder Pflanze filmisch mit Augen" gesehen.[442] Wie Hans Dieter Schäfer zeigen konnte, hat Loerke durch das Lektorat der Bildbände des schwedischen Ornithologen Bengt Berg (1885-1967) überdies eine Inspiration für sein Gedicht *Die Vogelstrassen* erhalten, das 1926 in *Der längste Tag* erscheint. Konkret handelt es sich bei dem untersuchten Beispiel um Bergs Buch *Mit den Zugvögeln nach Afrika*, das 1924 erstmals veröffentlicht wird und Aufnahmen der Flugformationen von Vogelschwärmen enthält. Die darin präsentierten Aufnahmen dienen der Visualisierung eines Jahrtausende alten Naturschauspiels, dessen Thematisierung im Zeitalter der Mikrophysik geradezu vorwissenschaftlich anmutet.[443] Naturwissen und eine anschauliche Vorstellung über die Natur lassen sich demnach in einzelnen Beispielen in einen direkten Zusammenhang mit der Entstehung lyrischer Texte stellen, und es ist abzusehen, dass die Naturfotografie der 1920er Jahre einen entscheidenden Anteil an der Heilung des Naturbildes der Lyrik nach dem expressionistischen Bildersturm besitzt, insofern sich dieses nicht aus dem unmittelbaren Erlebnis, sondern aus der ubiquitären Verfügbarkeit bestimmter Darstellungstechniken in Presseerzeugnissen und Bildbänden speist. Auch die Naturlyrik verdankt einige strukturelle Anregungen somit allem Anschein nach einem Fortschritt, dem nicht wenige Naturlyriker gerade des *Kolonne*-Kreises in ihren Selbstbekenntnissen skeptisch gegenüber stehen. Aufschlussreich ist dieser Transfer insofern, dass auch die sich als unberührt von den technischen Veränderungen der Zeit gebende Naturdichtung nicht auf fotografische Hilfsmittel verzichtet, um die Beziehung von Sprache und Welt gleichsam als genuin

---

439 MR: Orbis terrarum: Südamerika, Westindien, Zentralamerika, in: Die literarische Welt 8 (1932), Nr. 7, 6.

440 MR: Neue Schaubücher, 8.

441 MR: Neue Schaubücher des Orell-Füßli-Verlages, 5.

442 Loerke (1935), 20.

443 Schäfer (1986), 56.

vorzuführen. Loerke, der Bergs *Seefall* bereits 1911 in der *Neuen Rundschau* bespricht und *Mit den Zugvögeln nach Afrika* 1924 bzw. 1928 im *Berliner Börsen-Courier* rezensiert, ist von den Möglichkeiten des fotografischen Materials dabei beeinflusst, ohne die Fototechnik als Beengung von Wahrnehmung und Erkenntnis zu begreifen.[444] Im Ergebnis steht bei ihm vielmehr eine „Andacht der Beobachtung", welche das anschauliche Sehen der Natur neu thematisiert.[445] Loerke habe sich nach Ansicht Schäfers weiterer Vorlagen mit dem Hinweis bedient, nicht dort erfinden zu müssen, wo das „Dasein stärker [...] als jede Erfindung" sei – ein Standpunkt, die von der Objektivierung und magischen Versachlichung der Gegenstände ausgeht und sich auch bei den jüngeren naturmagischen Autoren findet.[446] Raschke schreibt im Leitartikel der ersten *Kolonne*-Ausgabe im Jahr 1929 in einem ganz ähnlichen Gestus:

> Wer nur einmal in der Zeitlupe sich entfaltende Blumen sehen durfte, wird hinfort unterlassen, Wunder und Sachlichkeit deutlich gegeneinander abzugrenzen. So kann auch im Bereiche der Dichtung ein Wille zur Sachlichkeit nur dann Berechtigung erlangen, wenn er nicht von Unvermögen, sondern durch die Furcht bedingt wurde, mit allzuviel Worten das Wunderbare zu verdecken. Denn zum Verzicht auf jegliche Metaphysik führt nun, daß die Ordnung des Sichtbaren Wunder genug erscheint.[447]

Die Korrespondenzen zum zweiten Jahrgang der *Kolonne* belegen, dass sich die Beschäftigung mit Vogel- und Insektenkunden keineswegs auf Loerkes Beschäftigung mit Berg beschränkt.[448] Anders als Raschke, der das Fotomaterial illustrativ gebraucht, belässt es Loerke bei einer Stimulation durch die Bilder, ohne sich der von Berg verwendeten Terminologie zu bedienen. Der fotografische Blick soll damit in erster Linie den aus den Augen verlorenen Zusammenhang der Welt restituieren. Dass dieses Ansinnen in den Zeitraum einer sich zunehmend versachlichenden Ästhetik fällt und über die Betonung der Gegenstände deren innere Verbindung zu einem größeren Ganzen aufzuzeigen versucht, ist kein Zufall. Auch Raschke operiert seinem Selbstverständnis nach auf der Basis von Wissenschaft und Technik, um gegen die Auslöschung der Erfahrungen zu revoltieren. „Während sich die Öffent-

---

[444] Siehe dazu Loerke (1967): Literarische Aufsätze aus der „Neuen Rundschau" 1909-1941, hg. von Reinhard Tgahrt, Heidelberg/Darmstadt, 13ff.

[445] Zit. nach Schäfer (1986), 56.

[446] Zit. nach ebd., 57.

[447] Anonym: Die Kolonne 1 (1929), Nr. 1, 1. Das Zitat ist stellenweise identisch mit der oben zitierten Äußerung in *Der kosmische Snob*.

[448] „Kannst du nicht in der Kolonne", fragt Kuhnert Raschke mit Blick auf Georg Rendl, „den Bienenroman besprechen und dabei Gelegenheit nehmen den Unterschied in der Anschauung u.s.w. etwa bei Maeterlinck und [...] Bengt Berg [herauszustellen, A. M.]?" Wenig später heißt es: „Ich werde Dir jetzt aufzählen, was ich für die Kolonne habe. 1. Zwei Tiergedichte von Kramer und 1 Seite von Kramer. 2. Eine Seite Tierballaden von Zech 3. Ein Aufsatz von Schnack „Meine Falterbücher und wie ich zu ihnen komme." 4. Ein Stück aus dem Schmetterlingsbuch. 5. Einen kurzen Aufsatz von Herbert [Volwahsen, A. M.] über Hedda Walters Tierbilder und Bilder von Bengt Berg. 6. Deine Bienenromanbesprechung. 7. Besprechung von Schnacks Falterbücher." Es handelt sich bei dieser Aufzählung Kuhnerts um die Heftnummer 5 (1931) der *Kolonne*. Briefe unter SLB. Mscr. Dresd. App. 2531, Nr. 803, 805.

lichkeit versachlichte", hält Schäfer abschließend fest, „öffneten mikroskopisch fotografierte Pflanzen oder Samengehäuse den Blick in das Wunderbare und den verlorengeglaubten Zusammenhang des Lebens."[449]

Der Abdruck der Spiralnebelbilder in der *Kolonne* ist eines von zwei Beispielen für die Verwendung der modernen Fototechnik. Auch in der Heftnummer 4 (1931) druckt die *Kolonne* eine Doppelseite mit Fotografien. Dabei handelt es sich um Aufnahmen einer Zantedeschie, einer „Zantedeschia aethiopica", bzw. einer Zaunrebe, einer „Amepelopsis tricuspidata", wie Raschke als verantwortlicher Redakteur des Heftes dazu setzen lässt. Bereits die Anführung der lateinischen Namen liefert einen untrüglichen Beweis für die Feststellung, dass Raschkes Vorgehensweise bei der Integration naturwissenschaftlicher Themen zwar sporadisch sein mag, dass diese vom Autor selbst jedoch keineswegs als beiläufig empfunden wird, sondern einen Hinweis auf die Seriosität der Auseinandersetzung liefern soll.

Wie im Falle der Spiralnebelbilder, stößt Raschke auf das Bildmaterial durch die Rezension eines zeitgenössischen Buches. Es handelt sich dabei um Ernst Fuhrmanns *Die Pflanze als Lebewesen. Eine Biographie in 200 Aufnahmen*, das Raschke im Zusammenhang mit dem Band Jagadis Chunder Boses *Die Pflanzenschrift und ihre Offenbarungen* (1930) in der *Kolonne* nur eine Seite vor dem Abdruck der beiden Aufnahmen bespricht.[450] Fuhrmann (1886-1956), Schriftsteller und Leiter des Essener Folkwang-Verlages, entwickelt über seine Pflanzenbeobachtungen eine ‚Biosophie', eine Philosophie ökologischer Provenienz. Auch hier ist davon auszugehen, dass die Sprache eine Lenkwirkung übernimmt und Raschkes Aufmerksamkeit auf beide Bände richtet, da sie offenkundig um eine Revision bestehender Annahmen über die evolutionäre Wertigkeit der Pflanzen bemüht sind: Wenn die Evolution den Menschen einerseits in eine Entwicklungskette mit anderen Lebewesen stellt, andererseits von augenscheinlichen Separierungsmöglichkeiten ausgeht, so bedeuten Begriffe wie „Biographie" und „Schrift" demonstrative Verkehrungen des Postulats einer singulären menschlichen Ausdrucksfähigkeit. Das Ziel des Denkens, heißt es zu dem von Raschke besprochenen Band, sei daher nicht mehr, die Herkunft des Lebens aus dem Anorganischen zu beweisen. Steine, Pflanzen und Tiere stünden unter dem „gleichen Gesetze des Lebens", dessen Geheimnisse unteilbar seien. „Alles ist sich im Fernen einig, wenn es sich auch vor unseren Augen trennt zu verschiedenen Erscheinungen."[451] Wie in Raschkes Aufsatz *„Man trägt wieder Erde"* demonstriert, wird das Gesetz des Lebens in einen Bereich des Unausdeutbaren verlegt.

Die Ideengeschichte der Pflanzenbeseelung, die in den 1920er Jahren im Rahmen der Natursprachkonzepte neu aufgegriffen wird, lässt sich bis auf die Naturphilosophie Platons zurückführen, der sich im *Timaios* zum Wesen der Pflanzen

---

[449] Schäfer (1986), 64f., hier mit Blick auf Karl Bloßfeldt.

[450] Ernst Fuhrmann (1930): Die Pflanze als Lebewesen. Eine Biographie in 200 Aufnahmen, Frankfurt am Main.

[451] Peter Anders (d. i. MR): Die Pflanze als Lebewesen, in: Die Kolonne 2 (1931), Nr. 4, 42.

äußert.[452] Pflanzen, Menschen und Tieren sind danach prinzipiell unter ein Gesetz gestellt, auch wenn die Pflanzen keine eigenständige Bewegung aus sich heraus zu leisten im Stande sind bzw. keine Reflexion über die gewonnen Eindrücke vollziehen können. Damit wird die Eigenschaft, Empfindungen zu haben, zum Kriterium der Verwandtschaft zwischen menschlichem, tierischem und vegetativem Leben, und eben nicht die Entstehung oder physiologische Beschaffenheit.[453] Dieser Logik der Übertragung tierischer Physiologie auf die Pflanze und eines daraus ablesbaren Universalitätsprinzips folgt auch Fuhrmann in seiner Überblicksdarstellung zu den Pflanzenaufnahmen. Angesichts pflanzlicher Formen spricht er vom „endlos Variablen", das zugleich das „immer Vollendete" repräsentiere. So vergleicht der Autor die Blattspreite des Weins beispielsweise mit einem „Fuß", der, obgleich er nur Blatt sei, eine „durchaus animalische Funktion" übernehme:

> Wir sehen also ein schlafendes, aber im Keim vorhandenes, starkes und vorgeformtes Tierleben in der Pflanze. [...] Wir könnten mit einem Wort sagen: in jeder Pflanze schlummern viele tierische Fähigkeiten. Und sie schlummern eben nur deshalb, weil die Pflanze eine Periode der Ruhe, der bloßen Entfaltung für die lebende Substanz ist.[454]

Aufschlussreich für die Verwendung von Fotomaterial als Bestandteil einer wissenschaftlich fundierten Weltanschauung Raschkes erscheint vor allem die Einordnung des Fuhrmann-Bandes. So weist Raschke nicht nur auf die Herkunft des im Societäts-Verlag veröffentlichten Materials hin, das dem „Folkwang-Auriga-Archiv" entstamme, um den Eindruck einer sachkundigen Beschäftigung zu erwecken. Er nennt Fuhrmanns Buch auch „eines der schönsten ‚Bilderbücher', das ich kenne", welches durch die Sinnfälligkeit seiner Resultate zugleich eines der „allgemeinverständlichsten wissenschaftlichen Bücher der letzten Zeit" sei. Zwei der mehrfach angesprochenen Argumente im Zusammenhang mit der Wissenschaftspopularisierung werden dabei binnen eines Satzes aufgegriffen, nämlich die Frage der Allgemeinverständlichkeit und der Hinweis auf die Kontinuität der wissenschaftlichen Lektüre, die durch den Wink auf die „letzte Zeit" platziert wird. Fuhrmann sei kein Fotograf, heißt es in Raschkes Text, dem die Pflanze zu einem ästhetischen Objekt werde,

> er sucht hier keine kunstgewerblichen Werte wie heute so viele. Seine Aufnahmen dienen einer wissenschaftlichen, genau begrenzten Aufgabe: den Aufbau der Pflanze aus dem Blatte zu verdeutlichen und die Verwandtschaft vieler ihrer

---

[452] Platon: Timaios, in: Ders. (1994): Sämtliche Werke. Auf der Grundlage der Bearbeitung von Walter F. Otto, Ernesto Grassi und Gert Plamböck neu hg. von Ursula Wolf, Bd. 4: Timaios, Kritias, Minos, Nomoi, übersetzt von Hieronymus Müller und Friedrich Schleiermacher (Minos), Taschenbuchausgabe Reinbek bei Hamburg, 11-103, 84.

[453] Vgl. zu diesem Komplex Hans-Werner Ingensiep (2001): Geschichte der Pflanzenseele. Philosophische und biologische Entwürfe von der Antike bis zur Gegenwart, Stuttgart.

[454] Fuhrmann (1930), o. S.

> Funktionen mit tierischen Funktionen nachzuweisen, soweit das im Bilde überhaupt möglich ist.[455]

Die Entstehung der Pflanze aus dem Blatt zu lesen und wissenschaftlich nachweisen zu wollen, ist mit Goethe gedacht, wie Raschke an gleicher Stelle mit dem Hinweis auf dessen *Metamorphose der Pflanzen* vermerkt. Dabei stellt er den Übergang zu den Ergebnissen Chunder Boses dergestalt her, dass auch in dessen Lehre die wesentlichen Charakteristika der Tiere bereits in den höheren Pflanzen angedeutet seien. Die inhaltlichen Übereinstimmungen zwischen Raschkes Vorstellungen hinsichtlich einer Unteilbarkeit des Lebens und den besprochenen Bände können deshalb unumwunden als Grundlage der Integration der Bücher in die *Kolonne* angesehen werden. Neben dem expliziten Vermerk, mit Fuhrmanns Buch einen Band vor sich zu haben, der einer „wissenschaftlichen, genau begrenzten Aufgabe" diene, verdeutlicht Raschke seinen eigenen Anspruch bei der Besprechung, indem er die Literatur als wissenschaftliche Literatur einstuft und eben *deshalb* aufnimmt. Ein entsprechender Gestus versinnbildlicht sich auch in der Diktion, in welcher Raschke über die Versuche Boses berichtet. Angesichts der im Folgenden zitierten längeren Passage kann deshalb kein Zweifel daran bestehen, dass Raschke einen wissenschaftsbezogenen Anspruch mit der Integration entsprechender Artikel verfolgt und dass er hierfür Vorlagen nutzt, aus denen er zitiert, ohne dies jeweils anzuzeigen. Das Wissen auch in Form lateinischer Fachbegriffe wird inkorporiert und als Bestandteil des eigenen Verständnishorizontes präsentiert; ebenso, wie auch die Fototechnik eine Unterstützung darstellt, um Einblicke in das Innenleben der Pflanzen zu erhalten – nicht um daraus ein positives Verhältnis zur Technik abzuleiten. Dabei ist es das vertraute Muster einer ‚Überlegenheit' der Natur, das ihn von einem „Wahrnehmungsbereich der Pflanze" sprechen lässt, der „größer als der menschliche" sei. Er zeigt damit, dass seine Kosmologie den Menschen vor allem dadurch in die Natur einbezieht und Hierarchien abbaut, indem sie ihn seines Überlegenheitsanspruches entledigt.

> Bose konstruierte Apparate, mit denen durch 100millionenfache Vergrößerung der Nachweis möglich war, daß das Wachstum kein stetiges, sondern ein rhythmisches ist. Die safthebenden Kräfte lokalisiert er in den lebenden Rindenzellen. Diese Rindenzellen zeigen eine Pulsation, die dem tierischen Herzen ähnlich sein soll, und pumpen auf diese Weise das Wasser von Zelle zu Zelle bis zu den Höhen von 150 Metern, in die Gipfel von Riesen des Pflanzenreichs wie Eucalyptus amygdalina. Bose kommt zu dem Schluß: „Es muß daher eine Art primitives Herz in den Pflanzen sein, wenn auch nicht so zentralisiert und hoch differenziert wie in höheren Tieren," gelang es ihm doch außerdem, auch mechanische Pulsationen im Pflanzenstengel durch die Feststellung rhythmischer Dickenveränderung nachzuweisen. Der Wahrnehmungsbereich der Pflanze zeigt sich größer als der menschliche; denn sie vermag es nicht nur, uns verborgene Strahlen des Universums wahrzunehmen, sondern reagiert auch auf das uns verborgene.[456]

---

[455] Peter Anders (d. i. MR): Die Pflanze als Lebewesen, 42.
[456] Ebd.

5. Die unaufhörliche Schöpfung (2). Meldungen über Zellatmung und Mutation

Raschke hat in seiner Besprechung der Bände Fuhrmanns und Boses dem Gedanken Ausdruck verliehen, dass Steine, Pflanzen und Tiere unter dem gleichen Gesetz des Lebens stünden, dessen „Geheimnisse wir alle sind". Denn alles sei sich „im Fernen" einig, wenn es sich vor den Augen des Betrachters auch zu verschiedenen Erscheinungen trenne.[457] Der programmatische Charakter dieser Äußerung verdeutlicht sich bereits in der Positionierung des Satzes am Ende einer ganzseitigen Rezension zu Fuhrmann und Bose. Bemerkenswert ist Raschkes Bekenntnis deshalb im Hinblick auf eine Ganzheitsmetaphorik, die symptomatisch für die Anlehnung an die romantische Vorstellung einer Beseelung auch der anorganischen Materie als Teil der *natura naturata* erscheint. So hat Hans-Ulrich Wagner untersucht, wie die Welt der Steine und Kristalle und der unterirdische Bereich der Bergwerke bei Raschke in den späten 1930er Jahren als Chiffre des Unbekannten und Geheimnisvollen behandelt wird.[458] *Von der Seele der Pflanzen* ist ein Hörspiel Raschkes betitelt, das am 23.4.1939 im Reichssender Leipzig ausgestrahlt wird. Zeitgleich finden sich in der Radiografie Titel wie *Die Sterne, die begehrt man nicht, man freut sich ihrer Pracht. Ein Gespräch um Sternenwissen, Sternenglauben, Sternenschicksal* (14.11.1938), *Kristalle und Edelstein* (6.2.1939, 17.2.1939).[459] Raschkes Idealisierung einer gleichmäßigen Beseelung von Steinen und Pflanzen lässt sich zudem mit Hilfe des Nachlassmaterials dokumentieren. In *Lob der Steine* (1934) verleiht er diesen einen „Namen, also auch ein Gesicht", und lässt sie „nach ihrem Gesetz" wachsen.[460] Im Zusammenhang mit der Kristallbildung wird Raschke in den Tagebuchnotizen *Im Schatten der Front* letztlich die Parallelität zum Kunstwerk suchen, dessen „Lehrmeister" im mineralischen Kosmos zu sehen sei, welcher der Zweckbezogenheit der Wissenschaft widerstrebe.

> Der Kristall entspringt nur der Freude eines Stoffes an sich selbst. Merkwürdig, daß die Naturwissenschaftler bei der Betrachtung von Pflanzenformen und Farben jedes narzissische Moment ausgeschaltet haben wollen und alles auf Zwecke hin untersuchen.[461]

Raschkes Begriff des „Geheimnisses", den er in der Rezension Fuhrmanns und Boses wählt, ist im Zusammenhang der Untersuchung seiner Wissenschaftsrezeption wörtlich zu nehmen. Denn darüber, was das Leben ist und wo dessen Ursprung zu

---

[457] Peter Anders (d. i. MR): Die Pflanze als Lebewesen, 42.

[458] Hans Ulrich Wagner (2002a): „Der Weg in ein sinnhaftes, volkhaftes Leben". Die Rundfunkarbeiten von Martin Raschke, in: Martin Raschke (1905-1943), 167-197, 193, 174.

[459] Ders. (2002b): Martin Raschke – Radiographie, in: Martin Raschke (1905-1943), 303-317, 310.

[460] SLB. Dresd. Mscr. App. 2531, 1934: „Steine wachsen auch, langsamer nur, an deinem Leben gemessen. Warum misst du alles an dem deinen? [...] Steine wachsen auch, anders wohl, von aussen, aber sie wachsen nach ihrem Gesetz. [...] Sie haben ihr Gesetz wie du. Ja, du kannst sprechen. Aber wer sagt dir, ob es nicht innerhalb dieser unermessenen Welt einen Ort gibt, von dem aus du nur lauter als der Stein erscheinst."

[461] MR: Im Schatten der Front, zit. nach: Hinweis auf Martin Raschke, 110.

suchen sei, kann die Wissenschaft nur Vermutungen anstellen: Sie ist in der Lage, Aussagen über die Prozesse der Zellteilung oder die Wirkungsweisen chemischer Verbindungen zu machen. Nach welchem Plan sich die Einzelbestandteile letztlich zu einem Ganzen fügen, bleibt jedoch im „Dunkel der Schöpfung“, wie es in Kürze in einem *Kolonne*-Beitrag unter dem Pseudonym Peter Anders heißen wird.

So oder ähnlich könnte Raschkes Antwort auf die Frage nach den Erkenntnismöglichkeiten der biologischen Wissenschaften ausgesehen haben, die er in seinem Redaktionskommentar *Über die Aufgabe der „Kolonne“* im Jahr 1932 hervorhebt. Nach den bisherigen Ergebnissen zur Interpretation der Wissenschaften kann davon ausgegangen werden, dass die besondere Bedeutung der Biologie, die abschließend anhand von drei Kurzbeiträgen aus der *Kolonne* dargestellt werden soll, vor allem gegenüber der Physik im ‚offenen' Charakter ihrer Erkenntnisse liegt. Die Frage nach dem Ursprung des Lebens ist unbestreitbar eine prinzipiell andere als die nach den mechanischen Eigenschaften der Körper, da sie nicht kausalanalytisch zu beantworten ist und einen zumindest noch nicht reproduzierbaren Prozess betrifft. Das Zerlegen der Organismen in ihre Einzelbestandteile muss anders als in der atomaren Physik, die trotz ihrer Erkenntniseinschränkungen den Bedingungen der Phänomene auf den Grund gegangen ist, notwendigerweise auf einer bestimmten Erkenntnisstufe verharren und einen Rest an Vagheit zurücklassen. Denn auch die Atomisierung eines komplexen biologischen Systems vermag die Antwort nicht zu geben, ob eine Pflanze beseelt sein kann, um in der Sprache des Autors zu bleiben. Das „Geheimnis“ ist daher nicht als ein neutrales Konstatieren der Unlösbarkeit eines Rätsels gemeint, sondern Ausdruck einer Bewunderung gegenüber dem Leben; und vielleicht auch der stillen Genugtuung angesichts der Begrenztheit wissenschaftlicher Erklärungsversuche der Ursprünge desselben.

5.1 Zwei Beiträge über Otto Warburg

Das öffentliche Interesse an den Naturwissenschaften, das bislang anhand von Raschkes Reaktionen auf einzelne Ergebnisse und Begriffe der Physik und Astronomie dargestellt wurde, beschränkt sich nicht auf den Wandel des physikalischen Weltbildes. Obgleich der Physik eine Sonderstellung innerhalb der Medienresonanz zukommt, werden auch die Resultate der Biologie außerhalb der Fachwissenschaft wahrgenommen. Ein Beispiel dafür ist die Vergabe des Nobelpreises an den Berliner Physiologen Otto Heinrich Warburg (1883-1970) im Jahr 1931, der als einer der Pioniere der modernen Biochemie gilt. Warburgs Forschungen beschäftigen Raschke in der *Kolonne* binnen einer Ausgabe gleich zweimal. Deshalb soll im Folgenden analog zu den vorangegangenen Abschnitten demonstriert werden, wie Warburg und seine Ergebnisse zur Erforschung von Oxidationsprozessen in Zellen Gegenstand der Berichterstattung in Beiträgen der *Vossischen Zeitung* und des Magazins *Kosmos* sind, die einen Hinweis auf das mediale Echo liefern, das ein im Vergleich zu Relativitäts- und Quantentheorie nicht weniger exotisches Thema erfährt. Auch hier ist davon auszugehen, dass das Medieninteresse Raschke die Bedeutung der Forschung näher bringt und ihn mit den notwendigen Informationen versorgt.

Es handelt sich bei den Meldungen zu Warburg um einen unbetitelten Beitrag Raschkes unter dem Pseudonym Peter Anders und einen anonymen Beitrag mit dem Titel *Über die Anfänge des Lebens.* Bereits der Blick auf das Arrangement der Seite verrät dabei den Tenor der Argumentation einer Alleinheit der Schöpfung, die neben dem Lebensbegriff einen zweiten wichtigen Terminus Raschkes darstellt. Neben Johannes Lindners Gedicht *Kentaurischer Knecht* und dem Auszug aus einem Rilke-Text, der in der *Kolonne* mit *Die Einheit des Lebens* betitelt ist, druckt Raschke in dieser Ausgabe eine Passage aus dem *Jon-Arason*-Roman von Gunnar Gunnarsson ab. Darin wird ein Gesprächsausschnitt wiedergegeben, in dem es im natursprachlichen Verständnis einer *Signatura rerum* um die Frage einer göttlichen Emanation in der Natur geht. „Er [Gott] ist wohl im Sturm", heißt es im betreffenden Textausschnitt, „aber nicht nur im Sturm. Er ist auch in den Steinen." Die Allmacht eines Schöpfergottes, der sein Gericht über die Erde kommen lässt, nimmt Raschkes Erzählung *Johanna, die Knechtin Gottes* auf, welche auf der nachfolgenden Seite beginnt.[462]

Die genannten Texte umrahmen den Beitrag Raschkes über Otto Warburg. Dabei ist in Anknüpfung zum vorangegangen Abschnitt und der Darstellung von Boses Verfahren zur Pflanzenphysiologie und der Abbildungen Fuhrmanns unter Einbeziehung lateinischer Fachnamen bemerkenswert, dass Raschke einerseits an einer nüchternen Wiedergabe der wissenschaftlichen Hintergründe gelegen ist. So verwendet er Formulierungen wie „Zweiwertig nimmt das Eisen den Sauerstoff der Luft auf und wird dabei dreiwertig." Oder: „Der Blattfarbstoff, das Chlorophyll bildete sich durch Aufnahme von Sauerstoff und durch Ersatz des Eisens im Urferment durch Magnesium. Seine Aufgabe: die Assimilierung der Kohlensäure der Luft und ihre Umbildung zu Stärke und Zucker." Andererseits unterstellt Raschke Pflanzen und Tiere einem universalen Lebensgesetz und gebraucht die vertraute Ursprungsmetaphorik, die durch Analogiebildungen wie „Die grünen Pflanzen konnten werden." und „Die Tiere konnten werden." bekräftigt wird. Wer sich so äußert, das soll dem Leser einmal mehr bedeutet werden, argumentiert auf der Grundlage jüngster Forschungsresultate.

> Nach Otto Warburgs neuen Untersuchungen beruht die Wirkung des Atmungsfermentes, das jede Zelle von Anbeginn an enthielt, auf dem darin gebundenen Eisen. Zweiwertig nimmt das Eisen den Sauerstoff der Luft auf und wird dabei dreiwertig. In dieser dreiwertigen Form oxydiert es die Zellstoffe. Aus dem Urferment der ersten lebenden Zellen, dessen Entstehen im Dunkel der Schöpfung blieb, entstanden der Blattfarbstoff und der Blutfarbstoff. Der Blattfarbstoff, das Chlorophyll, bildete sich durch Aufnahme von Sauerstoff und durch Ersatz des Eisens im Urferment durch Magnesium. Seine Aufgabe: die Assimilierung der Kohlensäure der Luft und ihre Umbildung zu Stärke und Zucker. Die grünen Pflanzen konnten werden. Durch Reduktion entwickelte sich aus dem gleichen Urferment der Blut-

[462] Die Kolonne 3 (1932), Nr. 2, 22.

> farbstoff der Tierwelt. Seine Aufgabe: den Sauerstoff der Luft aufzunehmen und durch das Blut den Zellen zuzuführen. Die Tiere konnten werden. So sehen wir (durch Otto Warburg) Blutfarbstoff, den Träger tierischen Lebens, und Chlorophyll, den Träger pflanzlichen Lebens, auf den gleichen Ursprung zurückgeführt, und den Menschen wieder fortgeschritten in der Beschreibung des Lebens, ohne daß er um die letzte Herkunft wissender geworden wäre.[463]

Entscheidend ist neben der Parallelisierung zwischen der Entstehung des pflanzlichen und tierischen Lebens, die einen Affront gegenüber der Vorstellung einer stufenartigen Evolution des Lebens vom Niederen zum Höheren darstellt, sowie der Verwendung eines möglichst wissenschaftsgetreuen Vokabulars, vor allem die erkenntnistheoretische Schlussfolgerung, die dieser Text so explizit wie vielleicht kein anderer aufweist: Die Wissenschaft ist in der Lage, ein dem Leser nicht erläutertes „Atmungsferment" als Grundlage der Zellatmung auszumachen, dessen Entstehen zugleich im „Dunkel der Schöpfung" bleibt. Sie beweist aus der Sicht des Autors einmal mehr, dass sie große Wege in Kauf nimmt, um am Ende bei der alten Gewissheit anzugelangen, dass sie keine Aussagen über das Geheimnis des Lebens liefern kann, sondern nur auf einer jeweils anspruchsvolleren Stufe der Pseudoerkenntnis argumentiert. Die unbeantwortete Frage nach der „letzten Herkunft" wird dabei symptomatisch für den Erkenntnisgewinn der Forschung überhaupt eingestuft. Als ein Indiz für die instrumentelle Verwendung des herangezogenen wissenschaftlichen Resultats erscheint dabei, dass Raschke im letzten Absatz eine direkte Bezugnahme auf Warburg herstellt, um „den Menschen" am Ende wieder einmal „fortgeschritten in der Beschreibung des Lebens" dastehen zu lassen, „ohne daß er um die letzte Herkunft wissender geworden wäre."

Der Beitrag endet im selben skeptizistischen Ton wie der Hinweis auf die Unbestimmtheitsrelation oder die kosmische Strahlung. Bewusst wird der Unterschied zwischen der Stellung als Beobachter, die dem Menschen im Naturprozess zugewiesen wird, und der Unmöglichkeit einer vernunftgemäßen Lösung des Naturmirakels hervorgehoben. Diese Aussage potenziert der *Kolonne*-Herausgeber nur wenige Seiten später in einem anonym abgefassten Kurzartikel, der mit *Über die Anfänge des Lebens* überschrieben ist. Dabei geht Raschke nach einem vergleichbaren Muster vor, indem er sachlich über die Oxidationsprozesse informiert und zugleich eine falsifizierende rhetorische Frage nach dem Ursprung des Lebens stellt: „Wer schließt den Kreis?" Eine Potenzierung im Vergleich zum ersten Beitrag stellt der Kurzartikel dabei insofern dar, dass Raschke sein Resümee am Ende direkt mit dem Namen Warburg verbindet. Der Leser muss den Eindruck gewinnen, dass Warburg selbst zu dem Ergebnis gekommen sei, die moderne Forschung könne keine Antworten auf die Frage nach der Entstehung der Lebewesen beisteuern. Und eben hierin wird die Überschreitung einer Informationsgrenze erkennbar, die es gemäß der Eingangsthese rechtfertigt, von einer instrumentellen Kritik mit Hilfe der zeitgenössischen Forschung zu sprechen, die neben dem mechanistischen Naturbild des 19. Jahrhunderts

---

[463] Ebd., 22.

die Behandlung von Wissenschaft und Technik als Garanten des Erkenntnisfortschritts zum Feind hat.

> ÜBER DIE ANFÄNGE DES LEBENS
>
> Jede lebende Zelle enthält einen Farbstoff, der die Aufgabe hat, den Sauerstoff der Luft „einzuatmen". Der Sauerstoff dient dazu, die Zellstoffe zu oxidieren; das heißt: die notwendigen Lebensenergien zu gewinnen. Als die erste Zelle atmete, muß dieser Farbstoff, die Voraussetzung jeglicher Zellatmung bereits in der Zelle vorhanden gewesen sein. Dieser Farbstoff wiederum kann nur in einer lebenden Zelle entstehen. Wer schließt den Kreis? Es bleibt der modernen Forschung nichts anderes, als dieses Atmungsferment in der lebenden Zelle als gegeben hinzunehmen. (Nach Otto Warburg.)[464]

Bei jenem Ferment, von dem in beiden Beiträgen Raschkes insgesamt fünfmal die Rede ist, wobei Raschke dreimal von einem „Urferment" spricht, um dem entwicklungsbiologischen Anfangsaspekt metaphorisch Rechnung zu tragen, handelt es sich um ein Enzym, das die Energiegewinnung im Oxidationsprozess vermittelt, einen dem Blutfarbstoff verwandten eisenhaltigen Komplex. So erklärt es der Biochemiker Carl Oppenheimer den Lesern der *Vossischen Zeitung* am 6.1.1931.[465] Im gleichen Jahr erhält Warburg den Medizin-Nobelpreis für seine Arbeiten zur Aufklärung der Zellatmung und der Gärungsprozesse. Wie Raschke in seinen Beiträgen beschreibt, hatte Warburg die Bedeutung des Elementes Eisen für die Atmungsprozesse in Zellen hervorgehoben. Dabei kam er zu dem Ergebnis, dass der Sauerstoff nicht direkt mit den organischen Stoffen innerhalb der Zellen reagierte, sondern mit dem Eisen des Ferments, das den Sauerstoff zur Reaktion anregte.[466] Bei Oppenheimer lesen sich diese Resultate Warburgs und deren Einordnung gegenüber konkurrierenden Forschungspositionen folgendermaßen:

> Von allen biologischen Problemen chemischer Natur ist wohl zweifellos das wichtigste der durch Oxydation, d. h. durch Verbindung mit dem aus der Luft aufgenommenen Sauerstoff vor sich gehende Abbau der von der Zelle aufgenommenen Nährstoffe zu Kohlensäure und Wasser, dessen Gesamtvorgänge man unter dem Namen Zellatmung zusammenfaßt. [...] Unter der Einwirkung eines besonderen Stoffes, des Atmungsfermentes, wird aus dem an sich wenig reaktionsbereiten, molekularen Sauerstoff der Luft ein höchst energetischer, den Sauerstoff in Peroxydform enthaltender Körper, dessen nunmehr aktiver Sauerstoff die Zellstoffe direkt angreift. Dieses Warburgsche Atmungsferment ist von ihm näher charakte-

---

464 Die Kolonne 3 (1932), Nr. 2, 26.

465 Oppenheimer (1931), o. S.

466 Weiterführend zu Warburgs Forschungen zur Zellatmung siehe Hans Krebs (1979): Otto Warburg. Zellphysiologe – Biochemiker – Mediziner 1883-1970, Stuttgart; David Nachmansohn (1988): Die große Ära der Wissenschaft in Deutschland 1900-1933. Jüdische und nichtjüdische Pioniere in der Atomphysik, Chemie und Biochemie, Stuttgart, 235ff.; Brigham Narins, Ed. (2001): Notable Scientists. From 1900 to the Present, Farmington Hills, Vol. 5, 2343-2345; Ekkehard Höxtermann: Otto Heinrich Warburg, in: Ilse Jahn/Michael Schmitt, Hg. (2001): Darwin & Co. Eine Geschichte der Biologie in Portraits, München, Bd. II, 251-274, insbesondere 265ff.

> risiert worden als ein dem Blutfarbstoff sehr nahestehender, eisenhaltiger Komplex; und eben an dem Eisen soll sich durch Peroxydbildung und Wiederabspaltung des aktiv gewordenen Sauerstoffs die Oxydation in der Zelle abspielen.[467]

Anders als Raschke, der ein wissenschaftliches Resultat als Gewissheit behandelt, betont Oppenheimer am Ende seines Beitrags, dass den Hypothesen zur Oxidation bislang eine exakte Beweisgrundlage fehle. Er insistiert gleichsam darauf, sich wissenschaftlich weiter schrittweise voran zu bewegen und die „neuen Ergebnisse" als „Wegweiser für künftige Entwicklungen" anzusehen. Oppenheimer leitet aus dem bisherigen Zustand der Forschung somit augenscheinlich eine andere Konsequenz als der wissenschaftliche Laie Raschke ab, der die Komplexität verschiedener Forschungsansätze zur Zellbiologie einebnet, wenn er davon spricht, es bleibe „der" modernen Forschung nichts anderes übrig, die Existenz eines Atmungsferments als gegeben hinzunehmen. Zudem argumentiert der Beitrag ohne weltanschauliche Überhöhung nüchtern auf der Basis der Zellphysiologie und Biochemie.

Im Jahr der *Kolonne*-Veröffentlichungen berichtet auch *Kosmos* über das Thema Zellatmung. Im Vordergrund des Beitrags, der in der Rubrik *Forschung. Fortschritt* erscheint, steht die Information über die Nobelpreis-Vergabe an Warburg, die bei Oppenheimer konsequent ausgespart wird. Während dieser nicht mit einer autoritativen Wirkung liebäugelt, die eine entsprechende Information hervorrufen kann, nutzt *Kosmos* den Aufmerksamkeitsmagneten. „Der Nobelpreis für Medizin und Physiologie für das Jahr 1931", heißt es in der Mai-Ausgabe (1932) einleitend,

> wurde Prof. Dr. Otto Warburg in Berlin-Dahlem für die Erkenntnis der Art und Wirkungsweise des sauerstoffübertragenden Fermentes der Atmung sowie für seine bahnbrechenden Arbeiten über den Mechanismus des Atmungsvorganges in lebenden Zellen verliehen. Schon 1914 gelangte Warburg zu der Überzeugung, daß das Atmungsferment eine eisenhaltige Verbindung sei; diese Vermutung bestätigte sich, als er in den Jahren 1926 bis 1928 den genauen chemischen Bestand dieses eisenhaltigen Fermentes aufklärte und es als eine Eisenporphyrin-Verbindung erkannte.[468]

Der Beitrag in *Kosmos* wird an dieser Stelle ebenso wie der Aufsatz von Oppenheimer herangezogen, um Unterschiede in Sprachwahl und Informationsdichte herauszuheben und die Bandbreite der populärwissenschaftlichen Berichterstattung zu verdeutlichen. Mit der Einbeziehung der *Vossischen Zeitung* soll zudem veranschaulicht werden, dass das öffentliche Gespräch über die Naturwissenschaften auch anhand eines vergleichsweise weniger populären Themas nachweisbar ist; noch dazu in Periodika, die bereits im Zusammenhang des publizistischen Umfeldes Raschkes eingeführt wurden. Es ist aus genannten Gründen deshalb davon auszugehen, dass Raschke für seine Meldungen auch in diesem Fall entsprechende Inspirationen über das Studium der Tagespresse erhält. Bezeichnenderweise eröffnet der Beitrag Oppenheimers mit dem Hinweis, dass die Frage der Zellatmung zu den wichtigsten

---

[467] Oppenheimer (1931), o. S.

[468] Forschung und Fortschritt, in: Kosmos 28 (1932), H. 5, 178.

Problemen der biochemischen Forschung der Gegenwart zähle. Beide Beiträge verwenden dabei eine Sprache, die sich in den Meldungen Raschkes wiederfindet, was für die Präsenz spezifischer Fachbegriffe wie „Ferment", „Eisen" oder „Atmung" spricht, die Raschke mit seiner Metaphorik der „Anfänge des Lebens" oder der „unaufhörlichen Schöpfung" kombiniert. Wie diese Vorstellung einer „unaufhörlichen Schöpfung" mit der Verwendung einer Pressemeldung über die Entstehung einer Kaninchenrasse durch Mutation verbunden wird, soll anhand des letzten Beispiels dieser Einzelanalyse zum publizistischen Werk Martin Raschkes der Jahre 1929 bis 1932 dargelegt werden.

5.2 Bericht über die Entstehung einer Kaninchenrasse

Mit Hilfe der Thematisierung von Warburgs Ergebnissen zur Zellatmung unter dem Hinweis auf die „neuen Untersuchungen" der „modernen Forschung" verdeutlichen sich noch einmal einige Charakteristika der Behandlung der Naturwissenschaften, die vor allem im ersten Teil der Untersuchung angesprochen wurden. Trotz der Interpretation der Forschungsresultate als Belege einer erkenntnistheoretischen Kreisbewegung stellt Raschke in den untersuchten Meldungen einen Kontext zur Berichterstattung über die Wissenschaften her: Die Meldung über die Unbestimmtheitsrelation überschreibt er mit *Eine Zeitungsmeldung*, den Bericht über die kosmische Strahlung setzt Raschke in Anführungsstriche. Der Vergleich mit der Fliehbewegung der Spiralnebel in der Besprechung der Gedichte Elisabeth Langgässers wird durch den Hinweis auf die Ergebnisse der Astronomie abgesegnet. Und auch beim Thema Zellatmung weist Raschke auf die Verwendung aktueller Forschungsresultate hin. In jeder der Kurzmeldungen werden die Wissenschaftler und das entsprechende Phänomen zudem namentlich genannt.

Presseumfeld, die Präsenz von Fachtermini und die Popularität von Einzelvertretern der Wissenschaft sind demnach entscheidende Faktoren der instrumentellen Behandlung wissenschaftlicher Resultate. Gerade deshalb ist es wahrscheinlich, dass die Auswahl der Themen mehr oder minder intuitiv erfolgt und auf das Moment der Inspiration setzt. Denn die wenigen Einzelbeispiele, die sich in der *Kolonne* explizit auf die Naturwissenschaften berufen, sind thematisch heterogen und lassen keine Präferenzen oder Kompetenzansprüche Raschkes zu Gunsten der Physik oder Biologie erkennen. Im Gegenteil: Der Umstand, dass Raschke die Meldungen über Heisenberg und Millikan in *einer* Heftnummer veröffentlicht (Nr. 6, 1931), die Pflanzenaufnahmen *zusammen* mit der Besprechung Fuhrmanns und Boses in einer anderen (Nr. 4, 1931), schließlich die Beiträge über die Zellforschungen Warburgs mit der Meldung über die Artenentstehung am Beispiel einer Kaninchenkreuzung in Heft Nr. 2 des Jahres 1932, das durch den Redaktionskommentar *Über die Aufgabe der „Kolonne"* abgerundet wird, verdeutlicht, dass er einzelne Sachgebiete in thematischen Schüben abhandelt. Daraus kann geschlossen werden, dass Raschke weniger auf einen Grundstock an naturwissenschaftlichem Wissen zurückgreifen kann, sondern sich seine Informationen kurzfristig aneignet und unmittelbar in die Gestaltung der jeweiligen Ausgaben einfließen lässt. Von einem unsystematischen Vorgehen zu sprechen, wäre dennoch verfehlt. Denn einer Systematik folgt die Auswahl in dem Sinne, dass sich alle wissenschaftsbezogenen Aussagen zur Erkenntniskritik eignen, indem sie Fragen aufwerfen und die Gültigkeit arrivierter wissenschaftlicher Annahmen mit Hilfe neuer Forschungsresultate bezweifeln. Raschkes Wissensakkumulation mag daher spontan sein – die Interpretation wissenschaftlicher Ergebnisse und die Positionierung der Meldungen in Zusammenhang mit den literarischen Texten in der *Kolonne* ist durchdacht. Sie folgt einem Muster, das sich auch bei einer Meldung nachvollziehen lässt, die in der selben Heftnummer wie die Beiträge zur Zellatmung erscheint.

Es handelt sich bei diesem Beitrag um eine kurze Notiz, in der die Vorstellung einer sprunghaften und permanenten Entwicklung in der Natur anhand der Kreuzung eines Kaninchenpaars anklingt, wie sie im Rahmen alternativer Entwicklungslehren seit der Jahrhundertwende diskutiert wird.[469] Der Text, auf der nachfolgenden Seite der zuletzt behandelten Meldung über Warburg unter dem Titel *Über die Anfänge des Lebens* abgedruckt, trägt wie der Bericht über Robert Millikan die Überschrift *Die unaufhörliche Schöpfung*. Eingerahmt wird der ebenfalls unkommentierte Beitrag parallel nicht durch erklärende Hinweise, sondern durch vier *Kolonne*-typische Naturgedichte bzw. den oben zitierten Auszug aus Walter Bauers *Das Silobuch* auf der nachfolgenden Seite. Es handelt sich dabei um Gedichte von Peter Huchel (*Die Kammer*, *Der Knabenteich*), Guido Zernatto (*Die Magd wacht in der Nacht bei einem kranken Schwein*) und Martha Saalfeld (*Todaufgang*). Wie im Zusammenhang mit Heisenberg demonstriert, druckt Raschke einen offensichtlich unbearbeiteten Text ab, den er mit „Eine Zeitungsmeldung" einführt. Er nutzt somit auch hier die Möglichkeit des Zitats unter Berufung auf eine Presseveröffentlichung, um der sachlichen Diskussion des Gegenstands aus dem Wege gehen zu können.

DIE UNAUFHÖRLICHE SCHÖPFUNG

Eine Zeitungsmeldung: 1919 warf ein Kaninchen in Luché-Fringé, Departement Sarthe, bei zwei verschiedenen Würfen jedesmal ein Junges, das länger kahl blieb als seine Geschwister. Der braune Pelz war dichter, feiner und kürzer als gewöhnlich; es ähnelte dem des Bibers. Dazu hatten die Tiere starke Buckel über den Augen, lange Krallen und gekniffene Ohren. Da es Männchen und Weibchen waren, kreuzte man sie: sie züchteten wider Erwarten rein. Es handelte sich also nicht um eine Variation, sondern um eine neue Rasse.[470]

---

[469] Eine wichtige Rolle spielt in diesem Zusammenhang die Mutationstheorie von Hugo de Vries (1848-1935). Diese geht von der Entstehung sprunghafter Erscheinungen aus, die sich erkennbar von den Ausgangsformen unterscheiden und zu einer Veränderung der morphologischen Merkmale eines Organismus führen. Einen Überblick über die Entwicklungslehre innerhalb der herangezogenen Forschungsarbeiten bietet Kirchdörfer-Boßmann (2003), 45ff.

[470] Die Kolonne 3 (1932), Nr. 2, 27.

Der Tenor ist unmissverständlich: Das Dogma einer Fortentwicklung der Arten, das neben der Newtonschen Physik als das herausragende naturwissenschaftliche Paradigma beim Übergang in das 20. Jahrhundert eingestuft werden kann, wird durch den Hinweis auf das sprunghafte Auftreten unvorhergesehener Erbfolgen fragwürdig. Wiederum geht es der *Kolonne* um die unvorhersehbare Überschreitung wissenschaftlicher Muster durch die schöpferische Kraft der Natur, die dem Determinismus der Anpassungslehre einen Haken schlägt. Dem Schematismus der Wissenschaft wird das Permanent-Schöpferische des Lebens entgegengesetzt, das um 1930 nicht zuletzt durch Neuauflagen von Henri Bergsons *Schöpferische Entwicklung* (1912) einen Topos populärphilosophischer Literatur bildet. Mit dem Titel *Die unaufhörliche Schöpfung* lehnt sich Raschke dabei wie erwähnt an Gottfried Benns Oratoriumstext für Paul Hindemith aus dem Jahr 1931 an. Bereits in der einleitenden Sequenz Benns finden sich hier zentrale begriffliche Gegenüberstellungen von ‚Schöpfung', ‚Unaufhörlichkeit', ‚Leben', ‚Erschütterung', ‚Verwandlung' einerseits und ‚Ordnung', ‚Gesetz', ‚Dauer', ‚Formeln', ‚Zählen' andererseits:

> Wir wissen von der Schöpfung nichts, als daß sie sich verwandelt –, und das Unaufhörliche soll ein Ausdruck für diesen weiten Hintergrund des Lebens sein, sein elementares Prinzip der Umgestaltung und der rastlosen Erschütterung seiner Formen. [...] – die Männer lehnen sich auf: ist denn Wissenschaft, der logische Gedanke nicht etwas Großes, schafft denn der Mann, das Hirn der Höhe, nicht Ordnung, Gesetz, Dauer –; liegt denn nicht in der Kunst, sagen sie, eine tiefe, stetige Harmonie –; ist denn die Religion, sind denn die Götter nicht ewig dauernd und ewig gültig? Ja, antwortet die Stimme des Unaufhörlichen, der Gedanke ist gewiß Großes, aber:
>
> ‚im Kern der Dinge,
> im Herz der weiten
> gelaßnen Reihn
> zerreißt der Worte
> herrliche Formeln,
> Zählen der Sterne,
> der Blumen Namen:
> V e r w a n d l u n g.'[471]

Es wurde darauf hingewiesen, dass Raschke ein Zitat aus dieser Passage in seinem gleichnamigen Aufsatz zu *Das Unaufhörliche* anführt, der bezeichnenderweise vor den Meldungen zu Heisenberg und Millikan in Heft Nr. 6 abgedruckt wird. Der Begriff der Verwandlung, den Benn gesondert hervorhebt und der Raschkes Formulierung einer „unaufhörlichen Schöpfung" zu Grunde liegt, spielt eine zentrale Rolle bei der Kritik an den Deutungsschlüssen der Wissenschaft. Bereits in seiner Rezension von Eugen Georgs *Verschollene Kulturen* (1931) erweist Raschke der Bennschen Verwandlungsmetaphorik eine Reminiszenz, indem er die Universalität des Lebens und die

---

[471] Benn: Einleitung zu *Das Unaufhörliche*, in: Ders. (1990): Szenen und Schriften in der Fassung der Erstdrucke, 179-183, hier 179 und 181. Hervorhebung i. O.

Feindschaft gegenüber der Evolutionstheorie hervorhebt, die Raschke unter dem Titel *Gottfried Benn* als „Kampf gegen eine lineare Entwicklungsidee" bezeichnet hatte.[472] Unter seinem zweiten Pseudonym Otto Merz heißt es im Jahr darauf:

> Arten verschwinden, neue tauchen auf [...]. Eugen Georg kombiniert Hörbiger und Dacqué, theosophische Geschichte; er stellt Ansichten zur Auswahl. Eine Unmenge alten und neuen Stoffes ist hier in Zusammenhänge gebracht, die uns angehen, wie alle Versuche, das darwinistische Werdegesetz zu durchbrechen.[473]

Das Durchbrechen des darwinistischen Werdegesetzes, von dem Raschke hier verstärkend spricht, korrespondiert mit der Auffassung, die Natur als einen durch kontinuierliche Bildung und Umbildung gedachten Bereich zu verstehen. Als Konsequenz aus der Erkenntnis einer „unaufhörlichen Schöpfung" in einer „unberechenbaren, launenhaften Natur" steht zum einen die Kritik an der Entwicklungslehre, in der sich Raschke auf Benn beruft. Zum anderen wird die Bedeutung der morphologischen Methode erkennbar, die dem Wandlungs- und Umbildungsprozess der Formen Rechnung trägt, indem sie ihn *schauend* begleitet und von der Gestalt auf die inneren Zusammenhänge schließt. An die Stelle der unumstößlichen wissenschaftlichen Erklärungen tritt das sinnliche Wahrnehmen der Veränderungen. Raschkes Benn-Besprechung liest sich deshalb wie ein Glossar sowohl zur Darwinismuskritik Benns als auch zu wesentlichen Positionen Raschkes selbst. Die kategorische Verneinung der „Entwicklungsidee" und des „darwinistischen Resultats" verbindet Raschke dabei mit einem Hinweis auf den von Benn zitierten Semi Meyer, der Benns Denken offensichtlich beeinflusste und sowohl in der Frühprosa *Die Insel* (1916) als auch in *Das moderne Ich* (1920) hervorgehoben wird. Vor allem aus der entwicklungsgeschichtlichen Abhandlung Meyers unter dem Titel *Probleme der Entwicklung des Geistes* (1913) hat Benn nach eigener Aussage Impulse einer alternativen Entwicklungslehre erhalten.[474] Aus der Sicht Meyers kann der Darwinismus die Entstehung des Neuen in der Natur nicht erklären, wie es sich im Beispiel der Kaninchenkreuzung offenbart. Den Schematismus kausaler Verkettungen vergleicht er mit einer simplen Addition zweier „Teilstücke":

> A+A gibt 2A. Weiter reicht die Mathematik nicht. Daß A+A eine Neues, ein B ergeben kann, das kann die Mathematik nicht ausdrücken, und doch beherrscht die

---

[472] MR: Gottfried Benn, 35. Hillebrand (1986), 194f., vermutet im übrigen, dass auch Benn Georgs Buch durch die Lektüre Dacqués kennengelernt hat.

[473] Otto Merz [d. i. MR]: Eine Geschichte der Erde, 23. Raschkes Anspielung auf Hanns Hörbiger (1860-1931) gilt einem zeitbekannten Kühlmaschinen-Ingenieur und Schöpfer der so genannten Welteislehre, nach der das Planetensystem einen Ring aus gefrorenem Wasser darstellt, der für die Klimatisierung der Erde verantwortlich ist.

[474] Siehe Benn (1997), 37f., Ders. (1998), 398. Vgl. zum Einfluss Meyers Kirchdörfer-Boßmann (2003), 170ff., Miller (1990), 63ff., und unlängst Regine Anacker (2004): Aspekte einer Anthropologie der Kunst in Gottfried Benns Werk, Würzburg, 14.

> ganze Welt der Grundsatz, daß ein wirkendes mit einem zweiten verbunden etwas anderes ergibt als nur die Summe beider Teilstücke.[475]

Das schöpferische Element ist mehr als die Summe der Einzelteile, so wie der Lebensbegriff mehr als das Wechselspiel biochemischer Verbindungen ist. Entscheidend ist für Meyer dabei, dass die Wandlungsprozesse durch sprunghafte Veränderungen vor sich gehen, die durch immanente Kräfte, nicht durch externe Faktoren hervorgerufen werden, und sich daher nicht in das Korsett einer mechanistischen Befragung der Natur zwängen lassen. Die Entwicklung ist für ihn „*immer fertig und doch nie zu Ende*", wobei er wie Raschke den Begriff der „*Schöpfung*" verwendet und abwertend von einer „*Ausbildung gegebener Anlagen*" spricht.[476] Das Prinzip einer inneren Triebkraft in der Natur soll deren schöpferische Seite offenbaren, die als Ausdruck beständiger Metamorphosen der Formen zu begreifen ist. Die Veränderungen in der Natur werden von ihrer Ziel- und Zweckgerichtetheit befreit, die sie nach dem Grundsatz der Artenanpassung an die äußeren Gegebenheiten besitzen. In einer unveröffentlichten Vorarbeit zu *Himmelfahrt zur Erde* (1930) drückt Raschke diesen Gedanken in der Formulierung eines Ermüdens der Arten aus:

> Ich lese, dass Arten ohne äusserlich ersichtlichen Grund sterben, ermüden gleichsam in sich. Jede Art ist eine Protuberanz, deren Kraft allmählich erlahmt. Die gesamte Welt des Lebens erweist sich als Fontäne.[477]

Benn hatte in *Urgesicht* eine ähnliche Vorstellung geäußert, indem er von einem „Aussterben von Typen" und vom „Kommen und Sterben" der Gattungen sprach,

> Ohne Bezug auf elementare Ereignisse, ohne ersichtlichen Zusammenhang. [...] Eine erlöschende Formspannung, ein Altern, eine Abnahme an Zahl und Lebensraum auf der einen, ein Quellen und Dasein auf der anderen Seite schien sich auszusprechen [...].[478]

Neben dem Begriff der Protuberanz, der vor allem in den astronomischen Bänden Henselings häufig verwendet wird, scheint Grundlage beider Äußerungen eines Erlöschens der Arten ohne die Einflusswirkung äußerer Faktoren Edgar Dacqués Vorstellung zu sein, eine abnehmende innere „Spannung" sei für das Aussterben verantwortlich. Es entspreche einem gängigen wissenschaftlichen Urteil, schreibt Dacqué 1928 in seinem Band *Leben als Symbol* unter dem Abschnitt *Das Sterben und Kommen der Typen*, dass spezifische Arten vor dem Eintritt einer äußeren Katastrophe in einem abgegrenzten Lebensraum existierten und durch Zerstörung desselben zum Erlöschen gekommen seien.[479] Diese von der bekannten Katastrophentheorie Cuviers abweichende Zuschreibung meint, dass die Gattungen bereits aus anderen Gründen in ihrem Bestand so reduziert waren, dass sie in einem begrenzten Territo-

---

[475] Semi Meyer (1913): Probleme der Entwicklung des Geistes. Die Geistesformen, Leipzig, 16.
[476] Ebd., 6. Hervorhebungen i. O.
[477] SLB. Mscr. Dresd. App. 2531, 1885, Blatt 18.
[478] Benn: Urgesicht [1929], in: Ders. (1998), 111-120, 114.
[479] Siehe auch Kirchdörfer-Boßmann (2003), 269ff.

rium externen Unglücksfällen erliegen konnten.[480] Alle Erklärungsversuche, so Dacqué, beseitigten also nicht die Tatsache, dass auch ohnedies das Aussterben von Typen und das gleichzeitige Erscheinen von neuen ein erdgeschichtliches Faktum sei, welches den Eindruck einer „einheitlichen inneren Ursache" mache. Das Problem werde durch die Annahme äußerer Katastrophen somit nicht gelöst, sondern mit Scheinerklärungen erledigt.[481] Im Folgenden spricht Dacqué dabei explizit aus, was Raschke in seinem Nachlassfragment mit dem Aussterben „ohne äusserlich ersichtlichen Grund" im Sinn hat und Benn zu der Formulierung „ohne ersichtlichen Grund [...] Eine erlöschende Formspannung, ein Altern" veranlasst:

> Ein wesentliches Moment beim Aussterben von Gruppen finden wir in einer oftmals höchst einseitigen, übertriebenen Spezialisierung der Form, die so weit geht, daß beim Auftreten neuer veränderter Lebensbedingungen die Gattungen, die Typen nicht mehr durch Umwandlung und Neuanpassung diesen Erfordernissen zu entsprechen vermögen. [...] Dieses Aussterben von Formen und Formenreihen – und auch jenes ohne ersichtliche äußere Gründe – macht nun ganz den Eindruck eines Vorganges von innen her. Es ist, als ob die erlöschende Formspannung, in lebendiger Analogie zum Gesetz des Alterns der Individuen, selbst das Aussterben mit sich bringe, so daß die sehr rasch und sehr mannigfaltig und extrem ihre Formen fertig entwickelnden Typen eben schneller und unvermittelter erlöschen mußten, als die mit einer gewissen inneren Geschlossenheit und Unwandelbarkeit dastehenden Typen.[482]

Wo man wissenschaftlich demnach auch in das Wesen des Aussterbens der Formen und Typen eindringe, heißt es ergänzend, werde man immer auf „innere, tiefer verankerte biologische Gründe" gestoßen, „nicht auf äußere Mechanismen hingewiesen". Das Aussterben von „Formen und Formenreihen", das eine morphologische Betrachtung zu Grunde legt, stellt einen immanenten, einen „ohne ersichtliche äussere Kräfte" verursachten Prozess dar, dem mit den Mitteln der Deszendenztheorie nicht beizukommen ist. Die Artenanpassung wird lediglich als eine Erscheinung, nicht als das Zentrum des Problems begriffen, wie auch Raschke in seinem Aufsatz *„Man trägt wieder Erde"* feststellt:

> Auch bei Naturkatastrophen sterben zunächst die differenziertesten Tiere, während den weniger gegliederten Kräften noch Möglichkeiten der Umstellung bleiben. Das bedeutet aber nicht, daß die ganze Zeit nicht die gleichen Artmerkmale trug. Die einen gingen nur deshalb nicht zugrunde, weil sie diese Merkmale schwächer ausprägten.[483]

---

[480] Georges Cuvier (1769-1832), einer der Begründer der wissenschaftlichen Paläontologie, vertrat die Auffassung, dass das Leben in periodischen Abständen durch äußere Katastrophen wie Naturereignisse zerstört und wieder erschaffen werde.
[481] Dacqué (1928), 138.
[482] Ebd., 139f.
[483] MR: „Man trägt wieder Erde", 47.

Das Textdokument Dacqués verdeutlicht den Zusammenhang von Wissen und Sprache, der zur Aufnahme entsprechender Vorstellungen auch in die Essayistik Benns führt bzw. sich in den Notizen Martin Raschkes nachweisen lässt. Die Kosmologie der Autoren, das zeigt die Exegese der Texte, ist durch Begriffsverwendungen anderer Primärquellen bestimmt. Der Prozess der Wissensbildung geht dabei über den Charakter einer inspirierenden Wirkung hinaus und führt zur Übernahme einzelner Textbausteine. Mag dieses Vorgehen im Falle Benns auch Teil einer Wirklichkeitserzeugung durch Stoffmontage sein, wie sie in der Forschung kritisch beleuchtet wurde: Es belegt die Attraktivität einer bestimmten Terminologie.[484]

Nicht anders als die *Kolonne*-Meldung über die Kaninchenkreuzung, ist auch Dacqués Text eine programmatische Kampfansage an den Darwinismus. Das Erkennen sprunghafter Prozesse als Einspruch gegenüber einem Regelwerk der Natur ist weiterhin das Medium für eine andere Botschaft, mit der eine Reihe hier behandelter Autoren die Naturwissenschaften matt zu setzen versuchen, indem sie den Wert ihrer Erkenntnismethode in Frage stellen. Es handelt sich dabei um den Gedanken, dass die elementaren Prozesse in der Natur einer *inneren*, tiefer verankerten biologischen Gesetzmäßigkeit unterlägen, welche durch das eigenschaftsorientierte Denken der Naturwissenschaften nicht zu entschlüsseln sei. Jeder Zweifel über die Frage der erkenntnistheoretischen Kompetenz lässt sich somit abwehren, indem bestritten wird, dass etwa die physikalischen Fragestellungen überhaupt den Kern eines Erkennens der Welt zu treffen fähig sind. Denn *Erkenntnis*, so ließe sich zusammenfassen, ist in diesem Vorstellungshorizont nicht die Aneignung von beziehungslosem, objektivierbarem Detailwissen. Sie ist keine Buchgelehrsamkeit, sondern beruht auf subjektiver Erfahrung, die erst durch das Erfassen der Welt im Ganzen einen Sinnbezug erhält und die Hinfälligkeit der Vernunft- und Systemgebundenheit der modernen Wissenschaften offenbar machen soll. Dass auch hier zitierte Autoren dabei nicht umhin kommen, sich den Anschein einer wissenschaftlichen Exaktheit und Vorurteilsfreiheit anzueignen, ist eine andere Seite des Verhältnisses von Naturwissenschaft und Literatur, welche die artistische Öffnung gegenüber der als einflussreich erkannten wissenschaftlichen Geste offenbart.

---

[484] Holger Hof (1997): Montagekunst und Sprachmagie. Zur Zitiertechnik in der essayistischen Prosa Gottfried Benns, Aachen. Eine kritische Gegenbetrachtung unternimmt die Arbeit Anackers (2004), 12ff., die Benns Biologismen nicht als Form der Metapherngewinnung *aus* der Wissenschaft, sondern als Ausdruck der anthropologisch-wissenschaftlichen Komponente in Benns Werk interpretiert.

Schlussbetrachtung

Hans Reichenbach hat in seinem 1930 veröffentlichten Aufsatz *Die exakten Naturwissenschaften* konstatiert, dass sich die wissenschaftliche Epoche der Gegenwart nicht mehr in der Abgeschiedenheit der einzelnen Institute vollziehe. Die Öffentlichkeit, heißt es im Rahmen der Artikelserie *Der heutige Stand der Wissenschaften* in der *Literarischen Welt*, nehme regen Anteil an der Forschung und habe jenen „Schauplatz" von geradezu revolutionärem Entwicklungstempo bemerkt, den die Physik darstelle. Nicht zu jeder Zeit, fügt der prominente Logiker und Einstein-Verteidiger hinzu, sei die Schilderung der exakten Wissenschaften dabei eine so große Herausforderung gewesen wie in der Gegenwart.[485] Nicht nur der Widerspruch zwischen einem Wissenschaftsvertrauen und einer Wissenschaftsfeindschaft, der in dieser Arbeit anhand eines historischen Fallbeispiels untersucht wurde, kann deshalb als eines der konstitutiven Merkmale einer geschichtlichen Entwicklung und mithin als „Grundfigur des modernen Denkens" angesehen werden, sondern auch das Öffentlichmachen des Wissens.[486] Es gehört zu den Merkmalen der Wissenschaftsrezeption im ersten Drittel des 20. Jahrhunderts, dass öffentlich zelebrierte Anteilnahme, Begeisterung und Unverständnis angesichts der Herausforderungen der Physik eng beieinander liegen. Der Grad der Zustimmung des Einzelnen steht keineswegs in einem proportionalen Verhältnis zur Breite der fach- und populärwissenschaftlichen Beiträge, deren Anliegen es ist, zur Aufklärung und Akzeptanzvergrößerung beizutragen. Die Vehemenz, mit der namhafte Intellektuelle ihren Unmut über die Nichtgreifbarkeit physikalischer Axiome zum Ausdruck bringen, lässt sich offenkundig nicht aus den verfügbaren Informationsangeboten erklären, sondern unterliegt der Wirkung individueller Wahrnehmungen und psychologischer und weltanschaulicher Prämissen. Allein deshalb erscheint es fragwürdig, die Wissensgrundlagen eines Autors zum Kardinalargument seiner Rezeptionsbereitschaft erklären zu wollen, wobei in der Mehrzahl der Fälle zudem offen bleibt, welche Kriterien der Rezeption eigentlich zu Grunde liegen, ob es sich also um epistemologische oder lediglich terminologische Äquivalenzen zwischen einzelnen Texten und dem Fachwissen handelt.

Sich mit den modernen Naturwissenschaften auseinander zu setzen oder diese anzuzitieren, ist auch im Kontext der ausgehenden 1920er Jahre nicht zwingend eine Frage der Urteilsfähigkeit. Die öffentliche Auseinandersetzung mit ihnen zu suchen, kann ebenso Ausdruck der Berücksichtigung einflussreicher Themenbereiche und Redeweisen sein, deren Aufnahme oder Ächtung nicht selten im Zeichen der Selbstpositionierung eines Autors steht. Sowohl hinsichtlich der Reaktion auf einzelne Resultate als auch in Bezug auf die Aneignung und Verwendung des Wissens, macht

---

[485] Reichenbach (1930): Die exakten Naturwissenschaften, in: Die literarische Welt 6 (1930), 3.
[486] Oexle (1990), 146, 151.

der Umgang mit der Physik die kulturelle Physiognomie der Zeit dabei ein Stück weit erkennbar, indem er jenen performativen „Schauplatz" der Wissenschaften offenbart, von dem Reichenbach nicht zufällig spricht.

Die Basis der Wissenschaftskritik bilden häufig Stigmata, mit denen Naturwissenschaft und Technik bereits zur Jahrhundertwende belegt sind. Entsprechende Urteile potenzieren sich durch die Diversifizierung der Forschung, die Komplexität ihrer Grundlagen, die Unanschaulichkeit ihrer Darstellung, aber auch durch die Automatisierung der Alltagswelt, die Erfahrung einer zerstörerischen Kriegs- und Verkehrstechnik, die Infragestellung des Kulturbegriffs sowie die Verhöhnung eines transzendenten Denkens durch die Übermacht der wissenschaftlichen Rationalität. Der Vorwurf einer Lebensentfremdung der Wissenschaften verstärkt sich aus diesem Grund vor allem durch Attribute, die primär in einem symbolischen Verhältnis zur Technik stehen. Anders als nach dem Zweiten Weltkrieg und dem Erlebnis eines atomaren Infernos verbinden sich mit der theoretischen Physik im Untersuchungszeitraum bis 1932 weniger Vorstellungen der technischen Anwendbarkeit als Kategorien des Unvorstellbaren wie ‚Raumkrümmung', ‚Zeitdehnung' oder die ‚Doppelnatur' des Lichts. Zu Recht kann Reichenbach deshalb behaupten, dass die Öffentlichkeit beim Gedanken an Relativitäts- und Quantentheorie das Bild von Kräften üppiger Spekulation vor Augen habe, welche die physikalischen Entwicklungen bewirkten. Dabei ahne man nicht, wie eng die Existenz dieser Kräfte mit der Verfeinerung der experimentellen Methoden und dem Prozess der Technisierung zusammenhänge, der in den Wissenschaften nicht anders Fuß gefasst habe als im Bereich der sozialen Organisation.[487]

Für die Beurteilung der Wissenschaftsbehandlung einzelner Autoren ist dies mehr als eine Randbemerkung. Das Unbehagen an einer allgegenwärtigen Technik oder das Eingeständnis einer Hilflosigkeit angesichts der Abstrakta der Physik sind grundverschiedene Phänomene, aus denen sich durch die Verknüpfung von Wissenschaft und Technik jedoch ein gemeinsamer Nenner bilden lässt. Das Gefühl des Ausgeliefertseins an selbst nicht mehr beeinflussbare Erscheinungen der Lebenswelt, der Verlust einer abstrusen Ganzheitlichkeit oder die Abscheu vor Nutzwertdenken und frömmelnder Technikverehrung, die Brecht in seinem Gedicht *700 Intellektuelle beten einen Öltank an* verspottet hat, stellen solche Nenner dar, welche die Vielschichtigkeit der Angriffspunkte dokumentieren. Sie verdeutlichen zugleich die Assoziativität und Schemenhaftigkeit der Kritik, die „Elektrifizierung", „Ratio" und „Statistik" gemeinsam aufs Korn nimmt.[488] Eine Reihe von Textbeispielen zeigt, dass die häufig abqualifizierte Äußerung von Habermas, wissenschaftliche Erkenntnisse entfalteten ihre Wirkung auf Grund technischer Anwendungsfolgen und blieben auf der Ebene der Theorien bedeutungslos, deshalb einen nicht unplausiblen Kern hat, wenngleich

[487] Reichenbach (1930), 3.

[488] Brecht: 700 Intellektuelle beten einen Öltank an [1927, erschienen 1930 im *Lesebuch für Städtebewohner*], in: Ders. (1998), Bd. 11: Gedichte I. Sammlungen 1918-1938, 174-176, 176.

ihre Gewichtung streitbar ist.[489] Keineswegs lässt sich die Aufnahme wissenschaftlicher Resultate durch die Literatur auf ihre technischen Anwendungsfolgen verkürzen, wie die Hinweise auf Biologie oder Physik in dieser Studie unterstreichen. Die These einer Schlüsselstellung der Technik bei der Sensibilisierung für die Naturwissenschaften wird dadurch allerdings nicht widerlegt, sondern gewinnt im Gegenteil an Plausibilität. Der Umstand, dass Döblin Technik und Mathematisierung der Physik in einem Atemzug gegenüber „Geistigkeit" und „Seelenatmosphäre" anführt, belegt, dass entsprechende Zuschreibungen häufig nicht theoriebezogen getroffen werden und der Evaluation im Einzelfall folgen. Die Technik wird vielmehr als greifbares Sinnbild der modernen Wissenschaft schlechthin behandelt. Selbst die theoretische Physik kann daher der gefühlsmäßigen Verknüpfung mit „Gelbkreuzgasen, Unterwasserbooten und sonstigem technischen Fortschritt" oder einem Denken in Begriffen wie Beweis, Bestätigung und Verwertung unterliegen.[490] Darin wird nicht nur die Unnachgiebigkeit im Umgang mit den Wissenschaften deutlich, sondern auch die Grobschnittigkeit der Kritik. Diese Kritik trägt nicht selten Züge einer Überbietungsrhetorik, die sich nicht nur am Beispiel des auch auf Raschke einflussreichen Gottfried Benn gegen ein blindes Wissenschaftsvertrauen wendet, indem sie es in ihr extremes Gegenteil verkehrt: in Wissenschaftspolemik.

Nicht immer ist die Auseinandersetzung dabei von einer Idiosynkrasie geprägt, wie sie Döblins Angriff auf die *abscheuliche Relativitätslehre* in einem konkreten Beispieltext des Autors zu Grunde liegt. Naturwissenschaftliches Wissen, dies wurde anhand der Arbeiten Raschkes dargelegt, kann ebenso affirmativ verwendet werden, um Vorbehalte und Ressentiments gegenüber einem wissenschaftlich gestützten Paradigma von Fortschritt oder Innovation Ausdruck zu verleihen, ohne eine Pauschalverurteilung vorzunehmen oder den Weg beckmesserischer Kritik zu wählen. Hierbei sind es die Naturwissenschaften selbst, die am Beispiel der Physik oder der nichtdarwinistischen Biologie zu einem *Deus ex Machina* werden, indem sie sich als unverhofftes Werkzeug der Wissenschaftskritik erweisen, dessen Anwendung einer gewissen Paradoxie nicht entbehrt. Die Einbeziehung der Naturwissenschaften in das Programm der *Kolonne* wird in ihrer Motivation deshalb nur verständlich, wenn man etwa die Unbestimmtheitsrelation nicht allein als eine Infragestellung klassischer physikalischer Annahmen interpretiert, sondern darüber hinaus als einen durch die Physik *selbst* erbrachten Beleg der eigenen erkenntnistheoretischen Sisyphusarbeit. Der Rekurs auf die Wissenschaften dient dann nicht der Akkumulation von Wissen oder Erkenntnis oder der Enthüllung einer Naturkausalität. Vielmehr wird er als Möglichkeit der Bekämpfung eines naiven Fortschrittsglaubens und einer wissenschaftlichen Hypertrophie mit Hilfe paradigmatischer Ergebnisse der Forschung aufgefasst. Raschkes Kritik richtet sich deshalb anders als in den zitierten Beispielen

---

[489] So wird Habermas' These mittlerweile selbst in populären Buchveröffentlichungen zu Fragen des naturwissenschaftlichen Bildungskanons als abschreckendes Beispiel eines engen Verständnishorizontes herangezogen, wie Ernst Peter Fischers Vademekum *Die andere Bildung. Was man von den Naturwissenschaften wissen sollte* beweist. Siehe die 2. Aufl. der Taschenbuchausgabe, München 2004, 28f.

[490] Döblin (1923a), 1134.

Döblins oder Benns weniger gegen den Erkenntnisanspruch und die Methodik der Wissenschaften, die er nur schemenhaft durchdringt, als gegen einen mechanistischen Wissenschaftsbegriff im Sinne des ausgehenden 19. Jahrhunderts. Damit ist der bereits zur Jahrhundertwende als historisch zu betrachtende Glaube gemeint, dass sich die Lebensfragen auf Grundlage einer wissenschaftlichen Einsicht in die Gesetzmäßigkeiten der Natur und der Geschichte erklären lassen – eine Denkhaltung, die aus den Einzelergebnissen den Gesamtzusammenhang mit Gesetzeskraft herzuleiten versuchen, wie sie sich durch den Siegeszug von Technik und Mechanik, Elektro- oder Thermodynamik in unterschiedlichen Teilen der Gesellschaft festgesetzt hatte; im modernen Industriebürgertum nicht anders als bei den Anhängern einer historisch-materialistischen Weltauffassung. Raschke nimmt diesen historischen Gegensatz angesichts neusachlicher oder weltanschaulich argumentierender Literaturbewegungen um 1930 auf, indem er ihn renoviert, den eigenständigen Wert des Lebens und der Gefühls- und Geisteswelt betont und sich gegen die Verabsolutierung einer entsprechenden Denkart wendet. Sein Anliegen ist dabei streng genommen kein wissenschaftsfeindliches und in gewisser Weise respektabler als seine Mittel. Denn *Naturwissenschaft*, das heißt am Beispiel der *Kolonne* vor allem die Anführung populärer Namen und Aussagenkomprimierungen, die sich eindrucksvoll im wissenschaftspublizistischen Kontext der 1920er Jahre verankern lassen. Die Medialisierung beginnt jedoch auch hier vor dem Verständnis der Sachzusammenhänge, die verkürzt und nicht selten schlagwortartig wiedergegeben werden.

Raschkes eigenen Aussagen angesichts der Verwendung von Fotomaterial zu folgen, wenn er im Zusammenhang mit Schaubüchern von den wesentlichsten Mitteln spricht, wissenschaftliche Resultate „zu popularisieren und den breitesten Schichten ein Bild von der Vielfalt und Schönheit des gewesenen wie des seienden Lebens zu geben“[491], führt deshalb zu einem Zerrbild. Dem *Kolonne*-Herausgeber geht es bei der wissenschaftsbezogenen Ergänzung seiner Zeitschrift nicht um eine Popularisierung im Sinne des Zugangs naturwissenschaftlich nicht vorgebildeter Leserschichten zu entsprechenden Forschungsergebnissen. Sein Interesse ist strategischer Natur und auf die Instrumentalisierung spezifischer Resultate mit dem Ziel abgestellt, dem Leser die Begrenztheit wissenschaftlicher Erkenntnismöglichkeiten vorzuführen, solange man den Erkenntnisbegriff im Sinne einer mechanistischen Wirklichkeitsauffassung fasst. Und eben hierin wird ein Anachronismus der Argumentation deutlich. Denn Raschkes Instrumentalisierung etwa der Unbestimmtheitsrelation basiert auf der Annahme, mit Hilfe moderner physikalischer Resultate einen vermeintlich statischen Wissensbegriff und Erkenntnisanspruch im Sinne der wissenschaftlichen Selbstbezüglichkeit des 19. Jahrhunderts widerlegen zu müssen. Dass das Zeitalter Raschkes diese Gratwanderung hin zu einer massiven Infragestellung

[491] MR: Neue Schaubücher des Orell-Füßli-Verlages, 5.

der wissenschaftlichen Erklärungsmöglichkeiten längst vollzogen hat, blendet der Leser von *Wissenschaft als Beruf* aus.[492]

Hinter Raschkes Vorgehensweise, neben Heisenberg die bis heute erfolglose Erforschung der Quellen ultraenergiereicher Himmelsstrahlung durch den US-Physiker Robert Millikan bzw. die Entdeckung eines sauerstoffübertragenden Atmungsenzyms bei Pflanzen durch Otto Warburg in Anspruch zu nehmen, wird überdies ein Argumentationsmuster deutlich, das mit einer gegenläufigen Intention zeitgleich auch von bedeutenden Naturwissenschaftlern wie Bernhard Bavink angewendet wird. Dieser versucht, die Resultate der modernen Physik als stärkstes Argument für die Wandlungsfähigkeit und damit die fachinterne Kritik an einem vor allem nach 1933 attackierten mechanistischen Weltbild zu profilieren, welches die Einflussbegrenzung der als wertneutral und zersetzend beanstandeten physikalischen Wissenschaft gegenüber einer organischen Biologie vorsieht.

Raschke will sich des argumentativen und sprachlichen Potenzials der Wissenschaften bedienen und gleichzeitig den Nachweis ihrer Kenntnisnahme erbringen. Sowohl in seinem Rekurs auf die Naturwissenschaften als auch in seinen Bedenken gegenüber einer befriedigenden wissenschaftlichen Ausleuchtung der Welt werden dabei Parallelen zu anderen Autoren deutlich. Sein publizistisches Werk demonstriert, wie das öffentliche Gespräch über die Wissenschaften auch fachlich nicht versierte Schriftsteller animiert, Stellung zu beziehen oder sich einer bestimmten Sprache zu bemächtigen. Die Adaption entsprechender Inhalte und Formulierungen korrespondiert mit dem Prozess der Popularisierung dergestalt, dass einerseits die Skepsis gegenüber dem wissenschaftlichen Spezialistentum zum Ausdruck gebracht wird, andererseits Sachlichkeitsnormen penibel beachtet werden, die den eigenen Aussagen Beweiskraft verleihen sollen. In diesem Kontext ist der Exaktheitsgestus beim Beschriften von Spiralnebelaufnahmen und Pflanzenbildern in der *Kolonne* zu sehen. In einem solchen Zusammenhang steht jedoch auch die Sachlichkeitszuwendung der Naturdichtung um 1930, die mittels der exakten Kenntnis der botanischen Lebensformen eine Dingnähe herstellt, um der Entemotionalisierung des modernen Naturbilds Rechnung zu tragen und zugleich bemüht ist, das notwendige Maß an wissenschaftlicher Glaubwürdigkeit sicherzustellen.

Die technisch-wissenschaftliche Moderne seit dem 19. Jahrhundert und der Anspruch, die weltanschaulichen Erkenntnisgrundlagen nachhaltig zu verändern, hinterlässt ungeachtet dessen auch beim *Kolonne*-Herausgeber den Eindruck einer Entfremdung. Bei der Beurteilung von Raschkes Vorgehen kann deshalb nicht ignoriert werden, dass dem Unbehagen immer auch das Gefühl der Ohnmacht zu Grunde liegt, das nach Jahrzehnten wissenschaftlicher Popularisierung und medialer Hinwendung heute mit geschichtlichem Rost überzogen zu sein mag, obgleich sich die Szenarien des Befremdens gegenüber den Naturwissenschaften in der Gegenwart fortsetzen. Die wissenschaftliche Autorität, die Raschke anerkennt, führt bei ihm

---

[492] Siehe dazu den Tagebucheintrag vom 13.12.1927: „Ich las heute [...] Webers Wissenschaft als Beruf. Vieles schien mir, wie eine Begegnung mit mir selbst." SLB. Mscr. Dresd. App. 2531, 75.

anders als bei Döblin oder Benn zum Versuch einer positiven Indienstnahme der Wissenschaften, die in Teilen Ausdruck eines grundsätzlichen Harmonisierungsverlangens ist und die Wissenschaften nicht in Opposition zum Glauben an ein göttliches Prinzip in der Welt setzt. Wenn Raschke die Größendimensionen des Universums erkennt, die ihm die Astronomie offenbart, er zugleich scheinbar arglos von „Acker und Meer" und „ländlichen Verhältnissen" spricht, so steht dahinter auch der Wunsch, sich der Welt angesichts der Unvorstellbarkeit ihrer erkenntnistheoretischen Dynamik zu vergewissern und dem irritierten Subjekt im wörtlichen Sinne einen festen Grund zu geben. Der moderne Mensch sei berauscht von Zahlen, heißt es in *Der kosmische Snob*, und zugleich verzweifelt, unentwegt vorwärts stoßend in immer neue Gefilde des Denkens und des Raumes und nicht achtend, dass langsam das Fundament zusammenbreche, von dem aus dieser Vorstoß gewagt wurde: „Es ist, als fröre die Menschheit."[493]

Am Ende des Aufsatzes, der zu den bemerkenswertesten Zeugnissen seines publizistischen Schaffens zählt, spricht Raschke nicht zufällig vom fragwürdig gewordenen Sinn des Einzellebens und dem Gefühl einer erdrückenden Isolierung des Individuums. Beides soll auf den Verlust eines Weltganzen und die Krisenhaftigkeit der Zeit hindeuten. Und vielleicht ist es dieses um 1930 längst stehende Bild der Kälte und transzendenten Obdachlosigkeit, das den historischen Ort von Raschkes Schriften anzeigt, indem es sie als einen Außenposten des Denkens im Einen und der Sinnfügung des Menschen in der Natur erscheinen lässt.

[493] Vorspruch: Die Kolonne 1 (1929); MR: Der kosmische Snob (1930), 59.

Literaturverzeichnis

A: Gedruckte Quellen. Martin Raschke

A.1 Aufsätze und Rezensionen in der *Literarischen Welt* (1929-1932)

MR: Richard Billinger: Gedichte, 5 (1929), Nr. 22, 5-6.
MR: Artur Kuhnert: Kriegsfront der Frauen, 5 (1929), Nr. 29, 5-6.
MR: Deutscher Almanach für das Jahr 1930. Herausgegeben von Erich Ebermayer, 5 (1929), Nr. 37, 6.
MR: Artur Kuhnert: Paganini, 5 (1929), Nr. 41, 6.
MR: Der kosmische Snob. Zu Robert Henseling: „Der neu entdeckte Himmel", 7 (1931), Nr. 5, 5-6.
MR: Gottfried Benn: Fazit der Perspektiven, 7 (1931), Nr. 8, 5-6.
MR: Anna Seghers: Auf dem Wege zur Amerikanischen Botschaft, 7 (1931), Nr. 14/15, 7-8.
MR: Polina Suslowa, Dostojewskis „Ewige Freundin". Herausgegeben von René Fülop-Miller und Friedrich Eckstein, 7 (1931), Nr. 18, 6.
MR: Paul Gurk: Judas, 7 (1931), Nr. 26, 6.
MR: „Man trägt wieder Erde", 7 (1931), Nr. 25, 5.
MR: Fridas Rubiner: Der große Strom, 7 (1931), Nr. 26, 6.
MR: Zu einem Prozeß, 7 (1931), Nr. 27/28, 11.
MR: Kurt Heuser: Die Reise ins Innere, 7 (1931), Nr. 29, 5.
MR: Hat das lyrische Gedicht noch Lebenswert?, 7 (1931), Nr. 29, 7.
MR: Sarah Levy: Henri und Sarah, 7 (1931), Nr. 32/33, 12.
MR: Gunnar Gunnarsson: Der unerfahrene Reisende, 7 (1931), Nr. 35/36, 11.
MR: Nationale Kritiker, 7 (1931), Nr. 35/36, 11.
MR: Michel Georges-Michel: Die von Montparnasse, 7 (1931), Nr. 35/36, 12.
MR: Aldous Huxley: Zwei oder drei Grazien, 7 (1931), Nr. 37, 5.
MR: Neue Schaubücher des Orell-Füßli-Verlages, 7 (1931), Nr. 42, 5.
MR: Otto Schubert: Architektur und Weltanschauung, 7 (1931), Nr. 42, 6.
MR: Noch eine Aufgabe zum Goethe-Jahr, 7 (1931), Nr. 43, 1-2.
MR: Ein Epos des sozialistischen Aufbaus?, 7 (1931), Nr. 44, 5.
MR: Alfred Wolfenstein: Hier schreibt Paris, 7 (1931), Nr. 45, 6.
MR: Heinrich Hauser: Feldwege nach Chicago, 7 (1931), Nr. 45, 6.
MR: Justus Ehrhardt: Straßen ohne Ende, 7 (1931), Nr. 45, 6.
MR: Paul Oestreich: Edison sucht einen Nachfolger, 7 (1931), Nr. 45, 6.
MR: Neue Schaubücher, 7 (1931), Nr. 46, 8.
MR: Die Schweiz aus der Vogelschau. 100 Flugaufnahmen von Walter Mittelholzer, 7 (1931), Nr. 47, 6.
MR: Albrecht Schaeffer: Das Opfertier, 7 (1931), Nr. 50, 5.
MR: Paul Gauguin: Briefe, 7 (1931), Nr. 50, 8.
MR: Jean Giono: Ernte, 7 (1931), Nr. 51/52, 9f.
MR: Albert Schweitzer: Aus meinem Leben und Denken, 8 (1932), Nr. 2, 5.
MR: Friedrich Schnack: Der Lichtbogen, 7 (1932), Nr. 7, 5-6.
MR: Orbis terrarum: Südamerika, Westindien, Zentralamerika, 8 (1932), Nr. 7, 6.
MR: Zur jungen Literatur, 8 (1932), Nr. 8/9, 7.
MR: Eugen Georg: Verschollene Kulturen, 8 (1932), Nr. 8/9, 9.

A.2 Aufsätze, Rezensionen, literarische Beiträge in der *Kolonne* (1929-1932)

MR: Frauen, 1 (1929), 5-6.
MR: [Rundfrage-Antwort], 1 (1930), Nr. 2, 9.
MR: Zwei Schriftsteller sprechen [MR und W. E. Süskind], 1 (1930), Nr. 4/5, 28.

MR: Gottfried Benn, 1 (1930), Nr. 6, 35-36.
MR: Ueber die Sprache, 1 (1930), Nr. 6, 45.
Otto Merz [d. i. MR]: Eine kleine Chronik, einige Zitate und eine Antwort an Thomas Mann, 1 (1930) Nr. 7/8, 47-48.
MR: Ein Mensch ist allein, 1 (1930), Nr. 7/8, 53-55.
MR: Ernst Glaeser rührt den Verstand, 1 (1930), Nr. 9 (Umschlagseite).
MR: Der kosmische Snob, 1 (1930), Nr. 9, 59-60.
MR: Vom Ende der Erde, 1 (1930), Nr. 9, 62.
MR: Reisen des Auges, 2 (1931), Nr. 2, 13-14.
Otto Merz [d. i. MR]: Eine Geschichte der Erde, 2 (1931), Nr. 2, 22-23.
MR: Jahr über der Stadt, 2 (1931), Nr. 3, 30.
Peter Anders [d. i. MR]: Die Pflanze als Lebewesen, 2 (1931), Nr. 4, 42.
Otto Merz [d. i. MR]: Ernst Glaeser rührt abermals den Verstand, 2 (1931), Nr. 4, 46.
MR: „Man trägt wieder Erde", 2 (1931), Nr. 4, 47-48.
Peter Anders [d. i. MR]: Ein Bienenroman, 2 (1931), Nr. 5, 60.
Otto Merz [d. i. MR]: Die verratene Dichtung, 2 (1931), Nr. 6 (Umschlagseite).
MR: Das Unaufhörliche, 2 (1931), Nr. 6, 61-63.
MR: Stimmen zu Johannes R. Becher, 2 (1931), Nr. 6, 71.
MR: Zu den Gedichten Peter Huchels, 3 (1932), Nr. 1, 4.
MR: Zu den Gedichten Elisabeth Langgässers, 3 (1932), Nr. 2, 20.
Peter Anders [d. i. MR]: ohne Titel [zu den Untersuchungen Otto Warburgs], 3 (1932), Nr. 2, 22.
Otto Merz [d. i. MR]: Über Romanschlüsse, 3 (1932), Nr. 2, 28.
MR: Gottfried Benn: Fazit der Perspektiven, 3 (1932), Nr. 2, 31.
MR: Ernest Hemingway, In unserer Zeit, 3 (1932), Nr. 3, 46-47 (Kritisches Beiblatt).
Otto Merz [d. i. MR]: Ernst Glaeser: Das Gut im Elsaß, 3 (1932), Nr. 4, 65 und 2. Umschlagseite (Kritisches Beiblatt).

A.3 Redaktionelle Beiträge in der *Kolonne* ohne Verfasserangabe

Vorspruch: Die Kolonne. Zeitung der jungen Gruppe Dresden, 1 (1929), Nr. 1, 1.
Anonym: Über die Aufgabe der „Kolonne", 3 (1932), Nr. 2, 32.

A.4 Rezensionen und literarische Beiträge in der *Vossischen Zeitung* (1931)

MR: Erich Ebermayer: Die große Kluft [Rezension], Nr. 13 (29.3.1931), o. S. (Literarische Umschau).
MR: Gusti Jirku: Zwischen den Zeiten [Rezension], Nr. 19 (10.5.1931), o. S. (Literarische Umschau).
MR: Nächte [Erzählung], Nr. 37 (13.2.1931), o. S. (Unterhaltungsblatt).

A.5 Einzelveröffentlichungen und Herausgaben

MR (1926a): Wir werden sein. Ein Zielbekenntnis, Berlin.
MR (1926b): Winde – Wolken – Palmen. Lieder eines Jungen, Berlin.
MR (1930a): Himmelfahrt zur Erde. Erzählungen, Dresden.
MR (1930b): Fieber der Zeit. Roman einer Jugend nach dem Kriege, Dresden.
MR (1932): [Vorwort zu:] Neue lyrische Anthologie, hg. von Martin Raschke, Dresden.
MR (1935): Der Erbe, Frankfurt am Main.
MR (1936): Der Wolkenheld oder die Erziehung der Vögel, Leipzig.
MR (1937): Wiederkehr. Tagebuch einer Kindheit, Leipzig.
MR (1938a): Zehn Gedichte, Hamburg.
MR (1938b): Die Prüfung, Hamburg.
MR (1939): Die ungleichen Schwestern, Leipzig.
MR (1940a): Die Floeten. Von der Ahnenschaft des Liedes, Leipzig.
MR (1940b): Der Pomeranenzweig, Leipzig.
MR (1941): Tagebuch der Gedanken, Leipzig.
MR (1942a): Zwiegespräche im Osten, Leipzig.

MR (1942b): Simona oder die Sinne, Leipzig.
MR (1943): Der Arzt, Gütersloh.
Hinweis auf Martin Raschke. Eine Auswahl der Schriften, hg. und mit einem Nachwort versehen von Dieter Hoffmann, Darmstadt 1963.
Jahr über der Stadt. Essays und Reflexionen. Mit einem Nachwort hg. von Norbert Weiß, Dresden 1993.

B: Gedruckte Quellen. Andere Autoren

Ernst von Aster (1932): Naturphilosophie, Berlin.
Adolf Baden (1932): Jahr des Knaben, Dresden.
Walter Bauer (1929): Kameraden, zu euch spreche ich, Dresden.
Ders. (1930): Die Stimme aus dem Leunawerk, Berlin.
Ders. (1932), aus: Das Silobuch, in: Die Kolonne 3 (1932), Nr. 2, 28.
Ders. (1933): Die Welt der Bäume, Berlin.
Ders. (1975): Lebenslauf. Gedichte 1929 bis 1974, München.
Ders. (1980): Stimme aus dem Leuna-Werk, Leipzig.
Bernhard Bavink (1913, 8. Aufl. 1944): Ergebnisse und Probleme der Naturwissenschaften. Eine Einführung in die heutige Naturphilosophie, Leipzig.
Ders. (1920): Philosophische Forderungen der Einsteinschen Relativitätstheorie, in: Unsere Welt 12 (1920), 131-138.
Ders. (1922): Grundriss der neueren Atomistik. Mit einem Anhang: Elementare Ableitung einiger wichtiger mathematischer Formulierungen, Leipzig.
Ders. (1924): Vom Relativen zum Absoluten, in: Unsere Welt 16 (1924), 57-169, 185-194.
Ders: (1925a): Die neue Wendung in der Relativitätstheorie?, in: Hannoverscher Kurier, 28.5.1925. o. S.
Ders. (1925b): Einsteins Relativitätstheorie erschüttert?, in: Hannoverscher Kurier, 4.8.1925. o. S.
Ders. (1928a): Die Hauptfragen der heutigen Naturphilosophie, Frankfurt.
Ders. (1928b): Die Rolle der Naturwissenschaft und der Technik in der Kultur der Gegenwart, in: Unsere Welt 20 (1928), 33-39, 65-70, 97-104.
Ders. (1933a): Die Naturwissenschaften im Dritten Reich, in: Unsere Welt 25 (1933), 225-236.
Ders. (1933b): Weltanschauungswandel in den Naturwissenschaften der Gegenwart, in: Bremer Beiträge zur Naturwissenschaft 1 (1933), H. 3, 126-158.
Ders. (1933c): Die Aufgabe der Naturwissenschaften, in: Volk im Werden 1 (1933), H. 3, 67-70.
Johannes R. Becher (1931): Der grosse Plan. Epos des sozialistischen Aufbaus, Berlin.
Friedrich Becker (1925): Astronomische Unterhaltungen. Eine Fahrt durch die Sonnenwelt, Berlin/Bonn.
Ders. (1926): Aus den Tiefen des Raumes. Der astronomischen Unterhaltungen zweiter Teil, Berlin/Bonn.
Emil Belzner (1931): Die Gesinnung der Toren, in: Die Kolonne 2 (1931), Nr. 6, 71-72.
Walter Benjamin (1974a): Gesammelte Schriften, hg. von Rolf Tiedemann und Hermann Schweppenhäuser, Frankfurt am Main.
Ders. (1974b): Das Kunstwerk im Zeitalter seiner technischen Reproduzierbarkeit. Drei Studien zur Kunstsoziologie, Frankfurt am Main.
Gottfried Benn: Gesammelte Werke in der Fassung der Erstdrucke. Vier Bde. Textkritisch durchgesehen und hg. von Bruno Hillebrand, Frankfurt am Main. Zitierte Einzelbände:
- Szenen und Schriften in der Fassung der Erstdrucke (1990);
- Essays und Reden in der Fassung der Erstdrucke (1997);
- Prosa und Autobiographie in der Fassung der Erstdrucke (1998a).
Ders. (1998b): Sämtliche Gedichte, Stuttgart.
Max Bense (1938): Quantenmechanik und Daseinsrelativität, Köln-Kalk.
Karl Bloßfeldt (1928): Urformen der Kunst. Photographische Pflanzenbilder von Professor Karl Bloßfeldt. Hg. und mit einer Einleitung von Karl Nierendorf, Berlin.
Ders. (1932): Wundergarten der Natur. Neue Bilddokumente schöner Pflanzen, Berlin.

Niels Bohr (1931): Atomtheorie und Naturbeschreibung. Vier Aufsätze mit einer einleitenden Übersicht, Berlin.

Ders. (1966): Atomphysik und menschliche Erkenntnis II. Aufsätze und Vorträge aus den Jahren 1958-1962, Braunschweig.

Max Born (1920, 2. Aufl. 1921): Die Relativitätstheorie Einsteins und ihre physikalischen Grundlagen. Gemeinverständlich dargestellt, Berlin.

Ders. (1965): Von der Verantwortung des Naturwissenschaftlers. Gesammelte Vorträge, München.

Jagadis Chunder Bose (1928): Die Pflanzen-Schrift und ihre Offenbarungen, Zürich und Leipzig.

Bertolt Brecht (1988): Werke. Große kommentierte Berliner und Frankfurter Ausgabe, hg. von Werner Hecht, Jan Knopf, Werner Mittenzwei, Klaus Detlef Müller, Berlin/Weimar.

Hermann Broch (1995): Die unbekannte Größe, Frankfurt am Main (Kommentierte Werkausgabe, hg. von Paul Michael Lützeler, Bd. 2).

Louis de Broglie (1930): Naturnotwendigkeit und Ursächlichkeit in der Physik, in: Unsere Welt 22 (1930), H. 3, 65-70.

Ders. (1949): Licht und Materie. Ergebnisse der Neuen Physik, 7. Aufl. Hamburg/Baden-Baden.

Rudolf Brunngraber (1936): Radium. Roman eines Elementes, Berlin.

Alfred Brust (1927): Das Weltall im Erdball. Eine neue kosmische Hypothese, in: Die literarische Welt 3 (1927), Nr. 4, 3.

Edgar Dacqué (1927): Natur und Seele. Ein Beitrag zur magischen Weltlehre, 2. Aufl. München/Berlin.

Ders. (1928): Urwelt, Sage und Menschheit. Eine naturhistorisch-metaphorische Studie, 5. Aufl. München/Berlin.

Ders. (1929): Leben als Symbol, 2. Aufl. München und Berlin.

Ders. (1930): Entwicklung und Fortschritt in der Natur, in: Deutsche Rundschau, Bd. CCXXV (Oktober – November – Dezember 1930), 30-37.

Ders. (1932a): Mensch und Natur, in: Die literarische Welt 8 (1932), Nr. 41/42, 3-6.

Ders (1932b): Vom Sinn des Naturerkennens, T. 1, in: Corona 3 (1932), H. 2, 173-191.

Ders. (1933): Natur und Erlösung (Schriften der Corona IV), München/Berlin, 7-25.

Ders. (o. J.): Der Mensch im unendlichen All (Münchner Lesebogen Nr. 17, hg. von Walter Schmidkunz).

Berhard Diebold (1932): An die jungen Lyriker, in: Die Kolonne 3 (1932), Nr. 1, o. S. [erste und dritte Umschlagseite].

Hermann Diels (1911): Wissenschaft und Prophezeiung, in: Internationale Monatsschrift für Wissenschaft, Kunst und Technik 6 (1911), Nr. 1, 1-10.

Wilhelm Dilthey (1923): Gesammelte Schriften, Leipzig/Berlin.

Alfred Döblin (1920): Bekenntnis zum Naturalismus, in: Das Tage-Buch 1 (1920), Nr. 50, 1599-1601.

Ders. (1923a): Blick auf die Naturwissenschaft, in: Die neue Rundschau (1923), Bd. 2, 1132-1138.

Ders. (1923b): Die abscheuliche Relativitätslehre, in: Berliner Tageblatt Nr. 543 (24.11.1923), Abendausgabe, 5.

Ders. (1923c): Naturerkenntnis, nicht Naturwissenschaft, in: Berliner Tageblatt Nr. 575 (13.12.1923), Abendausgabe, 2.

Ders. (1997): Berlin Alexanderplatz, Taschenbuchausgabe München.

Hans Driesch (1928): Der Mensch und die Welt, Leipzig.

Ders. (1931): Vom Anfang und Ende der Philosophie in: Die literarische Welt 7 (1931), Nr. 20, 1ff.

Pierre Duhem (1908): Ziel und Struktur der physikalischen Theorien. Autorisierte Übersetzung von Friedrich Adler, mit einem Vorwort von Ernst Mach, Leipzig.

Emil Du Bois-Reymond (1882): Goethe und kein Ende. Rede bei Antritt des Rectorats der Koenigl. Friedrich-Wilhelms-Universitaet zu Berlin am 15. October 1882 (Orationes habitae in Universitate Berolinensi. Teil 1. 1881-1884).

Ders. (1974): Vorträge über Philosophie und Gesellschaft. Eingeleitet und mit erklärenden Anmerkungen hg. von Siegfried Wolgast, Lizenzausgabe Hamburg.

Durchleuchtete Körper (Röntgenbilder). 81 Bilder eingeleitet und erläutert von Karl Döhmann (Schaubücher des Orell-Füßli Verlages 39), Zürich/Leipzig 1931.

Arthur Stanley Eddington (1928): The Nature of the Physical World. Gifford Lectures 1927, Cambridge.

Ders. (1930): Die Naturwissenschaft und die Welt des Unsichtbaren. Ins Deutsche übertragen und mit Anmerkungen versehen von Wilhelm Dening, Berlin-Lübars.

Ders. (1931): Das Weltbild der Physik und ein Versuch seiner philosophischen Deutung (The Nature of the Physical World). Aus dem Englischen übersetzt von Marie Freifrau Rausch von Trautenberg und H. Diesselhorst, Braunschweig.
Ders. (1932): The expanding Universe. Reprinted from the Proceedings of the Physical Society Vol. 44, Part I, No. 241, I January, Cambridge.
Ders. (1933): Dehnt sich das Weltall aus? (The Expanding Universe). Aus dem Englischen übersetzt von Helene Weyl, Stuttgart.
Günter Eich (1930a): [Rundfrage-Antwort], in: Die Kolonne (1930), Nr. 2, 7.
Ders. (1930b): Prosafragment, in: Die Kolonne 1 (1930), Nr. 4/5, 29.
Ders. (1930c): Anmerkungen zu den Gedichten von Villon, in: Die Kolonne 1 (1930), Nr. 9, 65.
Ders. (1931a): Die Vermischung der Formen, in: Die Kolonne 2 (1931), Nr. 2, 23 [unter dem Pseudonym Georg Winter].
Ders (1931b): Stimmen zu Johannes R. Becher, in: Die Kolonne 2 (1931), Nr. 6, 70.
Ders. (1932): Bemerkungen über Lyrik. Eine Antwort an Bernhard Diebold, in: Die Kolonne 3 (1932), Nr. 1, 3-4.
Ders. (1991): Gesammelte Werke in vier Bänden. Revidierte Ausgabe, hg. von Axel Vieregg und Karl Karst, Frankfurt am Main.
Hans Magnus Enzensberger (1971): Gedichte 1955-1970, Frankfurt am Main.
Emil Ermatinger (1932): Goethe und die Natur. Rede zur Goethe-Feier der Universität Zürich am 22. Februar 1932, Horgen-Zürich/Leipzig.
Willi R. Fehse/Klaus Mann, Hg. (1927): Anthologie jüngster Lyrik, Geleitwort von Stefan Zweig, Hamburg.
Georg N. Felke (1928): Einstein für Jedermann. Die Relativitäts-Theorie in ihren Grundgedanken für den Laien. Mit einem Vorwort von Ernst Fuld, Berlin.
Herbert Fritsche (1989): Pan vor den Toren, Göttingen.
Ernst Fuhrmann (1930): Die Pflanze als Lebewesen. Eine Biographie in 200 Aufnahmen, Frankfurt am Main.
Ernst Fuld (1923): Der Abscheu vor der Relativitätslehre, in: Berliner Tageblatt Nr. 556, (2.12.1923), Morgenausgabe (o. S.).
Eugen Georg (1930): Verschollene Kulturen. Das Menschheitserlebnis. Ablauf und Deutungsversuch, Leipzig.
Johann Wolfgang von Goethe (1926): Farbenlehre, hg. von Gunther Ipsen, Leipzig.
Ders. (1928): Schriften über die Natur, geordnet und ausgewählt von Gunther Ipsen, Leipzig.
Ders. (1964): Die Schriften zur Naturwissenschaft. Vollständig mit Erläuterungen versehene Ausgabe hg. im Auftrag der Deutschen Akademie der Naturforscher Leopoldina von Rupprecht Matthaei, Wilhelm Troll und K. Lothar Wolf, Weimar.
Ders. (1998): Werke. Hamburger Ausgabe in 14 Bänden, München.
Kasimir Graff (1931): Gegenwartsaufgaben der Himmelskunde, in: Kosmos, H. 12 (1931), 422-425.
Friedrich Gundolf (1922): Goethe, elfte unveränderte Aufl. Berlin.
Willy Haas (1960): Die literarische Welt. Erinnerungen, Hamburg.
Jürgen Habermas (1968): Technik und Wissenschaft als „Ideologie", Frankfurt am Main.
Georg Wilhelm Friedrich Hegel (1970): Werke. Auf der Grundlage der *Werke* von 1832-1845 neu edierte Ausgabe. Redaktion Eva Moldenhauer und Karl Markus Michel, Frankfurt am Main.
Werner Heisenberg (1927): Über den anschaulichen Inhalt der quantentheoretischen Kinematik und Mechanik, in: Zeitschrift für Physik 43 (1927), Nr. 3-4, 172-198.
Ders. (1930): Die physikalischen Prinzipien der Quantentheorie, Stuttgart.
Ders. (1934): Die Entwicklung der Quantenmechanik (1932), in: Die moderne Atomtheorie. Die bei der Entgegennahme des Nobelpreises gehaltenen Vorträge von W. Heisenberg, E. Schrödinger, P.A.M. Dirac, Leipzig, 1-18.
Ders. (1942a): Die Einheit des naturwissenschaftlichen Weltbildes, Leipzig.
Ders. (1942b): Wandlungen in den Grundlagen der Naturwissenschaft. Sechs Vorträge, Leipzig.
Ders. (1947): Die Physik der Atomkerne, Braunschweig.
Ders., Hg. (1953): Kosmische Strahlung, 2. Aufl. Berlin/Göttingen/Heidelberg.
Ders. (1955): Das Naturbild der heutigen Physik, 8. Aufl. Hamburg.

Ders. (1959): Physik und Philosophie, Stuttgart.
Ders. (1959): Wandlungen in den Grundlagen der Naturwissenschaft. Zehn Vorträge, 9. Aufl. Stuttgart.
Ders. (1983): Quantentheorie und Philosophie. Vorlesungen und Aufsätze, hg. von Jürgen Busche, Stuttgart.
Ders. (1989): Ordnung der Wirklichkeit. Mit einer Einleitung von Helmut Rechenberg, München/Zürich.
Ders. (1998): Der Teil und das Ganze. Gespräche im Umkreis der Atomphysik, 2. Aufl. München.
Hermann von Helmholtz (1925): Natur und Naturwissenschaft, München.
Ders. (1971): Philosophische Vorträge und Aufsätze. Eingeleitet und mit erklärenden Anmerkungen hg. von Herbert Hörz und Siegfried Wolgast, Berlin.
Robert Henseling (1924): Werden und Wesen der Astrologie, Stuttgart.
Ders. (1930): Der neu entdeckte Himmel. Das astronomische Weltbild gemäss jüngster Forschung, Berlin.
Ders. (1931): Welteninseln, Stuttgart.
Ders. (1933): Kosmische Heimat, Königstein (Ts.)/Leipzig.
Grete Herrmann (1935): Die naturphilosophischen Grundlagen der Quantenmechanik, Berlin.
Hugo von Hofmannsthal (1991): Sämtliche Werke. Kritische Ausgabe, veranstaltet vom Freien Deutschen Hochstift, hg. von Rudolf Hirsch, Christoph Perels, Heinz Rölleke, Frankfurt am Main.
Heinz Horn (1930): Zur geistigen Situation der Jugend, in: Die Kolonne 1 (1930), 7/8, 57-58.
Edwin Hubble (1938): Das Reich der Nebel, Braunschweig.
Peter Huchel (1984): Gesammelte Werke in zwei Bänden. Band I: Die Gedichte. Band II: Vermischte Schriften, hg. von Axel Vieregg, Frankfurt am Main.
Friedrich Markus Huebner (1922): Die Belebung des Nichts, Berlin.
Ders. (1929): Zugang zur Welt. Magische Deutungen, Leipzig.
Ders. (1933): Die Zeichensprache der Seele, Kampen/Sylt.
Richard Huelsenbeck (1931): Über die Möglichkeit einer Hellseherei, in: Die literarische Welt 7 (1931), Nr. 32/33, 9-10.
Gunther Ipsen (1932): Was bedeutet uns Goethes Wissenschaft, in: Die literarische Welt 8 (1932), Nr. 14, 1-2.
Karl Jaspers (1960): Die geistige Situation der Zeit. Fünfter, unveränderter Abdruck der im Sommer 1932 bearbeiteten 5. Aufl., Berlin.
Pascual Jordan (1948): Das Bild der modernen Physik, Hamburg.
Franz Kafka (1990): Schriften, Tagebücher, Briefe. Kritische Ausgabe, hg. von Jürgen Born, Gerhard Neumann, Malcolm Pasley und Jost Schillemeit, Frankfurt am Main.
Rudolf Kassner (1919): Gesicht und Zahl. Nebst einer Einleitung: Der Umriss einer universalen Physiognomik, Leipzig.
Wulf Kirsten (1998): Textur. Reden und Aufsätze, Zürich.
Ludwig Klages (1960): Der Geist als Widersacher der Seele, 4. Aufl. München/Bonn.
Paul Kirchberger (1931): Sternnebel und Weltanschauung, in: Kosmos H. 6 (1931), 201-208.
Ders. (1932): Der neue Weltäther. Gibt es Stoff zwischen den Sternen?, in: Kosmos H. 2 (1932), 41-44.
Arthur Koestler (1930): Der Kampf um das Naturgesetz, in: Vossische Zeitung (Unterhaltungsblatt) Nr. 290 (12.12.1930), o. S.
Ders. (1931a): Flucht der Materie. Einstein-Kolloquium in der Pasadena-Sternwarte, in: Vossische Zeitung (Unterhaltungsblatt) Nr. 31 (6.2.1931), o. S.
Ders. (1931b): Das kosmologische Weltbild der Wissenschaft, in: Die literarische Welt 7 (1931), Nr. 20, 7-8.
Ders./Arnold Hahn (1931c): Popularisierte und gedichtete Wissenschaft, in: Die literarische Welt 7 (1931), Nr. 20, 10.
Ernst Krieck (1933a): Völkische Bildung, in: Volk im Werden, 1. Jg. (1933), H. 1, 2-12.
Ders. (1933b): Die neuen Aufgaben der Universität, in: Volk im Werden, 1. Jg. (1933), H. 4, 24-29.
Ders. (1933c): Zehn Grundsätze einer ganzheitlichen Wissenschaftslehre, in: Volk im Werden, 1. Jg. (1933), H. 6, 6-9.
Julius Langbehn (1930): Rembrandt als Erzieher. Auswahl von Alfred Heuer, Paderborn.
Horst Lange (1933): Landschaftliche Dichtung, in: Der weisse Rabe 2 (1933), H. 5/6, 21-26.
Ders. (1934): Vorwort: Der weisse Rabe 3 (1934), H. 1.

Elisabeth Langgässer (1967): Lyrik in der Krise, in: Gegenwart des Lyrischen. Essays zum Werk Wilhelm Lehmanns, hg. von Werner Siebert, Gütersloh.
Philipp Lenard (1921): Vorbemerkung zu: Über die Ablenkung eines Lichtstahls von seiner geradlinigen Bewegung durch die Attraktion eines Weltkörpers, an welchem er nahe vorbeigeht; von J. Soldner, 1801, in: Annalen der Physik 15 (1921), 593-604.
Ders. (1929, 6. Aufl. 1943) Große Naturforscher. Eine Geschichte der Naturforschung in Lebensbeschreibungen, München.
Oskar Loerke (1935): Das alte Wagnis des Gedichts, Berlin.
Ders. (1967): Literarische Aufsätze aus der „Neuen Rundschau" 1909-1941, hg. von Reinhard Tgahrt, Heidelberg/Darmstadt.
Ders. (1984): Die Gedichte, hg. von Peter Suhrkamp, neu durchgesehen von Reinhard Tgahrt, Frankfurt am Main.
Ders. (1996): Was sich nicht ändert. Gedanken und Bemerkungen zu Literatur und Leben, hg. von Reinhard Tgahrt, Marbach am Neckar.
Karl Marx/Friedrich Engels (1988): Gesamtausgabe (MEGA), hg. vom Institut für Marxismus-Leninismus beim Zentralkomitee der Kommunistischen Partei der Sowjetunion und vom Institut für Marxismus-Leninismus beim Zentralkomitee der Sozialistischen Einheitspartei Deutschlands. Redaktionskommission: Günter Heyden, Berlin.
Frank Matzke (1931): Jugend bekennt: So sind wir!, 2. Aufl. Leipzig.
Russell McCormmach (1990): Nachtgedanken eines klassischen Physikers, Frankfurt am Main.
Semi Meyer (1913): Probleme der Entwicklung des Geistes. Die Geistesformen, Leipzig.
Robert Musil (1927): Der Variationskreisel nach Musil, in: Die literarische Welt 3 (1927), Nr. 33, 3.
Ders. (1978): Gesammelte Werke in neun Bänden, hg. von Adolf Frisé, Reinbek bei Hamburg.
Isaac Newton (1872): Mathematische Principien der Naturlehre, mit Bemerkungen und Erläuterungen hg. von Jakob Philipp Wolfers, Berlin.
Friedrich Nietzsche (1988): Sämtliche Werke. Kritische Studienausgabe in 15 Einzelbänden. (KSA), hg. von Giorgio Colli und Mazzino Montinari, München und Berlin/New York.
Carl Oppenheimer (1931): Zellatmung, in: Vossische Zeitung (Unterhaltungsblatt) Nr. 4 (6.1.1931), o. S.
Wolfgang Pauli (1984): Physik und Erkenntnistheorie. Mit einleitenden Bemerkungen von Karl von Meyenn, Braunschweig/Wiesbaden.
Friedrich Paulsen (1906): Die geisteswissenschaftliche Hochschulausbildung, in: Wilhelm Lexis et al. (1906): Die allgemeinen Grundlagen der Gegenwart, Berlin/Leipzig, 284-311.
Max Planck (1933): Wege zur physikalischen Erkenntnis. Reden und Vorträge, Leipzig.
Platon (1994): Sämtliche Werke. Auf der Grundlage der Bearbeitung von Walter F. Otto, Ernesto Grassi und Gert Plamböck neu hg. von Ursula Wolf, Taschenbuchausgabe Reinbek bei Hamburg.
Hellmuth Plessner (1928): Die Stufen des Organischen und der Mensch. Einleitung in die philosophische Anthropologie, Berlin/Leipzig.
Ders. (1985): Gesammelte Schriften, hg. von Günter Dux, Odo Marquard und Elisabeth Ströker unter Mitwirkung von Richard W. Schmidt, Angelika Wetterer und Michael-Joachim Zemlin, Frankfurt am Main.
Hans Reichenbach (1921): Die Probleme der modernen Physik, in: Die neue Rundschau 1921, Bd. 2, 414-425.
Ders. (1927): Von Kopernikus zu Einstein, Berlin.
Ders. (1930): Die exakten Naturwissenschaften, in: Die literarische Welt 6 (1930), Nr. 38, 3-4.
Ders. (1931a): Das Weltbild der heutigen Physik, in: Die literarische Welt 7 (1931), Nr. 20, 5-6.
Ders. (1931b): Naturwissenschaft und Philosophie, in: Frankfurter Zeitung, Nr. 313-315 (29.4.1931), 12.
Ders. (1977): Gesammelte Werke in neun Bänden, hg. von Andreas Kamlah und Maria Reichenbach, Braunschweig.
Franz Roh (1925): Nach-Expressionismus. Magischer Realismus. Probleme der neuesten europäischen Malerei, Leipzig.
Erich Rothacker (1979): Das „Buch der Natur". Materialien und Grundsätzliches zur Metapherngeschichte aus dem Nachlaß hg. und bearbeitet von Wilhelm Perpeet, Bonn.
Max Rubner (1909): Kraft und Stoff im Haushalte der Natur, Leipzig.
Oda Schaefer (1970): Auch wenn du träumst, gehen die Uhren. Erinnerungen bis 1945, München.

Max Scheler (1928): Die Stellung des Menschen im Kosmos, Darmstadt.
Friedrich Schnack (1931): Kleine Chronik des Aurorafalters, in: Die Kolonne 2 (1931), Nr. 5, 58.
Ders. (1938): Sybille und die Feldblumen, Leipzig.
Erwin Schrödinger (1930): Naturwissenschaft und Ethik, in: Vossische Zeitung (Unterhaltungsblatt) Nr. 301 (25.12.1930), o. S.
Albert Schweitzer (1928): Aus meiner Kindheit und Jugendzeit, München.
Georg Simmel (2000): Gesamtausgabe, hg. von Otthein Rammstedt, Frankfurt am Main.
Charles Percy Snow (1959): The Two Cultures and the Scientific Revolution. The Rede Lecture 1959, Cambridge.
Ders. (1964): The Two Culture and a Second Look: An Expanded Version of the Two Cultures and the Scientific Revolution, Cambridge.
Oswald Spengler (1931): Der Mensch und die Technik. Beitrag zu einer Philosophie des Lebens, München.
Ders. (2000): Der Untergang des Abendlandes. Umrisse einer Morphologie der Weltgeschichte, 15. Aufl. der Taschenbuchausgabe München.
Ludwig Steinecke (1931a): Wissenschaft und Weltanschauung, in: Die literarische Welt 7 (1931), Nr. 20, 1-2.
Ders. (1931b): Wissenschaft und Okkultismus, in: Die literarische Welt 7 (1931), Nr. 32/33, 10.
Rudolf Steiner (1933): Makrokosmos und Mikrokosmos. Die große und die kleine Welt. Seelenfragen, Lebensfragen, Geistesfragen, Dornach (Schweiz).
Ders. (1962): Goethes naturwissenschaftliche Schriften, Stuttgart.
Peter Stuker (1927): Der Himmel im Bild. Ein astronomischer Bilderatlas, Stuttgart.
Ders. (1932): Ein Stern, der in jeder Sekunde 500 Millionen Tonnen Stoff verliert, in: Kosmos H. 2 (1932), 41-44.
Emil Utitz (1927): Die Überwindung des Expressionismus. Charakterologische Studien zur Kultur der Gegenwart, Stuttgart.
Herbert Volwahsen (1931): Über Tierfotografie, in: Die Kolonne 2 (1931), Nr. 5, 59-60.
Max Weber (1975): Wissenschaft als Beruf, 6. Aufl. Berlin.
Carl Friedrich von Weizsäcker (1971): Die Einheit der Natur, München.
Ders. (1998): Einige Begriffe aus Goethes Naturwissenschaft, in: Johann Wolfgang von Goethe (1998), Bd. 13: Naturwissenschaftliche Schriften I. Textkritisch durchgesehen und kommentiert von Dorothea Kuhn und Rike Wankmüller. Mit einem Essay von Carl Friedrich von Weizsäcker, 539-555.
Ders. (1985): Aufbau der Physik, München.
Ders. (1991): Goethes Farbentheologie – heute gesehen, Göttingen.
Hermann Weyl (1918): Raum – Zeit – Materie. Vorlesungen über die allgemeine Relativitätstheorie, Berlin.
Walt Whitman (1985): Grashalme. Nachdichtung von Hans Reisiger. Mit einem Essay von Gustav Landauer, Zürich.
Ulrich Woelk (1994): Literatur und Physik, Stuttgart.
Karl Lothar Wolf/Carl Petersen (1933): Die Stellung der Natur- und Geisteswissenschaften in der neuen Universität und die Aufgabe ihrer Fachschaften, Neumünster.

C: Darstellungen und Nachschlagewerke

Regine Anacker (2004): Aspekte einer Anthropologie der Kunst in Gottfried Benns Werk, Würzburg.
Thomas Anz/Michael Stark, Hg. (1994): Die Modernität des Expressionismus, Stuttgart/Weimar.
Ders. (2002): Indikatoren und Techniken der Transformation theoretischen Wissens in literarischen Texten – am Beispiel der Psychoanalyse-Rezeption in der literarischen Moderne, in: Christine Maillard/Michael Titzmann, Hg. (2002): Literatur und Wissen(schaften) 1890-1935, Stuttgart/Weimar, 331-348.
Jürgen Audretsch/Klaus Mainzer, Hg. (1996): Wieviele Leben hat Schrödingers Katze? Zur Physik und Philosophie der Quantenmechanik, Heidelberg/Berlin/Oxford.

Françoise Balibar (2002): Wenn die Worte fehlen, um von der Natur zu sprechen... Relativitätstheorie, Quantenmechanik und Paradigmenwechsel in Physik und Philosophie, in: Maillard/Titzmann, Hg. (2002), 39-49.

Andreas Bartels (1996): Grundprobleme der modernen Naturphilosophie, Paderborn.

Kurt Baumann/Roman U. Sexl (1984): Die Deutungen der Quantentheorie, Braunschweig/Wiesbaden.

Hans-Peter Bayerdörfer (2001): Weimarer Republik, in: Walter Hinderer, Hg. (2001): Geschichte der deutschen Lyrik vom Mittelalter bis zur Gegenwart, Stuttgart, 439-476.

Thomas Behnke (1999): Naturhermeneutik und physiognomisches Weltbild. Die Naturphilosophie von Ludwig Klages, Regensburg.

Georg Bayerle (1998): Wissen oder Kunst? Nietzsches Poetik des Sinns und die Erkenntnisformen der Moderne, Köln u. a.

Klaus-Dieter Bergner (1998): Natur und Technik in der Literatur des frühen Expressionismus, Frankfurt am Main.

Pierre Bourdieu (1998): Praktische Vernunft. Zur Theorie des Handelns, Frankfurt am Main.

Ders. (2001): Die Regeln der Kunst. Struktur und Genese des literarischen Feldes, Frankfurt am Main.

Werner Braunbek (1954): Auswirkungen der modernen Physik auf unser Weltbild, in: Kosmos 50 (1954), H. 1, 52-55.

Stefan Breuer (1993): Anatomie der Konservativen Revolution, Darmstadt.

Ders. (1995): Ästhetischer Fundamentalismus. Stefan George und der deutsche Antimodernismus, Darmstadt.

Donald Bruce/Anthony Purdy, Eds. (1994): Literature and Science, Amsterdam/Atlanta.

Thomas Bührke (2000): $E = mc^2$. Einführung in die Relativitätstheorie, 3. Aufl. München.

Ulrich Charpa (1996): Grundprobleme der Wissenschaftsphilosophie, Paderborn.

Jürgen Daiber (2001): Experimentalphysik des Geistes. Novalis und das romantische Experiment, Göttingen.

Andreas W. Daum (1998): Wissenschaftspopularisierung im 19. Jahrhundert. Bürgerliche Kultur, naturwissenschaftliche Bildung und die deutsche Öffentlichkeit 1848-1914, München.

Lutz Danneberg (1990): Interpretation: Kontextbildung und Kontextverwendung. Demonstriert an Brechts Keuner-Geschichte *Die Frage, ob es einen Gott gibt*, in: SPIEL (Siegener Periodikum zur Internationalen Empirischen Literaturwissenschaft) 9 (1990), H. 1, 89-130.

Ders./Andreas Kamlah/Lothar Schäfer, Hg. (1994): Hans Reichenbach und die Berliner Gruppe, Braunschweig/Wiesbaden.

Ders. (1996): Zu Brechts Rezeption des Logischen Positivismus, in: Deutsche Zeitschrift für Philosophie 44 (1996) 3, 363-387.

Lorraine Daston (2001): Eine kurze Geschichte der wissenschaftlichen Aufmerksamkeit, München.

Dies. (2003): Wunder, Beweise und Tatsachen. Zur Geschichte der Rationalität, 2. Aufl. Frankfurt am Main.

Horst Denkler (1967): Die Literaturtheorie der zwanziger Jahre. Zum Selbstverständnis des literarischen Nachexpressionismus in Deutschland, in: Monatshefte. A Journal devoted to the Study of German Language and Literature, 59 (1967), 289-319.

Ders. (1968): Sache und Stil. Die Theorie der ‚Neuen Sachlichkeit' und ihre Auswirkungen auf Kunst und Dichtung, in: Wirkendes Wort 18 (1968), 167-185.

Ders. (1995): Organische Konstruktion. Natur und Technik in der Literatur des ‚Dritten Reiches', in: Hartmut Eggert/Erhart Schütz/Peter Sprengel, Hg. (1995): Faszination des Organischen. Konjunkturen einer Kategorie der Moderne, München, 267-284.

Joseph Paul Dolan (1976): Die Rolle der „Kolonne" in der Entwicklung der modernen deutschen Naturdichtung, Pennsylvania, Diss.

Burckhard Dücker (2003): Erlösung und Massenwahn. Zur literarischen Mythologie des Sezessionismus im 20. Jahrhundert, Heidelberg.

Lothar Ehrlich/Jürgen John, Hg. (1998): Weimar 1930. Politik und Kultur im Vorfeld der NS-Diktatur, Köln/Weimar/Wien.

Elisabeth Emter (1995): Literatur und Quantentheorie. Die Rezeption der modernen Physik in Schriften zur Literatur und Philosophie deutschsprachiger Autoren (1925-1970), Berlin/New York.

Michael Esfeld (2002): Holismus in der Philosophie des Geistes und in der Philosophie der Physik, Frankfurt am Main.
Ernst Peter Fischer (2004): Die andere Bildung. Was man von den Naturwissenschaften wissen sollte, 2. Aufl. der Taschenbuchausgabe München.
Paul Forman (1971): Weimar Culture, Causality, and Quantum Theory, 1918-1927: Adaption by German Physicists and Mathematicians to a Hostile Intellectual Environment, in: Historical Studies in the Physical Sciences, Vol. 3 (1971), 1-115.
Peter Gay (1968): Die Republik der Außenseiter. Geist und Kultur in der Weimarer Zeit: 1918-1933. Mit einer Einleitung von Karl Dietrich Bracher, Frankfurt am Main.
Thomas F. Glick, Ed. (1987): The Comparative Reception of Relativity, Dordrecht/Boston/Lancaster/Tokyo.
Friedrich Gondolatsch/Gottfried Groschopf/Otto Zimmermann (1979): Astronomie II. Fixsterne und Sternsysteme (Klett Studienbücher Physik), Stuttgart.
Hubert Goenner (1992): The Reception of the Theory of Relativity in Germany as Reflected by Books Published Between 1908 and 1945, in: Jean Eisenstaedt und Anne J. Knox (Eds.): Studies in the History of General Relativity, Boston, 15-38.
Ders. (1994): The Reaction to Relativity Theory in Germany: "A Hundred Authors against Einstein", in: John D. North (Ed.): The Attraction of Gravitation, Basel/Boston/Berlin, 248-273.
Axel Goodbody (1984): Natursprache. Ein dichtungstheoretisches Konzept der Romantik und seine Wiederaufnahme in der modernen Naturlyrik (Novalis – Eichendorff – Lehmann – Eich), Neumünster.
Wilhelm Haefs (2002a): „Die götterlose Zeit will enden..." Martin Raschke als Erzähler im ‚Dritten Reich', in: Ders./Walter Schmitz, Hg. (2002): Martin Raschke (1905-1943). Leben und Werk. Mit einer Lebenschronik und einer Bibliographie von Wilhelm Haefs sowie einer Radiographie von Hans-Ulrich Wagner, Dresden [zit. als: Martin Raschke (1905-1943)], 79-106.
Ders. (2002b): Martin Raschke (1905-1943). Eine Lebens- und Werkchronik, in: Martin Raschke (1905-1943), 203-281.
Beatrice Halasi-Kun Maniak (1976): Der Begriff „Naturwissenschaft" in Benns frühen Werken, New York, Diss.
Anne Harrington (2002): Die Suche nach Ganzheit. Die Geschichte biologisch-physiologischer Ganzheitslehren: Vom Kaiserreich bis zur New-Age-Bewegung. Deutsch von Susanne Klockmann, Reinbek bei Hamburg.
Jürgen Haupt (1983): Natur und Lyrik. Naturbeziehungen im 20. Jahrhundert, Stuttgart.
Stephen Hawking (2003): Eine kurze Geschichte der Zeit. Die Suche nach der Urkraft des Universums, 22. Aufl. Reinbek bei Hamburg.
Paul Heller (1989): Franz Kafka. Wissenschaft und Wissenschaftskritik, Tübingen.
Klaus Hentschel (1990): Interpretationen und Fehlinterpretationen der speziellen und allgemeinen Relativitätstheorie durch Zeitgenossen Albert Einsteins, Basel/Boston/Berlin.
Ders. (1993): Bernhard Bavink (1879-1947): der Weg eines Naturphilosophen vom deutschnationalen Sympathisanten der NS-Bewegung bis zum unbequemen Non-Konformisten, in: Sudhoffs Archiv 77 (1993), H. 1, 1-32.
Ders. (1994): Zur Rolle Hans Reichenbachs in den Debatten um die Relativitätstheorie (mit der vollständigen Korrespondenz Reichenbach – Friedrich Adler im Anhang), in: Danneberg/Kamlah/Schäfer, Hg. (1994), 295-324.
Jost Hermand/Frank Trommler (1978): Die Kultur der Weimarer Republik, München.
Ursula Heukenkamp (1982): Die Sprache der schönen Natur. Studien zur Naturlyrik, Berlin/Weimar.
Dies. (1999): Zauberspruch und Sprachkritik. Naturgedicht und Moderne, in: Lyrik des 20. Jahrhunderts. Sonderband TEXT + KRITIK, Göttingen 1999, 175-200.
Bettina Hey'l (1994): Geschichtsdenken und literarische Moderne. Zum historischen Roman in der Zeit der Weimarer Republik, Tübingen.
Bruno Hillebrand (1986): Gottfried Benn, Frankfurt am Main.
Eric Hobsbawm (2003): Das Zeitalter der Extreme. Weltgeschichte des 20. Jahrhunderts, 6. Aufl. der Taschenbuchausgabe, München.

Holger Hof (1997): Montagekunst und Sprachmagie. Zur Zitiertechnik in der essayistischen Prosa Gottfried Benns, Aachen.

Dieter Hoffmann (1961): Wunder und Sachlichkeit. „Die Kolonne" (1929-1932) von M. Raschke und A. Kuhnert, in: Deutsche Zeitung mit Wirtschaftszeitung, Nr. 155 (8./9.7.1961), 21.

Felix Höpfner (1990): Wissenschaft wider die Zeit. Goethes Farbenlehre aus rezeptionsgeschichtlicher Sicht, Heidelberg.

Hans-Werner Ingensiep (2001): Geschichte der Pflanzenseele. Philosophische und biologische Entwürfe von der Antike bis zur Gegenwart, Stuttgart.

Ilse Jahn, Hg. (1998): Geschichte der Biologie. Methoden, Theorien, Institutionen, Kurzbiographien, unter Mitwirkung von Erika Krauße bearbeitet von 29 Fachwissenschaftlern, neubearbeitet und erweitert, 3. Auflage Jena u. a.

Dies./Michael Schmitt, Hg. (2001): Darwin & Co. Eine Geschichte der Biologie in Portraits, München.

Simon Jander (2004): Die Ästhetik des essayistischen Romans. Zum Verhältnis von Reflexion und Narration in Musils „Der Mann ohne Eigenschaften" und Brochs „Huguenau oder die Sachlichkeit", in: Zeitschrift für deutsche Philologie 2004, H. 4, 527-548.

Christa Jungnickel/Russel McCormmach (1986): Intellectual Mastery of Nature. Theoretical Physics from Ohm to Einstein. Vol. II: The Now Mighty Theoretical Physics, 1870-1925, Chicago/London.

Christian Kassung (2001): Entropiegeschichten. Robert Musils „Der Mann ohne Eigenschaften" im Diskurs der modernen Physik, München.

Thomas Keith (2001): Nietzsche-Rezeption bei Gottfried Benn, Köln.

Petra Kiedaisch/Volker Schober (2002): Krisenzeit der Moderne. Martin Raschke und die *Kolonne* um 1930, in: Martin Raschke (1905-1943), 37-58.

Ursula Kirchdörfer-Boßmann (2003): Eine Pranke in den Nacken der Erkenntnis. Zur Beziehung von Dichtung und Naturwissenschaft im Frühwerk Gottfried Benns, St. Ingbert.

Ralf Klausnitzer (1999): Blaue Blume unterm Hakenkreuz. Die Rezeption der deutschen literarischen Romantik im Dritten Reich, Paderborn/München/Wien/Zürich.

Ders. (2000): Fallstudien der interdisziplinären Wissenschaftsforschung. Am Beispiel der disziplinübergreifenden Rezeption des ‚Gestalt'-Konzepts in den 1930er/1940er Jahren, in: Jörg Schönert, Hg. (2000): Literaturwissenschaft und Wissenschaftsforschung, Stuttgart/Weimar, 209-256.

Jan Knopf, Hg. (2001): Brecht-Handbuch in fünf Bänden. Wissenschaftliche Redaktion: Brigitte Bergheim/Joachim Lucchesi, Stuttgart/Weimar.

Christian Kohlroß (2000): Theorie des modernen Naturgedichts. Oskar Loerke – Günter Eich – Rolf Dieter Brinkmann, Würzburg.

Carsten Könneker (2001): „Auflösung der Natur Auflösung der Geschichte". Moderner Roman und NS-‚Weltanschauung' im Zeichen der theoretischen Physik, Stuttgart/Weimar.

Ders. (2002): Zur Vulgarisierung der Relativitätstheorie im 2. und 3. Jahrzehnt des 20. Jahrhunderts, in: Maillard/Titzmann, Hg. (2002), 51-72.

Hermann Korte (1995): Lyrik am Ende der Weimarer Republik, in: Hansers Sozialgeschichte der deutschen Literatur vom 16. Jahrhundert bis zur Gegenwart, Bd. 8: Literatur der Weimarer Republik 1918-1933, hg. von Bernhard Weyergraf, München/Wien, 601-635.

Ders. (1999): Energie der Brüche. Ein diachroner Blick auf die Lyrik des 20. Jahrhunderts und ihre Zäsuren, in: Lyrik des 20. Jahrhunderts. Sonderband TEXT + KRITIK, 63-106.

Hans Krah (2002): ‚Der Weg zu den Planetenräumen'. Die Vorstellung der Raumfahrt in Theorie und Literatur der Frühen Moderne, in: Maillard/Titzmann, Hg. (2002), 111-164.

Hans Krebs (1979): Otto Warburg. Zellphysiologe – Biochemiker – Mediziner 1883-1970, Stuttgart.

Carsten Kretschmann, Hg. (2003): Wissenspopularisierung. Konzepte der Wissensverbreitung im Wandel, Berlin.

Helmut Kreuzer, Hg. (1969): Die zwei Kulturen. Literarische und naturwissenschaftliche Intelligenz. C. P. Snows These in der Diskussion, Stuttgart.

Hans Kügler (1970): Weg und Weglosigkeit. Neun Essays zur Geschichte der deutschen Literatur im zwanzigsten Jahrhundert, Heidenheim.

Walter Laqueur (1976): Weimar. Die Kultur der Republik, Frankfurt am Main/Berlin.

Gerhard Lauer (1994): Die verspätete Revolution. Erich von Kahler. Wissenschaftsgeschichte zwischen konservativer Revolution und Exil, Berlin/New York.

Helmut Lethen (1970): Neue Sachlichkeit 1924-1932. Studien zur Literatur des Weissen Sozialismus, Stuttgart.

Ders. (1994): Verhaltenslehren der Kälte. Lebensversuche zwischen den Kriegen, Frankfurt am Main.

Elton Lewis (1986): Einstein, General Relativity and the German Press, in: Isis 77 (1986), 95-103.

Wolfgang Lukas (2002): Individuelles ‚Schicksal' und überindividuelles ‚Leben'. Zur Funktion von ‚Wissen' in Alfred Döblins *Berlin Alexanderplatz* und Rudolf Brunngrabers *Karl und das 20. Jahrhundert*, in: Maillard/Titzmann, Hg. (2002), 247-277.

Thomas Macho/Annette Wunschel, Hg. (2004): Science & Fiction. Über Gedankenexperimente in Wissenschaft, Philosophie und Literatur, Frankfurt am Main.

Christine Maillard/Michael Titzmann (2002): Vorstellung des Forschungsprojekts: „Literatur und Wissen(schaften) in der Frühen Moderne", in: Dies., Hg. (2002), 7-37.

Stephen F. Mason (1991): Geschichte der Naturwissenschaft in der Entwicklung ihrer Denkweisen, Stuttgart.

Ernst Mayr (1984): Die Entwicklung der biologischen Gedankenwelt. Vielfalt, Evolution und Vererbung. Übersetzt von K. de Sousa Ferreira, Berlin/Heidelberg/New York/Tokyo.

Karl von Meyenn, Hg. (1994): Quantenmechanik und Weimarer Republik, Braunschweig/Wiesbaden.

Norbert Mecklenburg, Hg. (1977): Naturlyrik und Gesellschaft, Stuttgart.

Joachim Metzner (1979): Die Bedeutung physikalischer Sätze für die Literatur, in: Deutsche Vierteljahresschrift für Literaturwissenschaft und Geistesgeschichte 53 (1979), 1-34.

Werner Michler (1999): Darwinismus und Literatur. Naturwissenschaftliche und literarische Intelligenz in Österreich, 1859-1914, Wien/Köln/Weimar.

David, Ian, John & Margaret Millar (2002): The Cambridge Dictionary of Scientists. Second Edition, Cambridge.

Gerlinde F. Miller (1990): Die Bedeutung des Entwicklungsbegriffs für Menschenbild und Dichtungstheorie bei Gottfried Benn, New York, Bern u.a.

Andreas Möller (2003): Wilhelm Haefs/Walter Schmitz, Hg.: Martin Raschke (1905-1943). Leben und Werk. Mit einer Lebenschronik und einer Bibliographie von Wilhelm Haefs sowie einer Radiographie von Hans-Ulrich Wagner, Dresden [Rezension], in: Zeitschrift für Germanistik XIII – 2/2003, 444-445.

Ders. (2005): Christine Maillard/Michael Titzmann, Hg. (2002): Literatur und Wissen(schaften) 1890-1935, Stuttgart/Weimar [Rezension], in: Romanistisches Jahrbuch 55, 66-69.

Dorit Müller (2004): Gefährliche Fahrten. Das Automobil in Literatur und Film um 1900, Würzburg.

Walter Müller-Seidel (1988): Literarische Moderne und Weimarer Republik, in: Karl Dietrich Bracher/Manfred Funke/Hans-Adolf Jacobsen, Hg. (1988): Die Weimarer Republik 1918-1933. Politik – Wirtschaft – Gesellschaft, 2. Aufl. Bonn, 429-453.

David Nachmansohn (1988): Die große Ära der Wissenschaft in Deutschland 1900-1933. Jüdische und nichtjüdische Pioniere in der Atomphysik, Chemie und Biochemie, Stuttgart.

Brigham Narins, Ed. (2001): Notable Scientists. From 1900 to the Present, Farmington Hills.

Elke Nicolai (1998): „Wohin es uns treibt..." Die literarische Generationsgruppe Klaus Manns 1924-1933. Ihre Essayistik und Prosa, Frankurt am Main u. a.

Otto Gerhard Oexle (1990): ‚Wissenschaft' und ‚Leben'. Historische Reflexionen über Tragweite und Grenzen der modernen Wissenschaft, in: Geschichte in Wissenschaft und Unterricht 41 (1990), H. 3, 145-161.

Karola Otte (1950): Bernhard Bavink, in: Mathematisch-physikalische Semesterberichte 1 (1950), 13-30.

The Oxford companion to the history of modern science, editor in chief, J. L. Heilbron, editors, James Bartholomew et. al., Oxford 2003.

Maren Partenheimer (1990): Goethes Tragweite in der Naturwissenschaft. Hermann von Helmholtz, Ernst Haeckel, Werner Heisenberg, Carl Friedrich von Weizsäcker, Berlin.

Detlev J. K. Peukert (1987): Die Weimarer Republik. Krisenjahre der Klassischen Moderne, Frankfurt am Main.

Hans Poser/Ulrich Dirks, Hg. (1998): Hans Reichenbach. Philosophie im Umkreis der Physik, Berlin.

Ilya Prigogine/Isabelle Stengers (1980): Dialog mit der Natur. Neue Wege naturwissenschaftlichen Denkens, München/Zürich.

Lewis Pyenson (1987): The Relativity Revolution in Germany, in: Thomas F. Glick, Ed. (1987): The Comparative Reception of relativity, Dordrecht/Boston/Lancaster/Tokyo, 59-111.
Martin Raschke (1905-1943): Chronik und Dokumentation, zusammengestellt von Wilhelm Haefs, Dresden 1993 (Schriftenreihe der Fakultät für Sprach- und Literaturwissenschaft der Technischen Universität Dresden, Bd. 2).
Karl Richter (1972): Literatur und Naturwissenschaft. Eine Studie zur Lyrik der Aufklärung, München.
Wolfgang Riedel (1996): „Homo natura". Literarische Anthropologie um 1900, Berlin/New York.
Thomas Rohkrämer (1999): Eine andere Moderne? Zivilisationskritik, Natur und Technik in Deutschland 1880-1933, Paderborn/München/Wien/Zürich.
Erich A. Röhrle (2001): Komplementarität und Erkenntnis. Von der Physik zur Philosophie, Münster u.a.
Werner Rübe (1993): Provoziertes Leben. Gottfried Benn, Stuttgart.
Ulrich Sautter (1995): „Ich selber nehme kaum noch an einer Diskussion teil, die ich nicht sogleich in eine Diskussion über Logik verwandeln möchte." Der Logische Empirismus Bertolt Brechts, in: Deutsche Zeitschrift für Philosophie 43 (1995), 687-709.
Hans Dieter Schäfer (1969): Wilhelm Lehmann. Studien zu seinem Leben und Werk, Bonn.
Ders. (1974): Naturdichtung und Neue Sachlichkeit, in: Die deutsche Literatur der Weimarer Republik, hg. von Wolfgang Rothe, Stuttgart, 359-381.
Ders. (1984): Das gespaltene Bewußtsein. Deutsche Kultur und Lebenswirklichkeit 1933-1945, Frankfurt am Main.
Ders. (1986): Oskar Loerke: „Die Vogelstrassen", in: Oskar Loerke. Marbacher Kolloquium 1984, hg. von Reinhard Tgahrt, Mainz, 55-66.
Ders. (2002): Der Mythos der jungen Kolonne, in: Martin Raschke (1905-1943), 25-36.
Ders. (2003): Moderne im Dritten Reich: Kultur der Intimität bei Oskar Loerke, Friedo Lampe und Helmut Kräutner, Stuttgart.
Michael Scheffel (1990): Magischer Realismus. Die Geschichte eines Begriffes und ein Versuch seiner Bestimmung, Tübingen.
Ders. (2002): ‚Wunder und Sachlichkeit'. Der magische Realismus einer um 1930 jungen Generation, in: Martin Raschke (1905-1943), 59-77.
Gregor Schiemann (1996): Wer beeinflusste wen? Die Kausalitätskritik der Physik im Kontext der Weimarer Kultur, in: Wolfgang Bialas/Georg G. Iggers, Hg. (1996): Intellektuelle in der Weimarer Republik, Frankfurt am Main.
Silvia Schlenstedt, Hg. (1986): Wer schreibt, handelt. Strategien literarischer Arbeit vor und nach 1933, Berlin und Weimar.
Wolfgang Schreier, Hg. (1991): Geschichte der Physik. Ein Abriß, Berlin.
Jörg Schulz (2000): Aldous Huxley und die menschliche Vielfalt. Der Homo sapiens in der Literatur eines Naturwissenschaftsbegeisterten, Bielefeld.
Angela Schwarz (1999): Der Schlüssel zur modernen Welt. Wissenschaftspopularisierung in Großbritannien und Deutschland im Übergang zur Moderne (ca. 1870-1914), Stuttgart.
Dies. (2003): Bilden, überzeugen, unterhalten: Wissenschaftspopularisierung und Wissenskultur im 19. Jahrhundert, in: Kretschmann, Hg. (2003), 221-234.
Michael Schwarz (1993): Bernhard Bavink: Völkische Weltanschauung – Rassenhygiene – ‚Vernichtung unwerten Lebens'. Wissenschaftliches Gutachten im Auftrag der Stadt Bielefeld, Bielefeld.
Rolf Peter Sieferle (1984): Fortschrittsfeinde? Opposition gegen Technik und Industrie von der Romantik bis zur Gegenwart, München.
Harro Segeberg, Hg. (1987): Technik in der Literatur. Ein Forschungsüberblick und zwölf Aufsätze, Frankfurt am Main.
Richard Sennett (2002): Verfall und Ende des öffentlichen Lebens. Die Tyrannei der Intimität, 13. Aufl. Frankfurt am Main.
Karl Sigmund (1998): Musil, Perutz, Broch. Mathematik und die Wiener Literaten, in: Wendelin Schmidt-Dengler, Hg. (1998): Fiction in Science – Science in Fiction. Zum Gespräch zwischen Literatur und Wissenschaft, Wien, 27-40.
Károly Simonyi (2001): Kulturgeschichte der Physik. Von den Anfängen bis heute, Frankfurt am Main, 3. überarbeitete und erweiterte Ausgabe.

Alan Sokal/Jean Bricmont (1999): Eleganter Unsinn. Wie die Denker der Postmoderne die Wissenschaften missbrauchen, München.

Richard Stanley (1998): On the Histories of Relativity. The Propagation and Elaboration of Relativity Theory in Participant Histories in Germany, 1905-1911, in: Isis 89 (1998), 263-299.

Joachim Thiele (1968): Formen der Verwendung naturwissenschaftlicher Begriffe in literarischen Texten, in: Muttersprache 78 (1968), 333-341.

Horst Thomé (2002): Geschichtsspekulation als Weltanschauungsliteratur. Zu Oswald Spenglers *Der Untergang des Abendlandes,* in: Maillard/Titzmann, Hg. (2002), 193-212.

Dirk Vanderbeke (1995): Worüber man nicht sprechen kann. Aspekte der Undarstellbarkeit in Philosophie, Naturwissenschaft und Literatur, Stuttgart.

Ders. (2004): Theoretische Welten und literarische Transformationen. Die Naturwissenschaften im Spiegel der ‚science studies' und der englischen Literatur des ausgehenden 20. Jahrhunderts, Tübingen.

Axel Vieregg (1976): Die Lyrik Peter Huchels. Zeichensprache und Privatmythologie, Berlin.

Ders., Hg. (1996): „Unsere Sünden sind Maulwürfe". Die Günter-Eich-Debatte, Amsterdam/Atlanta.

Ders. (1997): Der eigenen Fehlbarkeit begegnet? Günter Eichs Verstrickung ins „Dritte Reich", in: Literatur in der Diktatur. Schreiben im Nationalsozialismus und DDR-Sozialismus, hg. von Günther Rüther, Paderborn, 173-194.

Ders. (1999): Jahreszeiten, Missgeschicke, Nekrologe. Huchel als Lyriker, in: Peter Huchel. Wegzeichen. Ein Lesebuch. Gedichte und Prosa mit Grafiken und Interpretationen sowie Stimmen zu Huchel, ausgewählt und hg. von Axel Vieregg, Wilhelmshorst, 87-114.

Ders. (2002): „Mein Raum und meine Zeit". Antimodernismus und Idylle beim frühen Günter Eich, in: Martin Raschke (1905-1943), 121-144.

Guntram Vogt (1990): Robert Musils „dichterische Erkenntnis". Vom mechanistischen zum kybernetischen Denken, in: Hanno Möbius/Jörg Jochen Berns, Hg. (1990): Die Mechanik in den Künsten. Studien zur ästhetischen Bedeutung von Naturwissenschaft und Technologie, Marburg, 267-280.

Friedrich Vollhardt/Udo Roth (2002): Die Signifikanz des Außenseiters. Der Mathematiker Felix Hausdorff und die Weltanschauungsliteratur um 1900, in: Maillard/Titzmann, Hg. (2002), 213-234.

Hans-Ulrich Wagner (1993): In der Mitläuferkolonne. Mehr als Idyllenproduzent für den NS-Rundfunk: Martin Raschke, in: Funk-Korrespondenz, Nr. 50 (17.12.1993), 24-26.

Ders. (1994): Martin Raschke (1905-1943), in: Mitteilungen Studienkreis Rundfunk und Geschichte 20 (1994), 50-52.

Ders. (1999a): Günter Eich und der Rundfunk. Essay und Dokumentation, Potsdam.

Ders. (1999b): Das Medium wandelt sich, die Autoren bleiben. Neubeginn und Kontinuität rundfunkerfahrener Schriftsteller (1930-1960), in: Buch, Buchhandel und Rundfunk 1950-1960, hg. von Monika Estermann und Edgar Lersch, Wiesbaden.

Ders. (1993): Der junge Raschke, in: Martin Raschke: Jahr über der Stadt. Essays und Reflexionen, mit einem Nachwort hg. von Norbert Weiß, Dresden 1993, 67-70.

Ders. (2002): Umgebung einer Jugend, in: Martin Raschke (1905-1943), 15-24.

Heinz-Dieter Weber, Hg. (1989): Vom Wandel des neuzeitlichen Naturbegriffs, Konstanz.

Margaret Wertheim (1995): Pythagora's Trousers. God, Physics, and the Gender Wars, London.

Stefan Wieczorek (2001): Erich Arendt und Peter Huchel. Kleine Duographie sowie vergleichende Lektüre der literarischen Werke, Marburg.

Heinrich August Winkler (1993): Weimar 1918-1933. Die Geschichte der ersten deutschen Demokratie, München.

Gudrun Wolfschmidt, Hg. (2002): Popularisierung der Naturwissenschaften, Berlin.

Berliner Beiträge zur Wissenschaftsgeschichte

Herausgegeben von Wolfgang Höppner

Band 1 Gesine Bey (Hrsg.): Berliner Universität und deutsche Literaturgeschichte. Studien im Dreiländereck von Wissenschaft, Literatur und Publizistik. 1998.

Band 2 Sabine Heinz (Hrsg.) unter Mitarbeit von Karsten Braun: Die Deutsche Keltologie und ihre Berliner Gelehrten bis 1945. Beiträge zur internationalen Fachtagung *Keltologie an der Friedrich-Wilhelms-Universität vor und während des Nationalsozialismus* vom 27.-28.03.1998 an der Humboldt-Universität zu Berlin. 1999.

Band 3 Jörg Judersleben: Philologie als Nationalpädagogik. Gustav Roethe zwischen Wissenschaft und Politik. 2000.

Band 4 Jürgen Storost: 300 Jahre romanische Sprachen und Literaturen an der Berliner Akademie der Wissenschaften. Teil 1 und 2. 2001.

Band 5 Jost Hermand / Michael Niedermeier: Revolutio germanica. Die Sehnsucht nach der »alten Freiheit" der Germanen. 1750-1820. 2002.

Band 6 Levke Harders: Studiert, promoviert: Arriviert? Promovendinnen des Berliner Germanischen Seminars (1919–1945). 2004.

Band 7 Eric J. Engstrom / Volker Hess / Ulrike Thoms (Hrsg.): Figurationen des Experten. Ambivalenzen der wissenschaftlichen Expertise im ausgehenden 18. und frühen 19. Jahrhundert. 2005.

Band 8 Lutz Danneberg / Wolfgang Höppner / Ralf Klausnitzer (Hrsg.): Stil, Schule, Disziplin. Analyse und Erprobung von Konzepten wissenschaftsgeschichtlicher Rekonstruktion (I). 2005.

Band 9 Ina Lelke: Die Brüder Grimm in Berlin. Zum Verhältnis von Geselligkeit, Arbeitsweise und Disziplingenese im 19. Jahrhundert. 2005.

Band 10 Ulrike Eisenberg: Vom „Nervenplexus" zur „Seelenkraft". Werk und Schicksal des Berliner Neurologen Louis Jacobsohn-Lask (1863–1940). 2005.

Band 11 Andreas Möller: Aurorafalter und Spiralnebel. Naturwissenschaft und Publizistik bei Martin Raschke 1929–1932. 2006.

www.peterlang.de

MIX
Papier | Fördert gute Waldnutzung
FSC® C083411

Kolibri 360 GmbH
Ferdinand-Jühlke-Straße 7
99095 Erfurt, Deutschland
produktsicherheit@kolibri360.de

Druck:
CPI Druckdienstleistungen GmbH
im Auftrag der
Kolibri 360 GmbH
Ferdinand-Jühlke-Str. 7
99095 Erfurt